普通高等教育土建类专业信息化系列教材

工程热力学

主　编	赵　兰	纪　珺
副主编	付　萍	李亚楠
	张雄波	吴国要
参　编	孙　宇	徐劲森
	蔡冬生	陈　莹
	马文静	

西安电子科技大学出版社

内 容 简 介

"工程热力学"是建筑环境与能源应用工程和能源与动力工程等专业的重要专业基础课之一,其主要内容包含工质的热力性质、能源的利用与转换形式及转换规律。本书共9章,除绪论外,可分为3个相互关联的部分。第一部分由基本概念、热力学第一定律和热力学第二定律组成,在详细论述热力学概念的基础上,深入阐述了热力学的基本定律和数学表达式;第二部分由理想气体的热力性质、水蒸气、混合气体及湿空气组成,对工程中常用工质的热力性质、热力过程及工程应用进行了详细介绍;第三部分由动力循环和制冷循环组成,阐述了热力学两大循环的基本原理、系统组成和工程应用。

本书可供本科院校建筑环境与能源应用工程、能源与动力工程等专业学生使用。

图书在版编目(CIP)数据

工程热力学/赵兰,纪珺主编. --西安:西安电子科技大学出版社,2024.7
ISBN 978 - 7 - 5606 - 7189 - 5

Ⅰ. ①工… Ⅱ. ①赵… ②纪… Ⅲ. ①工程热力学 Ⅳ. ①TK123

中国国家版本馆 CIP 数据核字(2024)第 039831 号

策　　划　李鹏飞
责任编辑　李鹏飞
出版发行　西安电子科技大学出版社(西安市太白南路 2 号)
电　　话　(029)88202421　88201467　　邮　　编　710071
网　　址　www.xduph.com　　　　　电子邮箱　xdupfxb001@163.com
经　　销　新华书店
印刷单位　陕西日报印务有限公司
版　　次　2024 年 7 月第 1 版　2024 年 7 月第 1 次印刷
开　　本　787 毫米×1092 毫米　1/16　印张　13.5
字　　数　316 千字
定　　价　38.00 元
ISBN 978 - 7 - 5606 - 7189 - 5/TK

XDUP 7491001 - 1

前　言

近年来，国家和社会越来越重视能源利用效率提高、新能源开发以及节能减排，越来越多的专家学者基于工程热力学理论，积极研究能源利用的新形式，探索提高能源转换效率的新途径。

本书是编者结合自身多年的教学实践经验，结合工程热力学课程的教学特点编写而成的。书中以二维码的形式嵌入了重点、难点的视频讲解，是一本传统纸质教材与数字化教学资源融合的新形态教材，希望这些数字化资源能够提高本书的易读、易学性，在课前预习、课堂教学、课后复习等教学环节为师生提供方便。

本书共9章，紧紧围绕工程热力学通用的基础理论及典型应用展开讲解，以热力学基本概念—热力学两大定律—工程介质（理想气体、水蒸气、湿空气）的热力特性—动力循环和制冷循环的工程应用为主线进行编写，注重知识的递进性、启发性和实用性。

同时，本书注重工程热力学作为学科基础课的先导作用，考虑到热力学第一定律、热力学第二定律、水蒸气、湿空气等知识体系是建筑环境与能源应用工程后续专业课程的理论基础，在例题设计和知识拓展中引入了关联密切的专业课知识，以实现基础理论与专业应用的有机融合，突破基础课与专业课知识衔接的时间、空间壁垒，更好地服务于专业课程。

为了提高学生的独立思考能力和解决工程问题的能力，每章末均附有思考题与习题，题目内容与正文紧密配合，难度适中，以期对章节知识进行总结、应用和拓展，也便于学生进行自学和检查学习效果。

参加本书编写工作的有上海海事大学的纪珺（第1、2章），南京工业大学浦江学院的赵兰（第3、4、5章）、付萍（第6、7章）、李亚楠（第8章），南京源升能源科技有限公司的张雄波（第9章），中国石油天然气管道通信电力工程有限公司的吴国要（全书插图的绘制）。上海理工大学的孙宇同学，南京工业大学浦江学院的徐劲森、蔡冬生、陈莹、马文静等同学参与了公式、数据的录入工作。赵兰负责全书的统稿工作。

因编者学术水平和教学经验有限，书中难免有不妥之处，恳请读者批评指正。

编　者
2024 年 3 月

目　录

第1章 绪 论

章前导学

人们对热的本质及热现象的认识，经历了一个漫长的、曲折的探索过程。自 18 世纪至今，逐渐形成的热力学对人们的生产生活产生了重大影响，对推动工业发展和历史进步起着重要作用。

本章我们将从热力学的概念、热力学的研究对象和研究内容入手，逐步了解热力学的由来、热力学定律的形成过程以及热力学发展过程中形成的基本理论。

由于后续章节经常将热电厂发电装置和制冷装置作为范例进行热力学分析，因此本章也会介绍蒸汽发电机组和制冷系统的工作原理及热力学特性。

1.1 认识工程热力学

1.1.1 工程热力学的概念和研究对象

工程热力学是一门研究能量和能量转换规律的基础学科。工程热力学在阐述热力学普遍原理的基础上，以工程观点研究物质的热力性质、热能与机械能和其他形式能量间的转换规律以及热能的直接利用等问题，其研究重点在于热能与机械能的转换原理。工程热力学是研究和分析各种机械动力装置、制冷系统、空调系统、锅炉和各种热交换器的理论基础。

如何定义工程热力学的研究对象是一个内涵广泛且复杂的问题。最初的热力学研究局限于对热能本质的认识。自 18 世纪工业革命，生产中大量使用蒸汽机开始，热力学的研究紧紧围绕热能与机械能之间的转换关系。但随着日新月异的工业发展和科技进步，热力学广义的研究范畴已扩展到工业生产、人民生活的方方面面，如化工、冶金、冷冻、物流、低温、超导、电磁、生物工程、建筑、空调等各领域都涉及热力学的应用。本课程立足于最基础的学科理论知识，将工程热力学的研究对象限定于物质热力性质，热能和机械能转换之间的规律及其工程应用。

工程热力学的具体研究内容包括热力学的基本理论和基本理论的应用两部分。

工程热力学研究的基本理论包括四部分：

（1）热力学的基本概念。热力系统、热力参数、热力状态、热力过程等基本概念是确定热力学研究对象、研究能量转换过程规律的基础。

（2）工质的热力性质。热能与机械能的转换需要工质作为媒介。研究不同工质的热力特性，选择具有良好的、适宜的热力特性的工质对于能量转换应用具有重要意义。

（3）热力学第一定律。热力学第一定律是有关能量守恒与转换的基本规律，它从"量"的角度指出在能量转换过程中各种能量的平衡关系。

（4）热力学第二定律。微观物质的运动形态有有序和无序两种，两者在能量的本质上是有区别的。无序运动的能量（如热能）是一种低品位的能量，不能在没有外界作用下无条件地转换为有序运动的能量（如机械能、电能等）。而有序运动的能量是高品位的能量，可以无条件地转换为无序运动的能量。热力学第二定律揭示了能量转换的方向性和不可逆性，它从"质"的角度指出了能量转换过程中，能量的总"量"保持恒定不变，能量的"质"不会自动提升，反而会有所下降，即能量会贬值而不会自动升值。热力学第二定律中引入了"熵"这一重要概念，并将该参数作为衡量转换过程能否进行以及能够进行到何种程度的判据。参数"㶲"则用来衡量当系统由一任意状态可逆地变化到与给定环境相平衡的状态时，理论上可以无限转换为任何其他能量形式的那部分能量。它将可用能的损失与"熵"联系起来，奠定了热力学第一定律与第二定律结合研究的基础，为热能的有效利用与节能技术指出了正确的方向。

基本理论的应用主要集中于对各种热力装置的工作过程进行研究，如对热能动力装置采用气体和蒸汽循环，空调系统采用制冷循环、热泵循环等进行热力分析和计算，探讨影响能量转换效果的因素以及提高转换效率的途径和方法等。

1.1.2 热力学的发展简史

人类对热能的认识和研究古已有之，热力学的诞生和发展伴随着人们对热能本质的认识以及热能在工业应用上的发展、进步和逐渐完善。

热力学起源于对冷、热现象的探究，古代人类就在生存中发现了钻木取火和用火技能，后来便开始探究冷、热现象的实质。1620 年，弗朗西斯·培根注意到物质摩擦会产生热效应，他认为热是一种"运动"。也有部分科学家提出热是一种"燃素"，形成了"热质说"。由于科学发展的局限，"热质说"在 17 世纪前被人们用来解释与热相关的物理现象。人们错误地认为物质的温度高是由于储存了较多的"热质"，直至华氏温标和摄氏温标建立，测温有了公认的标准，随后又发展了对热量的测试技术，人们才以更加科学的角度将"温度"与"热量"分离开来。

1798 年，英国物理学家朗福德观察到用钻头钻炮筒时，钻头和筒身的温度都有所升高；1799 年，英国人戴维用两块冰块相互摩擦使冰块表面融化。这些显然无法由"热质说"得到解释。英国物理学家焦耳于 1840 年建立了电热当量的概念，1842 年以后用不同方式实测了热功当量，其试验结果彻底推翻了之前占据统治地位的"热质说"。

早在 1830 年，著名的法国工程师、物理学家萨迪·卡诺便在著作中提到热可以做功，功也可以产生热的能量观点。直到 1842 年，德国医生、物理学家迈尔提出了机械能可以与热能互相转换，认定热是能的一种形式，第一次明确阐述了关于热能的能量守恒理论——热力学第一定律。迈尔因此成为明确提出"无不能生有""有不能变无"的能量守恒与转化思想的第一人。而在此之前，人们一直围绕着一类神秘机械进行大量的试验和研究，这种设想中的机械只需要一个初始力量就可以永远地、不耗费能量和能源持续地运转做功。热力学第一定律的提出，打破了人们对于"第一类永动机"的设想，同时也奠定了热力学的理论基础。

热能与机械能的转换及其工程应用极大地促进了热力学的探索和飞速发展。1760—1830 年间的工业革命，有力地推动了社会发展和科技进步，热力学的研究也取得了辉煌成就。蒸汽机的发明和应用直接促进了水蒸气的热力性质研究和热机理论探索。

1824 年，卡诺提出了著名的卡诺定理，指明了工作在给定温度范围的热机所能达到的效率极限，这实质上已经建立起了热力学第二定律。但由于其在著作《关于火的动力》中援引了"热质"这一概念，因此他的理论在当时备受争议。1848 年，英国工程师开尔文根据卡诺定理制订了热力学温标。1850 年和 1851 年，德国的克劳修斯和开尔文先后提出了热力学第二定律，并在此基础上重新证明了卡诺定理。卡诺定理和热力学第二定律提出了热能转换为机械能的效率极限和能量转换的方向性，打破了"第二类永动机"的神话。

1850—1854 年，克劳修斯根据卡诺定理提出并发展了"熵"的概念。热力学第一定律和第二定律的确认，对两类"永动机"的不可能实现做出了科学的最后结论，正式形成了热现象的宏观理论——热力学，同时也形成了"工程热力学"这门技术科学。工程热力学成为了研究热机工作原理的理论基础，使内燃机、汽轮机、燃气轮机和喷气推进机等相继取得了迅速进展。

1.1.3　生活中的热力学

热力学是一门经历了漫长、曲折的发展历程，蕴含丰富的自然科学知识的工程学科。但它并不是一门高高在上、不食人间烟火的复杂学科，而是可以在日常生活中感受得到、与我们息息相关的一门有趣学科。

比如，厨房使用的高压锅利用了工质水的沸点随着压力变化的原理；平时见到的水的凝结、凝华现象是水的相态伴随温度变化的现象；用于夏季降温的空调利用机械能（电能）将热能从室内转移到室外；汽车、飞机、火箭等动力机械则利用燃料的化学能产生热能，进而通过热机将热能转换为机械能。

1.1.4　能量与热能的利用

人们的生产和生活需要各种各样的能量。自然界为人类提供了丰富的能源形式，比如风能、太阳能、水能、化学能、核能等。其中，有的能源可以直接加以利用，我们称之为一次能源；但大多数能源需要与热能进行转换，进而形成供人类利用的机械能、电能等，我们称之为二次能源。

例如，光伏发电技术是利用光生伏特效应产生电能，属于太阳能的直接利用；而光热发电则需要将太阳能的热量有效收集、储存、控制，进而用热能驱动汽轮发电机组，将热能转换为机械能的形式，通过发电机产生电能。在太阳能的间接利用过程中，我们需要研究如何提高太阳能与可利用的热能之间的转换效率，如何将热能有效转换为机械能，以及发电之后可回收部分的热能如何加以利用。

同样，在其他形式的能量转换过程中，热能也具有重要的作用。除去上面提及的太阳能以光伏发电形式提供电能，化学能以燃料电池的形式直接提供电能，风能、水能直接提供机械能外，其余的一次能源往往都要转换为热能的形式。据统计，经过热能的转换形式而被利用的能量，占总能量的 80%～90%。因此，热能的有效开发和利用对于人类社会的发展具有举足轻重的意义。

热能的利用主要有以下两种形式：一种是热能的直接利用，即直接用于加热物体，如烘干、蒸煮、采暖等；另一种是动力利用，也是热能的间接利用，通常需要通过各种热力装置将热能转换成机械能或者再进一步转换为电能加以利用，比如热力发电，车辆、船舶、飞机、火箭等的动力等。能源的利用及转换关系如图 1-1 所示。

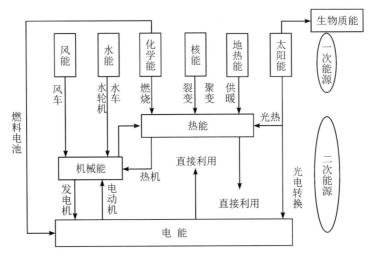

图 1-1　能源的利用及转换关系

热能的间接利用从 18 世纪中叶至今已有 200 多年的历史，开创了热能动力利用的新纪元。从世界各国的经济发展来看，各工业发达国家能源消费量的增加与国内生产总值的增加成正比。由此可见，热能动力利用是关系国计民生的重大专业领域。但是，目前热能的间接利用形式存在以下三个问题。

（1）效率问题：热能转换为机械能的有效程度较低。早期蒸汽机的效率只有 1%～2%。目前，热力发电装置的热能有效利用率只有 25% 左右；大型先进的采用节能技术的装置，热能的有效利用率在 40% 左右。这就意味着热电厂中 60%～70% 的热能不能被有效利用，只能排放到大气或环境中。作为能源消耗大国，面对日趋严峻的能源形势，如何更有效地实现热能转换，减少一次能源的消耗量，是一个十分迫切而又重要的课题。目前研究中的大型动力装置，如能按照理想工况进行运转，有望将热能转换效率提高到 55%。

（2）环境污染问题：热能向机械能的转化形式，属于无序能向有序能的转换，转换过程中不可避免地存在向环境释放无法利用的热量的问题。工业生产和热力发电过程中需要向大气或者江河湖海释放部分热量以及大量排放物，如烟气、粉尘、二氧化碳、二氧化硫、氮氧化物等，容易造成热污染、大气污染、土壤污染等环境问题。人们要做到与环境和谐共处可持续发展，同样需要重视能源利用带来的环境污染，从污染产生的源头、传播途径和环境整治处理等方面将对环境的影响降到最低。

（3）废热利用问题：热能转换的效率过低，这就需要将热能装置无法有效利用的废热、废水、废气以其他方式加以利用。例如，热电厂的冷热电联产技术、工业生产中的废热回收发电技术、中高温热泵技术等，都是目前广泛采用的废热利用技术。然而，上述提及的废热利用技术也存在热电转换、热冷转换效率过低的问题。因此，热能的利用需要废热利用技术与之同步发展和进步，这样才能将热能的利用在"量"上最大化。

1.1.5　工程热力学的研究方法

工程热力学按照其研究方法分为两种类型：经典热力学（宏观热力学）和统计热力学（微观热力学）。

经典热力学以热力学三大定律为基础，利用热力学数据，研究平衡系统各宏观性质之间的相互关系，揭示变化过程的方向和限度。宏观方法的研究特点是把物质看作连续的整体，从宏观现象出发，对热现象进行直接观察和实验，从而总结出自然界的普遍规律，因此其结论具有普遍性，不受对物质微观结构认识的影响。

统计热力学从物质内部结构出发，借助物质原子模型及描述物质微观行为的量子力学，利用统计方法去研究大量随机运动的粒子，从而得到物质的统计平均性。统计热力学可以弥补经典热力学无法解释热现象本质的不足，但也具有其自身局限性，如微观理论研究所采用的物理模型相较真实的物质结构，只能近似，无法完全相同，因此结论会有所偏离，不及宏观方法可靠。

热力学和工程热力学还普遍采用抽象、概括、理想化和简化处理的方法，突出较为复杂的实际现象与问题的本质和主要矛盾，略去其细节，抽出共性，建立起合适的物理模型，以便能更本质地反映客观事物。例如，将空气、燃气、湿空气等作为理想气体处理，将高温烟气以及各种可能的热源概括为具有一定温度的抽象热源，将实际不可逆过程理想化为可逆过程，分析计算以后再依据经验给予必要校正等。当然，运用理想化和简化方法的程度要根据分析研究的具体目的和所要求的精度而定。

作为应用科学之一的工程热力学，其研究方法是以经典热力学为主，将微观的某些研究方法和认知过程作为理解宏观现象的辅助手段。应注意的是，工程热力学的学习过程中，我们往往只注重热能转换规律与工质热力性质的理论研究，不对热能转换装置的具体结构、机械原理等展开讨论。

1.2　热能转换装置的应用

热能的转换与利用都是借助能量转换装置实现的，比如蒸汽轮机、内燃机、燃气轮机、制冷设备、空调装置等。下面通过两类典型的热能装置的工作过程和原理，简单阐述热能转换在发电和制冷工程中的两大应用形式，揭示其能量转换的基本规律。

1.2.1　火力发电机组的工作过程

火力发电的发电机组有两种主要形式：一种是利用锅炉产生高温高压蒸汽，推动汽轮机旋转，从而带动发电机发电，称为蒸汽轮机发电机组；另一种是燃料进入燃气轮机，将热能直接转换为机械能，从而驱动发电机发电，称为燃气轮机发电机组。此处以蒸汽轮机发电机组这一典型的蒸汽动力装置为例讲解能量转换过程。如图 1-2 所示，蒸汽轮机发电系统由锅炉、汽轮机、增压泵和凝汽器等组成。

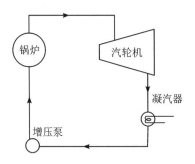

图 1-2 蒸汽轮机发电系统的工作原理

燃料在锅炉内燃烧，释放大量的热能，并产生高温烟气；水在锅炉中不断地吸收烟气的热量而变为高温、高压的过热蒸汽；过热蒸汽具有做功的能力，进入汽轮机后，首先在喷管中膨胀降压，则热能转换为动能，高速气流冲击叶片，带动叶轮旋转，气流的动能转换为叶轮旋转的机械能并输出；做功后的蒸汽进入凝汽器并与冷却水进行热量交换，放出热量凝结成水后，由增压泵加压送入锅炉。如此完成一个蒸汽动力循环。蒸汽轮机发电系统周而复始地工作，完成化学能—热能—机械能—电能之间的转换。

飞机、火车、船舶等采用燃气轮机为其提供动力，尽管不同的场合，燃气轮机结构形式不同，但它们的工作过程均可以简化为相同的系统分析模型。其原理将在后文中进行讲解。

1.2.2 制冷装置的工作过程

以上介绍的蒸汽轮机发电机组是将热能转换为机械能，而制冷装置则是通过消耗机械能（电能）将热能由低温介质转移向高温介质。制冷装置分为蒸气压缩制冷、空气压缩制冷、吸收式制冷、喷射式制冷等多种形式。此处以应用最广泛的蒸气压缩制冷为例，讲解其能量转换过程。如图 1-3 所示，蒸气压缩制冷装置主要由压缩机（也称压气机）、蒸发器、冷凝器、节流机构四个主要部件组成。

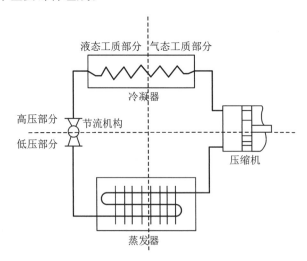

图 1-3 蒸气压缩制冷装置原理图

　　蒸气压缩制冷装置一般采用氟利昂作为工质,低温低压的氟利昂蒸气从蒸发器被吸入压缩机后,经压缩变为高温高压的过热蒸气,送至冷凝器冷凝为高压液态氟利昂,再经节流机构(膨胀机或膨胀阀)绝热膨胀,降温降压后送至蒸发器;低温低压的氟利昂在蒸发器中吸收热量而汽化,此时在蒸发器所在的区域形成低温的环境,达到制冷的目的。如此完成一个制冷循环过程。

1.2.3　能量转换装置的共性与思考

　　虽然蒸汽轮机发电机组和蒸气压缩制冷装置的结构、作用、原理都不相同,但通过观察和初步分析后会发现,两者在能量转换的角度存在一些共性:

　　(1)实现能量转换时,都需要借助某些工作物质来完成反复的循环工作。我们把氟利昂、水等工作物质叫作工质。

　　(2)能量转换过程是在工质状态连续变化的情况下通过往复的循环实现的。两种工程应用都用到了升压、吸热、膨胀、放热等过程。

　　(3)供给动力装置或制冷装置工作的能量,只有一部分得到了有效利用,其余部分释放到了大气或冷却水中。

　　(4)为了获得机械能,或者为了将热量从低温环境转移到高温环境,都需要付出一定的代价,即热能的损耗和功消耗。

　　同时,初步了解热力学的两个工程应用时,针对其工作原理和上述共同特性,我们也应提出如下思考:

　　(1)为什么选择氟利昂或水作为该装置的工质?选择的工质需要具有哪些特性?不同的工质对热功转换过程和效率有没有影响?

　　(2)为什么工质要经历升压—降压、吸热—放热、膨胀—压缩以及气态—液态的变化过程?循环往复的状态变化需要遵循什么样的规律?

　　(3)举例中能量转换装置的转换效率如何?怎样提高能量转换效率?转换效率与哪些因素有关?

　　上述问题,我们都将在接下来的学习中得到答案。

思考题与习题

1.能源有哪些分类?热能在能源转换中占据什么地位?

2.实现热能转换为机械能的装置有哪些?实现机械能转换为热能的装置有哪些?

第 2 章 基本概念

章前导学

进行任何一项研究，首要任务是确定研究对象。热力学的研究对象即热力系统。

本章我们主要学习热力学的基本概念，包括热力系统的分类和性质、热力系统所处状态及状态参数、热力系统发生变化时所经历的热力过程，以及在热力过程和热力循环中能量的变化形式（热量和功量）等。掌握上述概念是我们学习热力学、进行热力学研究的重要前提。

2.1 热力系统

工程热力学
基本概念

研究任何问题，首先应选择研究对象。比如中学物理中，要对某物体进行受力分析，要先选择分析的对象，对象不同，则受到外力的情况也不同。热力学的研究同样如此，分析热力现象前，首先应明确研究对象的范围和内容，从而清晰地显示它与周围事物的联系。

2.1.1 系统、边界与外界

根据研究问题的需要，通常人为划定一个或多个任意几何面，将所要研究的对象与周围环境分隔开来。为了研究热力学问题，研究者也进行了相应的划分。

（1）划定范围内的物质称为热力系统，简称系统。系统可以大到宇宙星空，小到细胞、原子，以方便解决热力问题为前提，随着研究者所关心的热力现象的不同而不同。

（2）分隔系统与外界的分隔面，称为边界。

（3）边界以外的，除热力系统之外的周围环境或事物，称为外界。

系统与外界之间，通过边界进行能量的传递或物质的迁移。

对于系统边界，应该有正确认识。系统的边界可以是真实的，也可以是假想的；可以是固定界面，也可以是变化和移动的界面；当然，边界也可以是真实、固定界面与假想或变化界面的组合。边界的确定与热力系统的选取，均视具体研究对象而定。同一物理现象，系统划分不同，系统所含的内容不同，研究过程和研究方法也会不同。

如图 2-1 所示，热力系统为气缸内气体，边界为气缸壁与活塞底部组成的真实边界，但随着活塞的移动，边界的大小是可变的。

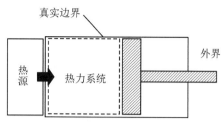

图 2-1　热力系统—真实边界

如图 2-2 所示，从大气中向气缸内压气，可以选取外界空气为热力系统，也可以选取气缸为热力系统，还可以选取气缸和所压缩的空气为热力系统，边界也随系统选取而变化。

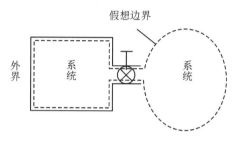

图 2-2　热力系统—假想边界

热力系统的选取具有主观性，主要由研究任务决定，同时考虑研究分析和解决问题的便利性，系统选取应与最终的研究结果无直接联系，仅与研究过程的复杂程度有关。因此，正确认识和选择热力系统尤为重要。

热力系统与外界之间通过边界可以有能量或者物质的相互作用，具体划分为三种作用方式：功量的交换、热量的交换和物质（质量）的交换。如图 2-3 所示，如仅选取汽轮机为系统，汽轮机外壳可视为保温绝热性能较好的绝热壳体，则系统与外界之间仅交换功量；若选取凝汽器为系统，系统与外界之间仅交换热量；若选取汽轮机和凝汽器共同作为一个系统，则该系统与外界之间既有热量交换也有功量交换。

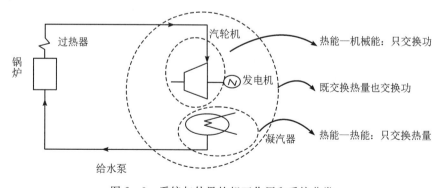

图 2-3　系统与外界的相互作用和系统分类

2.1.2　热力系统的分类

研究热力系统时，应首先对热力系统的类别进行判定。热力系统有多种分类方式。

（1）根据物质是否穿越边界，热力系统分为开口系统和闭口系统。

有物质穿过边界的系统称为开口系统。取定开口系统的边界后，系统的质量可能会发生变化，但由边界控制的系统的体积保持不变，因此又将开口系统叫作控制体积系统。工程中，通常通过选定某个设备，对进出设备的一股或多股工质的状态和能量变化进行研究。例如，空调系统中的压缩机、换热器，发电设备中的汽轮机、锅炉等。开口系统以有物质流通过为特征，即使流入和流出系统的质量相同，控制体内物质质量保持不变，系统仍然为开口系统。

没有物质穿过边界的系统称为闭口系统。系统内物质质量保持不变，又称为控制质量系统。比如活塞式压气机压缩气体的过程（如图 2 - 1 所示），气体质量保持恒定，可将其视为闭口系统。

（2）根据系统与外界的能量交换，还有两种特殊的热力系统：绝热系统和孤立系统。

系统与外界没有任何热量传递的系统称为绝热系统。自然界中不存在完全隔热、绝对没有热量交换的系统。但在工程中，当系统与外界热量交换较小，对工程研究影响不大时，可将其视为绝热系统。例如，汽轮机、压缩机由于采用了较好的绝热材料作为壳体，可视为绝热系统。

如果系统与外界既没有任何能量传递也没有物质交换，该系统称为孤立系统。自然界中绝对孤立的系统也是不存在的。如果将较小的系统与外界划归为一个大系统，则该系统将能量、物质作用范围划定在大系统边界内，大系统可抽象为一个孤立系统。

（3）根据系统内物质的相态，热力系统分为单相系和复相系。

单一物相组成的系统称为单相系，比如纯气相的空气，纯液相的水。两个或两个以上相态组成的系统称为复相系，比如制冷系统中气、液相共存的制冷剂。

（4）根据系统内物质的化学成分是否单一，热力系统分为单元系和多元系。

由一种化学成分组成的系统为单元系，比如纯水、纯氧、纯氮，无论是单相还是复相都是单元系。由两种或两种以上化学物质组成的系统为多元系，例如，氮气、水和冰组成的混合物属于二元系。但是，对于化学上稳定的混合物，将其视为单元系更方便进行研究分析。例如，空气在不发生相变时，其化学组成基本不变，可将其视为单元系。

（5）根据工质的化学成分或相态是否均匀分布，热力系统分为均匀系和非均匀系。

成分和相在系统中均匀分布称为均匀系，否则为非均匀系。例如，容器中下部为水，上部是水蒸气，该系统为非均匀系。

此课程中我们研究的工质多为气体、液体或气液混合物等具有一定可压缩性的流体状态，这类系统我们可用简单可压缩系统来描述。简单可压缩系统是指系统与外界只存在热量交换和容积变化功的功量交换。

2.2　热力状态和状态参数

2.2.1　热力状态和状态参数

系统与外界之间能够进行能量交换的根本原因，是因为系统与外界的热力状态存在差异。如高温物体与环境或低温物体进行热量传递，是由于两者温度不同；汽轮机能够通过传动轴对外做功，也是因为汽轮机内蒸汽压力和温度高于环境。我们把系统某一时刻表现的工质热力性质的总状况，称为工质的热力状态，简称状态。

热力状态是工质内大量分子热运动的平均特性，描述工质状态特性的各种物理量称为工质的状态参数。状态参数与工质状态对应，是热力系统状态的单值性函数。状态参数确定，则工质状态随之确定；状态参数变化，工质所处状态一定发生了变化。工质状态发生变化时，初、终状态参数的变化值仅与初、终状态有关，而与状态变化的途径无关。如图 2-4 所示，工质从初态 1 经过热力过程 a 或者 b 变化到终态 2，1、2 的状态参数值与路径无关。与状态参数相对应的，在热力过程中的能量交换，吸收或者放出的热量，对外做了多少功，则与路径和热力过程有关。后文要介绍的热量、功量是典型的过程参数。

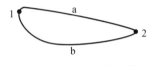

图 2-4　热力状态参数

2.2.2　基本状态参数

1. 温度

温度通常表示物体的冷热程度。宏观上，温度是描述处于平衡状态热力系统冷热状况的物理量。微观上，温度是标志物质内部大量分子热运动剧烈程度的物理量。热力学温度与分子平移运动平均动能的关系式为

$$\frac{m\bar{\omega}^2}{2} = BT \qquad\qquad (2-1)$$

式中：$\dfrac{m\bar{\omega}^2}{2}$——分子平移运动的平均动能，其中 m 是一个分子的质量，$\bar{\omega}^2$ 是分子平移动能

　　　　　的均方根速度；

　　　B——比例常数；

　　　T——气体的热力学温度。

对温度的测量，以热力学第零定律为依据：两个物体分别和第三个物体处于热平衡，则它们三者之间也必然处于热平衡。测温时，被测系统与已经标定过温度数值的测温计达到平衡，测温计指示的温度即被测系统的温度。

温标是为了保证温度量值的统一和准确而建立的一个用数值来衡量温度的标准尺度。各种温度计的数值都是由温标决定的。建立任何一种温标都需要选定测温物质及其某一物理性质、规定温标的基准点以及分度的方法。通常把温度计、固定点和内插方程叫作温标的三要素（或称为三个基本条件）。如图 2-5 所示，在最常见的摄氏温标中，1 标准大气压下，冰水混合物共存的温度为 0℃，水的沸点为 100℃，这两个温度值即为固定点。在两个基准点之间的温度，按照温度与测温物质的物理性质（如液柱体积或金属电阻）的线性函数确定。如水银受温度影响，体积可呈线性等比例地膨胀，用水银温度计测温时，根据水银的特性，将水银从 0℃上升到 100℃的高度，用内插法对 0～100℃之间的数值平均标定，一般用 t 表示。

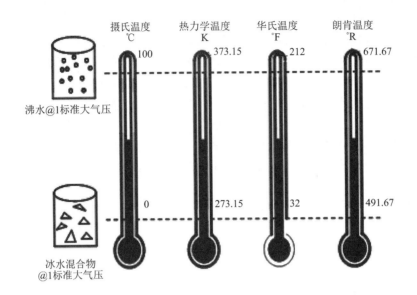

图 2-5 不同温标的对比

热力学中我们用到最多的是热力学温标。热力学温标规定以绝对零度(动能为零,不存在的温度)为最低温度,记为 0 K,纯水的三相点(水的气、液、固三相平衡共存时的温度,0.01℃)温度为基本定点,记为 273.16 K,每 1 K 为水三相点温度的 1/273.16(273.16 取自实验结果:压力恒定,温度升高 1℃,体积膨胀 1/273.16 倍)。

因此,摄氏温度的零点($t=0$℃)相当于热力学温度的 273.15 K,而且两种温标的分度间隔完全相同。因此,摄氏温度与热力学温度的换算关系为

$$t = T - 273.15(℃)$$

除此以外,我们还会用到华氏温标和朗肯温标。其与摄氏温标、热力学温标的区别在于 0 度固定点和另一个高温固定点及分度法不同。

摄氏温度与华氏温度的换算关系为

$$t = \frac{5}{9}(t/℉ - 32)(℃)$$

朗肯温度与华氏温度的换算关系为

$$T_F = t/℉ + 459.67(℉)$$

朗肯温度的零点与热力学温度的零点相同,其换算关系为

$$T_F = \frac{9}{5}T(℉)$$

需要强调的是,后续章节中涉及的温度参数的相关计算,应采用热力学温度。

2. 压力

宏观上,垂直作用于器壁单位面积上的力称为压力,也称压强。微观上,气体的压力看作是大量气体分子撞击器壁的平均结果。表示为

$$p = \frac{2}{3}n\frac{mw^2}{2} = \frac{2}{3}nBT \qquad (2-2)$$

式中：p——单位面积上的压力；

n——分子浓度，即单位体积内含有气体的分子数，$n = \dfrac{N}{V}$，其中，N 为体积 V 包含

的气体分子总数。

SI 规定压力单位为帕斯卡（Pa），即 1 Pa＝1 N/m²。

工程上也可采用其他压力单位，如巴（bar）、标准大气压（atm）、工程大气压（at）、公斤力每平方厘米（kgf/cm²）、毫米水柱（mmH₂O）和毫米汞柱（mmHg）等单位。各种压力单位的换算关系如下：

$$1 \text{ bar} = 10^5 \text{ Pa} = 750.06 \text{ mmHg} = 1.0197 \text{ kgf/cm}^2$$

$$1 \text{ atm} = 1.013\ 25 \times 10^5 \text{ Pa} = 760 \text{ mmHg} = 1.013 \text{ bar} = 1.0332 \text{ kgf/cm}^2$$

$$1 \text{ at} = 1 \text{ kgf/cm}^2 = 9.806\ 61 \times 10^4 \text{ Pa} = 735.6 \text{ mmHg} = 10^4 \text{ mmH}_2\text{O} = 0.980\ 661 \text{ bar}$$

$$1 \text{ mmH}_2\text{O} = 9.806\ 61 \text{ Pa} \approx 9.81 \text{ Pa}$$

$$1 \text{ mmHg} = 133.322 \text{ Pa} \approx 133.3 \text{ Pa}$$

根据式（2-2）计算的压力是气体工质的真正压力，包括大气压对工质的压力，称为工质的绝对压力，其基准零点为绝对真空，如图 2-6 所示。相对压力是一种以大气压力作为基准所表示的压力，表示实际压力高于或低于大气压力的相对值。一般我们将高于大气压力的正压值称为表压 p_g，将低于大气压力的负压值叫作真空度 H。

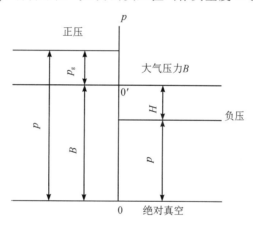

图 2-6　各种压力表示方法的关系

工程上常用弹簧式压力计、微压计、U 形压力计以及测量真空度的真空计等仪表测定工质的压力。这些仪表的结构是基于力平衡原理，利用液柱的重力或各种类型弹簧的变形，以及用活塞上的载重来平衡工质的压力的，因此测压仪表不能直接测定绝对压力，只能测出工质绝对压力与当地大气压力的差值，这种压力称为相对压力。工程中，也常把测压仪表测得的压力值称为表压力。

以弹簧管式压力计为例（见图 2-7），流体从弹簧管开口一端流入，弹簧管在被测压力作用下产生变形，使封闭的另一自由端产生位移，经放大机构使指针偏转，从而指示出相应的压力值。不难发现，在自由端弹簧管也受到来自环境的大气压力，使指针移动的力实际为流体的压力与大气压力之差。因此，测得的数值为相对压力。

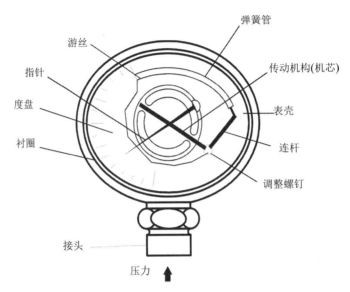

图 2-7　弹簧管式压力计示意图

如图 2-8 所示，当用 U 形压力计测量工质压力时，压力计指示的压力也为相对压力。

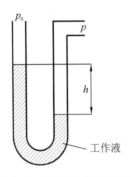

图 2-8　U 形压力计示意图

【例 2-1】　用一个水的斜管微压计测量管中的气体压力，如图 2-9 所示。斜管与水平面夹角为 30°，斜管水面比直管水面高出 14 cm，大气压力 p_b 为 1.01×10^5 Pa，求管中 D 点气体的压力。

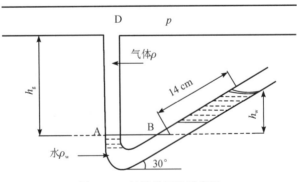

图 2-9　斜管微压计示意图

【解】 由于气体密度远小于水的密度，故微压计垂直管中气柱的压力可以忽略不计，即 $p_A = p_D$，所以有

$$p = p_b + \rho_w g \cdot h_w = 1.01 \times 10^5 + 10^3 \times 9.81 \times 0.14 \times \sin 30° = 1.017 \times 10^5 \text{ Pa}$$

3. 比体积

工质所占有的空间称为工质的体积，单位质量工质所占有的体积称为工质的比体积，又称比容，用 v 表示。比体积 v 与工质的密度成反比。

$$v = \frac{V}{m} \tag{2-3}$$

式中：v——比体积，单位为 m^3/kg。

2.2.3　其他状态参数

除基本状态参数外，工质还有很多其他状态参数，如热力学能 U、焓 H、熵 S 等，后续学习再作详细介绍。

在众多状态参数中，与质量多少有关，随着工质质量增加，参数值也会发生叠加变化的参数叫作广延性参数，如体积 V、热力学能 U、焓 H、熵 S。广延性参数除以系统的总质量，即得到单位质量的广延性参数，或称比参数，如比焓 h、比熵 s、比体积 v。

与质量多少无关，参数值不会随着质量变化而发生变化的参数叫作强度性参数，如压力 p、温度 T。

2.2.4　平衡状态与状态公理

1. 平衡状态

可用上述状态参数描述工质所处的状态，但其前提条件是该工质处于相对稳定的状态，否则不能用固定数值描述实时变化的工质状态。系统与外界进行能量交换的原因在于系统与外界状态参数的不同（不平衡）。比如，水杯中的热水会在温度差作用下向外散热，直至温度与环境温度相等；浓度高的烟气会在密度差作用下向密度小的空间扩散；气缸的活塞在系统内外压力差作用下会移动并对外做功。系统与外界的三种相互作用形式最终使系统与外界达到平衡。如果外界出现新的不平衡因素，系统又重新变得不再平衡。

在不受外界影响的条件下，如果宏观热力性质不随时间变化，系统内外同时建立了热和力平衡，这时系统的状态称为热力平衡状态，简称平衡状态。导致平衡状态被破坏的因素，如温差、压力差、相态差等叫作不平衡势差。对于有化学反应的系统，还应考虑化学平衡。只要系统与外界存在不平衡势差，系统就不能实现平衡，只有一切势差为零，系统才能达到平衡状态。势差为零是系统达到平衡的充分必要条件。

2. 状态公理

描述热力系统的每个状态参数都是从不同角度反映系统某方面的宏观特性，这些参数之间存在内在联系。当某些参数确定后，所有其他状态参数也随之确定，系统即处于平衡状态。那么，在一定的限定条件下，确定系统平衡状态的独立参数究竟需要几个呢？实践经验表明，对于纯物质系统，与外界发生任何一种形式的能量传递都会引起系统状态的变

化，且各种能量传递形式可单独进行，也可同时进行，因此状态公理表述为

$$\text{确定纯物质系统平衡状态的独立参数}=n+1 \qquad (2-4)$$

式中，n 表示传递可逆功的形式，而加 1 表示能量传递中的热量传递。例如，对除热量传递外只有膨胀功（容积功）传递的简单可压缩系统，$n=1$，于是确定系统平衡状态的独立参数为 2。所有状态参数都可表示为任意两个独立参数的函数，即在描述系统状态的三个基本参数中，确定两个参数，该系统的状态也随之确定。通常用下式表示状态参数之间的关系：

$$F(p, v, T)=0 \qquad (2-5)$$

以两个状态参数分别为横坐标和纵坐标绘制出的状态参数之间的关系曲线称为状态坐标图，常用的有 $p\text{-}v$ 图、$T\text{-}s$ 图、$p\text{-}t$ 图、$h\text{-}s$ 图等。

2.3　准静态过程与可逆过程

2.3.1　准静态过程

工质在系统平衡—失衡—再平衡中与外界进行能量或物质的交换。例如，锅炉中高温烟气由于与水发生热交换，烟气温度由高温降到低温；又如，进入汽轮机的高温高压水蒸气，由于对外做功而变为低温低压的蒸汽流出。工质处于变化过程中，无法用少数几个状态参数来描述，给热力分析计算带来很大困难。准静态过程是理想化了的实际过程。

以图 2-10 为例，在水槽中间设一隔板，左侧充满水，右侧为空气。如果将隔板迅速抽离，水会以很快的速度从左侧流入右侧，此时工质的各种状态参数随时间快速变化。如果将隔板与水箱底板之间抽离留有一个微小的小孔，左侧的水以极慢的速度流向右侧，状态的改变可以观察并且可用状态参数给予描述。此时如果用相机对水的流动过程拍照，每一时刻都是近似的平衡状态。将实际过程分隔为无限多个在势差作用下工质状态可以快速恢复平衡的极小的热力过程，即为准静态过程。

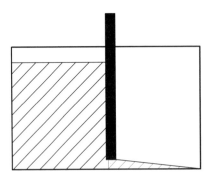

图 2-10　水槽内水流的准静态过程

若过程进行得很缓慢，工质在平衡被破坏后自动恢复平衡所需要的时间极短，工质有足够的时间来恢复平衡，随时都不至于显著偏离平衡状态，这样的过程称为准静态过程。准静态过程是由一系列无限接近于平衡态所组成的过程，在坐标图上可用连续曲线表示。准静态过程的实现条件是内外一切不平衡势差趋近于零。

准静态过程的引入对于工程中的热力分析非常有帮助。例如，在气缸活塞机构中，气缸内工质的分子运动速度可达 $10^2 \sim 10^3$ m/s，活塞的运动速度数量级为 10 m/s，破坏平衡的速度远远小于分子运动快速恢复平衡的速度，可以视为准静态过程。

2.3.2 可逆过程

在分析实际热力过程时，只考察系统内部状态变化过程是不够的，因为在能量传递过程中设备的机械运动和工质的黏性流动都会产生摩擦热，摩擦热是没有做功能力的能量耗散效应。能量的总量没有变，但可用功减少了，减少的量也很难通过计算确定。

例如，气缸上方设置一个可自由移动的活塞，如图 2-11 所示，放置砝码前气缸内气体高度为 x_2，放置若干极小的砝码后工质高度为 x_1，此时在压缩过程中，存在摩擦产生的耗散损失。如果将上述过程反方向恢复，逐一拿走小砝码，按照准静态过程的定义，该实验符合准静态过程的特点，但由于耗散损失，活塞无法恢复到 x_2 的位置，即工质的压缩和膨胀过程是不可逆的。与无法复原的系统相同，外界也因为耗散损失得到摩擦热，热力状态也发生了变化。反之，忽略摩擦和耗散损失的影响，系统内外没有任何势差，气缸可以恢复到原始状态，外界也不发生任何变化。

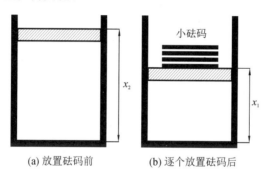

(a) 放置砝码前　　　(b) 逐个放置砝码后

图 2-11　可逆过程

系统（工质）在完成某一过程后，如能使过程逆行，而使系统及外界恢复到原始状态，不留下任何变化，则此过程称为可逆过程。可逆过程实现的条件为：热力过程是准静态过程，且不可逆因素导致的耗散损失为 0。在状态坐标图中的热力过程线用实线表示，如图 2-12 所示。

显然，可逆过程是一种由实际过程简化而来的理想化过程。引入可逆过程只是一种研究方法，是一种科学的抽象。工程上许多涉及能量转换的过程，如动力循环、制冷

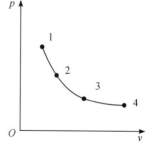

图 2-12　气缸内工质的状态变化

循环、气体压缩、流动等，都常把过程理想化为可逆过程进行分析计算，既简便又可把所得结果作为实际过程能量转换效果的比较标准。而将理论计算值加以适当修正，就可得到实际过程的结果。因此可逆过程的概念在热力学中具有非常重要的作用。

可逆过程要求系统与外界随时保持力平衡和热平衡，并且不存在任何耗散效应，在过程中没有任何能量的不可逆损失，而准静态过程的条件仅限于系统内部的力平衡和热平衡。准静态过程在进行中，系统与外界之间可能有不平衡势差，也可能有耗散现象发生，只

要系统内部能及时恢复平衡，其状态变化还可以是准静态的。

可见，准静态过程是针对系统内部的状态变化而言的，而可逆过程是针对过程中系统所引起的外部效果而言的。可逆过程必然是准静态过程，而准静态过程未必是可逆过程，它只是可逆过程的条件之一。

非平衡损失和耗散损失不是指能量的数量损失，而是指能量做功能力（能的品位）的降低或退化。

2.3.3 可逆过程的功量

系统与外界之间在不平衡势差作用下会发生能量交换，能量交换的方式主要有两种：做功和传热。

功是系统与外界能量交换的一种方式，记为 w（单位质量工质）或 W，微元过程对应的微小功量用 δW 表示。在力学中，功的定义为系统所受的力和沿力的作用方向所产生的位移的乘积。功量的形式多种多样，如机械功、磁功、电功、拉伸机械功、表面张力功等。简单可压缩系统则主要研究膨胀功和轴功。

1. 膨胀功

由于系统容积变化而通过界面向外界传递的机械功称为膨胀功（体积功）。一般规定，系统对外做功，体积增大，做功为正；外界对系统做功，体积减小，做功为负，又称压缩功。

参照图 2-13 所示带活塞的气缸机构分析膨胀功的大小：取气缸内的工质压力为 p，活塞面积为 f，则工质对活塞的作用力为 $p \cdot f$。由于过程可逆，系统内外没有势差，也不存在摩擦力等耗散作用，则 $p \cdot f$ 与外界对系统的作用力 F 相等。当活塞移动一段微小距离 $\mathrm{d}S$ 时，系统体积变化为 $\mathrm{d}v$，微元做功的微小功量为

$$\delta w = F\mathrm{d}S = pf\mathrm{d}S = p\mathrm{d}v \tag{2-6}$$

即微元在热力过程中的膨胀功可以通过系统内部状态参数来描述，即等于工质压力与体积变化的乘积。对于系统的可逆过程 1—2 所做的功为

$$w = \int_1^2 p\,\mathrm{d}v \quad (\mathrm{J/kg}) \tag{2-7}$$

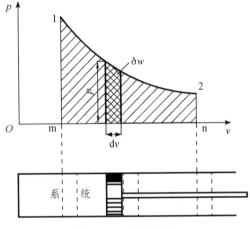

图 2-13 膨胀过程

式(2-7)的积分在 $p-v$ 图上相当于热力过程线 1—2 与横坐标轴围成的图形 12nm1 的面积，反之，也可通过计算面积的大小得到热力过程的膨胀功。所以，$p-v$ 图又称为示功图。显然，对于相同的初始状态 1 和终了状态 2，膨胀功的大小与过程曲线的形状（体现具体热力过程）有关。区别于前文提及的状态参数，膨胀功是与过程特性有关的过程参数。比如，从 A 地到达 B 地，通过不同的路径，距离不尽相同，也是过程特性的体现。

需要注意的是，上述分析仅限于可逆过程，若过程不可逆，则 $p \cdot f$ 不等于 F，结论不成立。

2. 轴功

系统通过机械轴与外界传递的机械功称为轴功。如图 2-14(a)所示，外界功源向刚性绝热闭口系统输入轴功 W_s，该轴功通过耗散效应转换成热量，被系统吸收，增加了系统的内部能量。但是，由于刚性容器中的工质不能膨胀，热量不可能自动地转换为机械功，因此，刚性闭口系统不能向外界输出轴功。

图 2-14(b)是开口系统与外界传递的轴功 W_s（输入或输出）。工程上许多动力机械，如汽轮机、内燃机、风机、压气机等，都靠机械轴传递机械功。

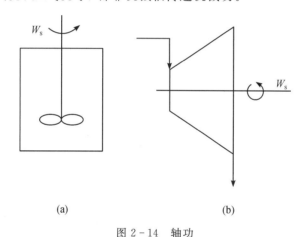

(a)　　　　　　　　　　(b)

图 2-14　轴功

轴功可来源于能量的转换，如汽轮机中热能转换为机械能，也可源于机械能的直接传递，如水轮机、风车等。

单位质量工质的轴功，用 w_s 表示。按规定，系统输出轴功为正功，输入轴功为负功。

2.3.4　可逆过程的热量

热量是除功量以外，没有物质流的系统与外界传递能量的另一种形式。热量定义为系统与外界之间所传递的能量，而不是系统本身所具有的能量，热量与传热时所经历的具体热力过程有关。热量用符号 q（单位质量工质）或 Q 表示，微元过程中传递的微小热量用 δQ 表示。将 δQ 对有限过程积分得到 Q，而非增量 ΔQ。SI 规定，热量、功量和能的单位均采用 J。

类似于功量以压力为能量交换的动力，热量传递中起到推动力作用的强度性参数是温度。做功的结果体现为体积的膨胀或压缩，而热量传递的结果是熵 S 的增量。熵具有与体积类似的性质，$dS > 0$ 表示系统从外界吸收热量，$dS < 0$ 表示系统对外放热。因此，可逆过

程的传热量可表示为

$$\delta q = T \mathrm{d}s \quad (\mathrm{J/kg})$$

$$\delta Q = T \mathrm{d}S \quad (\mathrm{J})$$

可逆过程 1—2 所传递的热量为

$$q = \int_1^2 T \mathrm{d}s \quad (\mathrm{J/kg}) \tag{2-8}$$

如图 2-15 所示的 T-s 图中，图形 12341 的面积表示热力过程 1—2 所传递的热量。所以，T-s 图也叫作示热图。热量和膨胀功一样，也是由热力过程决定的过程参数。

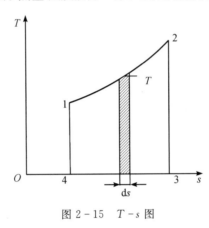

图 2-15　T-s 图

2.4　热 力 循 环

单一的热力过程不能持续地完成能量的转移或转换。热能和机械能之间的转换，通常都是通过工质在热力设备中的往复循环过程实现的。工质从某一个初始状态出发，经历若干个热力过程后又恢复到初始状态，称为工质的热力循环，简称循环。

全部由可逆过程组成的循环叫作可逆循环，在 p-v 或 T-s 图上用实线表示；包含任意不可逆过程，哪怕极微小的不可逆过程的循环称为不可逆循环，不可逆部分在 p-v 或 T-s 图上用虚线表示。

按照热力过程的方向，循环还可分为正循环和逆循环。

2.4.1　正循环

正循环指工质从高温热源吸收热量，经历一个循环后对外做功，又叫作动力循环（热机循环）。如图 2-16(a) 所示，工质沿 1—2—3—4—1 的顺时针方向循环，其中，过程 1—2—3 为膨胀过程，做功量为 1235611 所围成的面积；过程 3—4—1 为压缩过程，压缩功量为 143561 所围成的面积。两者之差表现为对外做功，且大小为循环过程线包围的面积，即经过正循环后，工质对外所做净功 w_0 为热力过程线所围成的面积（正值）。

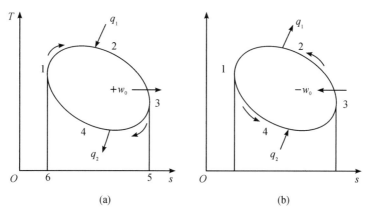

图 2-16　任意过程的正循环和逆循环

膨胀过程 1—2—3 中工质从热源吸热 q_1，在压缩过程 3—4—1 中工质向冷源放热 q_2，经历循环后工质的状态没有变化，则工质内部所具有的能量也没有变化，q_1 和 q_2 的差值必然等于循环所做的净功 w_0。

循环的经济指标或效率用下式表示：

$$效率 = \frac{得到的收益}{付出的代价}$$

正循环热转换为功的经济指标为循环热效率：

$$循环热效率 = \frac{循环中转换得到的功量}{工质从高温热源吸收的热量}$$

$$\eta_t = \frac{w_0}{q_1} = \frac{q_1 - q_2}{q_1} = 1 - \frac{q_2}{q_1} \tag{2-9}$$

循环热效率总是小于 1。从热源得到的热量 q_1 只能有一部分变为净功 w_0，且必然有另一部分的热量 q_2 流向冷源，没有这部分热量流向冷源，热量是不可能连续不断地转变为功的。

2.4.2　逆循环

如图 2-16(b) 所示，逆循环是从外界接受或消耗净功量 w_0，以实现把热量 q_2 从低温热源传递到高温热源的目的。若以制冷为目的，则叫作制冷循环；若以获得热量为目的，则叫作热泵循环。根据能量守恒，工质经历循环后内部能量不发生变化，传递到高温热源的热量 q_1 为 q_2 与 w_0 之和。

制冷循环的经济指标为制冷系数 ε_1，热泵循环的经济指标为供热系数 ε_2，其计算式如下：

$$\varepsilon_1 = \frac{q_2}{w_0} = \frac{q_2}{q_1 - q_2} \tag{2-10}$$

$$\varepsilon_2 = \frac{q_1}{w_0} = \frac{q_1}{q_1 - q_2} \tag{2-11}$$

两者之间关系为

$$\varepsilon_2 = 1 + \varepsilon_1 \tag{2-12}$$

不难发现，制冷系数可能大于、等于或小于 1，而供热系数总是大于 1。

思考题与习题

1. 进行任何热力分析是否都需要选取热力系统？如何选择热力系统？

2. 孤立系统一定是闭口绝热系统，反之是否成立？

3. 准静态过程与静态过程有何联系？有何区别？

4. 压力表测得的压力或真空计测得的真空度是工质的实际压力吗？同样的工质，在海拔不同的地区进行测量，测量值是否会发生变化？

5. 判断下列说法是否正确。

（1）不可逆过程是无法恢复到起始状态的过程。

（2）准静态过程的实现条件是内外一切不平衡势差趋近于零。

（3）不可逆过程一定是不平衡过程。

（4）不平衡过程一定是不可逆过程。

6. 膨胀功和热量的计算公式 $q = \int_1^2 T \mathrm{d}s$，$w = \int_1^2 p \mathrm{d}v$ 能否应用于不可逆过程，为什么？

7. 制冷循环是逆循环，反之，供热循环就是正循环。这种说法对吗？为什么？

8. 如果气压表读数为 10^5 Pa，试完成下列计算：

（1）表压力为 1.5 MPa 时的绝对压力（MPa）。

（2）真空表读数为 10 kPa 时的绝对压力（kPa）。

（3）绝对压力为 80 kPa 时的真空值（kPa）。

（4）绝对压力为 2 MPa 时的表压力（MPa）。

9. 某冷凝器上的真空表读数为 750 mmHg，而大气压力计的读数为 761 mmHg，那么冷凝器的压力值为多少 Pa？

10. 某温标的冰点为 20℃，沸点为 75℃，试推导这种温标与摄氏温标的线性关系。

11. 气体初态为 $p_1 = 0.5$ MPa，$V_1 = 0.4$ m³，在压力为定值的条件下膨胀到 $V_1 = 0.8$ m³。求气体膨胀过程所做的功。

12. 气体初态为 $p_1 = 0.5$ MPa，$v_1 = 0.172$ m³/kg，按照 $pv =$ 常数的规律，可逆膨胀到终态压力 $p_2 = 0.1$ MPa。求气体膨胀过程所做的功。

13. 某蒸汽动力厂，发电量 $P = 5 \times 10^4$ kW，锅炉耗煤量 $m = 19 \times 10^3$ kg/h，煤的发热量 $Q = 3 \times 10^4$ kJ/kg，求该动力厂的热效率。

14. 某热泵供热装置，每小时供热量为 10^5 kJ，消耗功率为 7 kW，那么热泵的供热系数和从外界吸取的热量分别为多少？

15. 某房间夏季通过墙壁、窗户等围护结构向屋内散热 80 000 kJ/h，房内有 3 盏 50 W 的照明灯具（向外散热的热源），室内电视机、电脑等其他设备（向外散热的热源）耗电约 100 W。为维持房间温度不变，购置一台制冷系数为 5 的空调，则空调的功率为多少？

第 3 章　理想气体的热力性质

章前导学

在工程应用中，热力循环是通过"工质"的热力过程实现的，而热力过程中能量转移或转化是通过"工质"的状态参数变化实现的。"工质"即工作的介质和媒介。

本章我们将学习热力学常用的一种重要工质：理想气体和实际气体。学习的主要内容包括理想气体和实际气体的性质，理想气体用什么样的参数表述其所处状态，以及计算热力系统参数所用到的状态方程。另外，本章我们还会学习比热容的概念和计算方法。

比如，空气在工程中通常被认为是近理想气体。我们可以通过理想气体状态方程确定空气的状态参数，研究其热力性质，并通过参数变化掌握热力过程和循环中能量的转移与转换。

3.1　理想气体与实际气体

3.1.1　理想气体与实际气体

理想气体是经过科学抽象的，在实际中根本不存在的假想气体模型。

从微观角度来看，该模型满足如下条件：

（1）气体分子是弹性的、不占有体积的质点。

（2）分子相互之间没有作用力（引力和斥力）。

理想气体与
实际气体

在这样两个假设条件下，气体分子的运动规律大大简化，分子两两碰撞之间为直线运动，且碰撞过程是弹性碰撞，没有能量损失。这就要求理想气体分子之间的间距相对其自身体积而言无限大，其体积可以忽略不计，可以作为质点模型，即当单位质量的气体所占空间无限（参数比容 v）大，而气体压力趋近于 0 时的极限状态满足理想气体的假设条件，可以认为是理想气体。

从宏观角度来对理想气体的状态方程进行分析。状态方程式 $F(p, v, T)=0$，对理想气体具有最简单的形式，即满足由实验定律和分子运动理论推导出的克拉贝龙方程（也叫理想气体状态方程）。

能够满足克拉贝龙方程的气体，或者计算后得出的参数的允许误差在可接受范围内的气体，均可作为理想气体进行分析。

工程中所用的工质是否能满足或接近上述假设，作为理想气体进行研究和分析，主要取决于气体的状态和我们对分析计算的精度要求。对于双原子气体和单原子气体，压力达到 1～2 MPa，温度在常温以上，理想气体状态方程是很好的近似方程，在准确度方面，误差小于百分之几。其他常用工质，如空气、燃气、湿空气等，由于压力相对较低，温度相对较高，比较接近理想气体的性质。

微观上无法满足假设，宏观参数不满足克拉贝龙方程的工质，如水蒸气、各种制冷剂工质，压力相对较高、温度相对较低，必须按照实际气体进行研究。

3.1.2 理想气体状态方程

理想气体状态
方程及应用

理想气体状态方程，又称理想气体定律、普适气体定律，是描述理想气体在处于平衡态时，工质的量、压强、体积、温度间关系的状态方程。其基本方程式为 $F(p, v, T) = 0$。

根据所选取物量的单位的不同，理想气体状态方程可以有多种形式。

（1）式（3-1）是基于单位质量（1 kg）工质的状态参数，该方程是理想气体状态方程的基本形式，反映理想气体在某一平衡状态下 p、v、T 之间的关系。

$$pv = RT \tag{3-1}$$

式中：p——绝对压力，单位为 Pa；

v——比体积，单位为 m^3/kg；

T——热力学温度，单位为 K；

R——气体常数，单位为 $J/(kg \cdot K)$，与气体种类有关，与气体状态无关。

$R = \dfrac{2}{3} N'B$，其中，N' 为 1 kg 质量气体的分子数目，B 为常数。几种常用气体的气体常数见表 3-1。

表 3-1 几种常用气体的气体常数数值

气　体	分子式	分子量	$R/(J/(kg \cdot K))$
空气		28.106	287.0
氢	H_2	2.016	4124.0
氦	He	4.003	2077.0
氧	O_2	32.0	259.8
氮	N_2	28.013	296.8
一氧化碳	CO	28.014	296.8
二氧化碳	CO_2	44.014	188.9
水蒸气	H_2O	18.615	461.5
甲烷	CH_4	16.043	518.2
氨	NH_3	17.031	488.2

（2）如果所研究的工质不是单位质量 1 kg，而是 m kg，应将式（3-1）两边同乘以工质的质量 m kg，得 m kg 气体的状态方程。该式主要用于对整体工质进行热力分析。

$$pV = mRT \tag{3-2}$$

（3）将式（3-1）两边同乘以工质的摩尔质量 M[①]，得 M kg（1 kmol）气体的状态方程。

$$pMv = MRT \tag{3-3}$$

式中，$Mv = V_M$，为 1 kmol 气体的体积，称为气体摩尔体积。

$MR = \dfrac{2}{3}MN'B$，MN' 为 M kg（1 kmol）气体的体积，应为常数。MN' 与 B 相乘亦是常数，即 MR 为常数。令

$$R_0 = MR \tag{3-4}$$

R_0 为通用气体常数，且 $R_0 = 8314$ J/（kmol·K），它与气体的状态和种类均无关，是特定常数。

根据式（3-4），气体工质的气体常数可由通用气体常数除以摩尔质量求得。

$$R = \frac{R_0}{M}$$

因此，式（3-3）又可写作：

$$pV_M = R_0 T \tag{3-5}$$

（4）若气体的总量以 n kmol 计，式（3-5）两边同乘以摩尔数 n，得

$$pV = nR_0 T \tag{3-6}$$

（5）对于热力状态变化前后质量 m 保持不变的工质，由式（3-2）可得

$$p_1 V_1 = mRT_1, \quad p_2 V_2 = mRT_2$$

$$\frac{p_1 V_1}{T_1} = \frac{p_2 V_2}{T_2} \tag{3-7}$$

式（3-1）、（3-2）、（3-5）、（3-6）都是理想气体状态方程的应用形式，其衍化过程如图 3-1 所示。可根据研究对象，以方便快捷为原则选取应用。

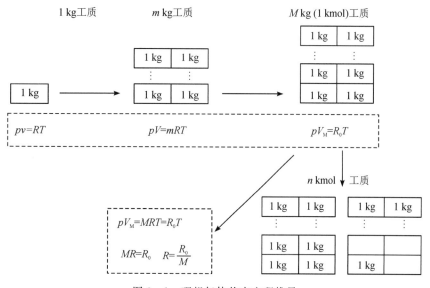

图 3-1　理想气体状态方程推导

---

① 摩尔是表示物质的量的基本单位，物质中包含的基本单元数与 0.012 kg 碳 12 的原子数目（6.0225×10^{23}）相等时物质的量即为 1 mol，记作 1 mol。1 mol 的质量称为摩尔质量，用符号 M 表示，单位是 g/mol 或 kg/kmol。

式(3-4)用于已知气体的种类、分子量,计算该理想气体的气体常数。

式(3-7)则应用于同一质量不变的气体,计算热力过程前后的状态参数。

【例 3-1】 利用标准状态下的气体状态参数,计算通用气体常数。

【解】 应用 M kg 或 1 kmol 气体的状态方程

$$pV_M = R_0 T$$

在 $p_0 = 101.325$ kPa, $t_0 = 0℃$ 的标准状态下,1 kmol 各种气体占有的体积都等于 22.4 m^3。于是可以得出通用气体常数

$$R_0 = \frac{pV_M}{T} = \frac{p_0 V_{M_0}}{T_0} = \frac{101\ 325 \times 22.4}{273.15} \approx 8314 \quad J/(kmol \cdot K)$$

【例 3-2】 已知 N_2 的 $M = 28$,求:(1) N_2 的气体常数;(2)标准状态下 N_2 的比体积和密度;(3) $p = 0.1$ MPa, $t = 500℃$ 时的摩尔体积。

【解】 (1) 根据式 $R = \frac{R_0}{M}$ 计算 N_2 的气体常数:

$$R = \frac{R_0}{M} = \frac{8314}{28} = 296.93 \quad J/(kg \cdot K)$$

(2) 标准状态为 $p_0 = 101.325$ kPa, $t_0 = 0℃$,根据式 $pv = RT$ 得

$$v = \frac{RT}{p} = \frac{296.93 \times 273}{101.325 \times 10^3} = 0.8 \quad m^3/kg$$

$$\rho = \frac{1}{v} = \frac{1}{0.8} = 1.25 \quad kg/m^3$$

(3) 根据式 $pV_M = R_0 T$ 可得

$$V_M = \frac{R_0 T}{p} = \frac{8314 \times (273 + 500)}{0.1 \times 10^6} = 64.27 \quad m^3/kmol$$

【例 3-3】 有一充满气体的容器,体积为 5 m^3,压力表读数 p_g 为 250 kPa,温度计读数为 40℃。求标准状态下气体的体积为多少?(大气压 $B = 100$ kPa)

【解】 令题中所述状态为 1 状态,标准状态为 2 状态。

已知:1 状态的 p_1、V_1、T_1,2 状态的 p_2、T_2。

求解:V_2。

对于状态 1 和状态 2,工质为同一工质,热力状态变化前后质量不变。

可用式 $\frac{p_1 V_1}{T_1} = \frac{p_2 V_2}{T_2}$ 求解。

1 状态气体绝对压力:

$$p_1 = p_g + B = 250 + 100 = 350 \quad kPa$$

1 状态热力学温度:

$$T = t + 273 = 40 + 273 = 313 \quad K$$

1 状态体积:

$$V_1 = 5 \quad m^3$$

2 状态气体绝对压力:

$$p_2 = B = 100 \quad kPa$$

2 状态热力学温度：

$$T_2 = 0 + 273 = 273 \text{ K}$$

将数据代入上式，计算得 2 状态体积：

$$V_2 = 15.26 \text{ m}^3$$

3.1.3　实际气体状态方程

工程上常用的气态工质，如水蒸气、各种制冷剂蒸气等，由于压力相对较高、温度相对较低，不遵循理想气体状态方程，应该按照实际气体来研究。实际气体的状态方程式数量很多，较简单的方程式无法准确计算相关参数，精确的状态方程往往过于复杂，可根据实际应用和允许误差进行选择。

在实际气体状态方程中，通常对部分参数进行了修正，如考虑了分子本身所占的体积，考虑了分子之间相互作用力的影响等。常用的实际气体状态方程有范德瓦尔方程式、伯特洛方程式、狄特里奇方程、瑞德里奇—邝方程，此处不作详细展开。

3.2　理想气体比热容

3.2.1　比热容的定义

比热容是重要的物性参数，它不仅取决于物质的性质，还与气体的热力过程及所处的状态有关。根据选取工质的物量单位不同，比热容有不同的定义和单位。

质量比热容的定义是：单位质量的物质，温度升高或降低 1 K 所吸收或放出的热量，符号为 c，单位为 kJ/(kg·K)。

体积比热容的定义是：单位体积的物质，温度升高或降低 1 K 所吸收或放出的热量，符号为 c'，单位为 kJ/(m³·K)。

摩尔比热容的定义是：每 1 kmol 的物质，温度升高或降低 1 K 所吸收或放出的热量，符号为 c_M，单位为 kJ/(kmol·K)。

三种比热容的换算关系如下：

$$c' = \frac{c_M}{22.4} = c\rho_0$$

3.2.2　定容比热容与定压比热容

热量是过程量，在不同加热过程中，比热容的值也会不同，即气体的比热容与热力过程热性有关。可以将比热容理解为物质在温度变化时对热量的吸收和释放能力。在热工计算中，常用的是定容过程的比热容和定压过程的比热容。

定容比热容和
定压比热容

1. 定容比热容

如图 3-2(a)所示，活塞两端固定，气体在加热过程中体积保持不变，吸收的热量全部转化为气体的热力学能，表现为温度上升。气体在定容条件下，单位物量的工质温度每升高或降低 1 K 所吸收或放出的热量称为定容比热容。根据物量单位不同，又可划分为定容质量比热容 c_v、定容体积比热容 c_v'、定容摩尔比热容 Mc_v，如图 3-3 所示。

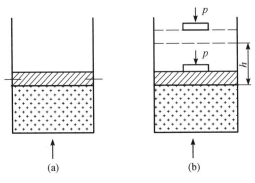

图 3-2　定容加热与定压加热

2. 定压比热容

如图 3-2(b)所示，活塞两端未固定，加热或放热过程中气体的压力保持恒定不变。加热时气体吸收的热量一方面转化为气体的热力学能，表现为温度上升；另一方面，因为温度上升，理想气体体积 V 增加，即气体膨胀。活塞和砝码在加热过程中位置升高所消耗的膨胀功也来自外部热源的加热。气体在定压条件下，单位物量的工质温度每升高或降低 1 K 所吸收或放出的热量称为定压比热容。根据物量单位不同，又可划分为定压质量比热容 c_p、定压体积比热容 c_p'、定压摩尔比热容 Mc_p，如图 3-3 所示。

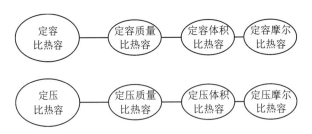

图 3-3　定容比热容与定压比热容

3. 定容比热容与定压比热容的关系

由前面分析可知，1 kg 理想气体，温度升高 1 K 的情况下，定压过程所需要的热量高于定容过程的热量，即定容比热容大于定压比热容。两者之差为定压条件下气体膨胀的耗功量。

$$c_p \Delta T - c_v \Delta T = p \Delta V = R \Delta T$$

$$c_p - c_v = R \tag{3-8}$$

对于体积比热容和摩尔比热容，又可表示为

$$c_p' - c_v' = \rho_0 R \tag{3-9a}$$

$$Mc_p - Mc_v = MR = R_0 \tag{3-9b}$$

c_p 与 c_v 的比值也是一个重要参数，称为比热容比，简称比热比。

$$k = \frac{c_p}{c_v} = \frac{c'_p}{c'_v} = \frac{Mc_p}{Mc_v} \tag{3-10}$$

另外，根据式(3-8)和式(3-10)可推导出：

$$c_v = \frac{R}{k-1}$$

$$c_p = \frac{kR}{k-1}$$

对于固体和液体而言，因其热膨胀性很小，可以认为 $c_p \approx c_v$。

3.2.3　理想气体比热容的计算

1. 真实比热容

理想气体的真实比热容并非定值，而是随着温度变化，因此用温度的函数来表示，图 3-4 所示。对应每个温度下的工质的比热容叫作气体的真实比热容。通常将比热容和温度的关系用温度的三次多项式表示。一般，定压摩尔质量比热容写成

$$Mc_p = a_0 + a_1 T + a_2 T^2 + a_3 T^3 \tag{3-11}$$

对于不同气体，可通过查表确定系数 a_0、a_1、a_2、a_3，求得其定压摩尔比热容，常用气体的常数值见表 3-2。

表 3-2　常用理想气体定压摩尔比热容与温度关系的系数值(J/(kmol·K))

气体	分子式	a_0	$a_1 \times 10^3$	$a_2 \times 10^6$	$a_3 \times 10^9$	温度范围/K	最大误差/%
空气		28.106	1.9665	4.8023	-1.9661	273~1800	0.72
氢	H_2	29.107	-1.9159	-4.0038	-0.8704	273~1800	1.01
氧	O_2	25.477	15.2022	-5.0618	1.3117	273~1800	1.19
氮	N_2	28.901	-1.5713	8.0805	-28.7256	273~1800	0.59
一氧化碳	CO	28.160	1.6751	5.3717	-2.2219	273~1800	0.89
二氧化碳	CO_2	22.257	59.8084	-35.0100	7.4693	273~1800	0.647
水蒸气	H_2O	32.238	1.9234	10.5549	-3.5952	273~1800	0.53
乙烯	C_2H_4	4.1261	155.0213	-81.5455	16.9755	298~1500	0.30

对于定容过程，可利用梅耶公式(3-8)计算出定容摩尔比热容。

$$Mc_v = (a_0 - R_0) + a_1 T + a_2 T^2 + a_3 T^3 \tag{3-12}$$

如要求定容或定压过程的热量，将式(3-11)和式(3-12)对温度 T 进行积分即可。

2. 平均比热容

利用真实比热容求积分确定热力过程的热量的方法，计算比较复杂。为了简化计算，导入平均比热容的概念。图 3-4 中，近似梯形的 DEFGD 的面积是热力过程线向温度 t 轴的投影面积，表示热力过程的热量。显然可以找到 D、E 两点间的某一点 O 做出线段 MN，

使得 MNFG 的面积与 DEFGD 的面积相等，即在 D、E 两点对应的比热中间得到该过程的平均比热值。热力过程的热量与温度差的比值即平均比热容，可表示为

$$c_m \bigg|_{t_1}^{t_2} = \frac{\int_{t_1}^{t_2} c \, dt}{t_2 - t_1} \tag{3-13}$$

式中，$\int_{t_1}^{t_2} c \, dt$ 为工质从 t_1 升温到 t_2 吸收的热量，$t_2 - t_1$ 为热力过程的温差，$c_m \bigg|_{t_1}^{t_2}$ 为该过程的平均比热容。

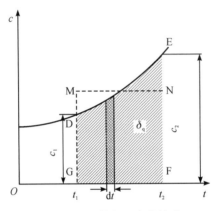

图 3-4　比热与温度的关系

为方便应用，可将不同气体的平均比热容计算出来制成表格，但由于温度区间各不相同，随任意温度范围变化的平均比热容表会是一个庞大的数据。因此，从热量的增长连续性出发，可取 0℃ 为起始基准温度进行计算。比如将 1 kg 水从 20℃ 加热至 80℃ 的热量，可以认为是将水从 0℃ 加热至 80℃ 的热量减去将水从 0℃ 加热至 20℃ 的热量。利用平均比热容的概念可写为

$$q = c_m \bigg|_0^{t_2} \cdot t_2 - c_m \bigg|_0^{t_1} \cdot t_1 \tag{3-14}$$

表 3-3 中给出了部分气体的平均定压质量比热容，平均定容比热容根据梅耶公式计算。

$$c_{vm} \bigg|_0^{t} = c_{pm} \bigg|_0^{t} - R \tag{3-15}$$

表 3-3　常用气体在理想状态下的平均定压质量比热容 c_{pm}（曲线关系）（kJ/(kg・K)）

t/℃	O_2	N_2	H_2	CO	空气	CO_2	H_2O
0	0.915	1.039	14.195	1.040	1.004	0.815	1.859
100	0.923	1.040	14.353	1.042	1.006	0.866	1.873
200	0.935	1.043	14.421	1.046	1.012	0.910	1.894
300	0.950	1.049	14.446	1.054	1.019	0.949	1.919
400	0.965	1.057	14.477	1.063	1.028	0.983	1.948
500	0.979	1.066	14.509	1.075	1.039	1.013	1.978
600	0.993	1.076	14.542	1.086	1.050	1.040	2.009

$t/℃$	O_2	N_2	H_2	CO	空气	CO_2	H_2O
700	1.005	1.087	14.587	1.098	1.061	1.064	2.042
800	1.016	1.097	14.641	1.109	1.071	1.085	2.075
900	1.026	1.108	14.706	1.120	1.081	1.104	2.110
1000	1.035	1.118	14.776	1.130	1.091	1.122	2.144
1100	1.043	1.127	14.853	1.140	1.100	1.138	2.177
1200	1.051	1.136	14.934	1.149	1.108	1.153	2.211
1300	1.058	1.145	15.023	1.158	1.117	1.166	2.243
1400	1.065	1.153	15.113	1.166	1.124	1.178	2.274
1500	1.071	1.160	15.202	1.173	1.131	1.189	2.305
1600	1.077	1.167	15.294	1.180	1.138	1.200	2.335
1700	1.083	1.174	15.383	1.187	1.144	1.209	2.363
1800	1.089	1.180	15.472	1.192	1.150	1.218	2.391
1900	1.094	1.186	15.561	1.198	1.156	1.226	2.417
2000	1.099	1.191	15.649	1.203	1.161	1.233	2.442
2100	1.104	1.197	15.736	1.208	1.166	1.241	2.466
2200	1.109	1.201	15.819	1.213	1.171	1.247	2.489
2300	1.114	1.206	15.902	1.218	1.176	1.253	2.512
2400	1.118	1.210	15.983	1.222	1.180	1.259	2.533
2500	1.123	1.214	16.064	1.226	1.182	1.264	2.554
密度 ρ	1.4286	1.2505	0.08999	1.2505	1.2932	1.9648	0.8042

3. 定值比热容

为了简化计算，如气体温度不太高，或计算精度要求不高，可以将比热容看作定值。

根据分子运动学说，理想气体的比热容值只取决于气体的分子结构，而与气体所处的状态无关。分子中原子数目相同，如果分子数量也相等（取 1 kmol），则其摩尔比热容也相等，称为定值比热容。

摩尔定容比热容：

$$Mc_v = \frac{i}{2}R_0 \qquad (3-16)$$

摩尔定压比热容：

$$Mc_p = \frac{i+2}{2}R_0 \qquad (3-17)$$

其中，i——分子运动的自由度数。单原子为 3，双原子为 5，多原子为 6。

通过实验对上述定值比热容的精度进行验证，实验证明，单原子气体的比热容，理论值与实验数据基本一致；双原子气体和多原子气体的比热容，实验数据与理论值偏差较大，尤其表现为温度越高偏差越大，如图 3-5 所示。这种偏差的原因在于分子运动论的比热容理论没有考虑到分子内部原子的振动，多原子气体内部原子振动更大。因此为了使理论接近实际，将多原子气体的自由度由 6 增加到 7。

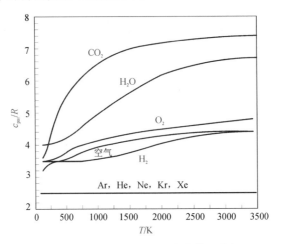

图 3-5　气体工质平均比热容偏差分析

理想气体的摩尔比热容值与比热比见表 3-4。

表 3-4　理想气体的定值摩尔比热容和比热容比

比热容与比热容比	单原子气体	双原子气体	多原子气体
Mc_v	$\dfrac{3}{2}R_0$	$\dfrac{5}{2}R_0$	$\dfrac{7}{2}R_0$
Mc_p	$\dfrac{5}{2}R_0$	$\dfrac{7}{2}R_0$	$\dfrac{9}{2}R_0$
比热容比 κ	1.66	1.4	1.29

计算定容质量比热容和定压质量比热容：

$$c_v = \frac{Mc_v}{M} = \frac{i}{2}\frac{R_0}{M} = \frac{i}{2}R$$

$$c_p = \frac{Mc_p}{M} = \frac{i+2}{2}\frac{R_0}{M} = \frac{i+2}{2}R$$

单原子、双原子和多原子分子的 c_v、c_p 只需要将表 3-4 中的 R_0 变更为 R 即可。

根据表 3-4，只要确定了工质的种类，分子式和分子量随之确定，定压比热容 c_p 和定容比热容 c_v 可以很方便地计算得出。工程计算中，如气体温度不太高，或满足计算精度要求的情况下，可以采用定值比热容进行计算。

【例 3-4】　空气在加热器中由 300 K 加热到 400 K，空气质量流量 $m = 0.2\ \mathrm{kg/s}$，求空气每秒的吸热量。试用真实比热容、平均比热容和定值比热容的方法计算。

【解】　空气在加热器中的加热过程是定压过程，应用定压比热容计算。

（1）按真实比热容计算。

空气定压摩尔比热容为

$$Mc_p = a_0 + a_1 T + a_2 T^2 + a_3 T^3$$

则空气的定压质量比热容为

$$c_p = \frac{1}{M}(a_0 + a_1 T + a_2 T^2 + a_3 T^3)$$

根据比热容的定义，吸收热量为

$$Q = m \int_{T_1}^{T_2} c_p \mathrm{d}T = m \int_{T_1}^{T_2} \frac{1}{M}(a_0 + a_1 T + a_2 T^2 + a_3 T^3)\mathrm{d}T$$

由表 3-2 查得，式中各系数的数值为

$$a_0 = 28.106,\ a_1 = 1.9665 \times 10^{-3},\ a_2 = 4.8023 \times 10^{-6},\ a_3 = -1.9661 \times 10^{-9}$$

代入上式得

$$Q = 0.2 \times \int_{300}^{400} \frac{1}{28.97} \times (28.106 + 1.9665 \times 10^{-3} + 4.8023 \times 10^{-6} - 1.9661 \times 10^{-9})\mathrm{d}T$$

$$= \frac{0.2}{28.97} \times \Big[28.106 \times (400 - 300) + \frac{1.9665 \times 10^{-3}}{2} \times (400^2 - 300^2) + \frac{4.8023 \times 10^{-6}}{3} \times$$

$$(400^3 - 300^3) - \frac{1.9961 \times 10^{-9}}{4} \times (400^4 - 300^4) \Big]$$

$$= 20.26\ \mathrm{kJ/s}$$

（2）按平均比热容计算。

升温过程为由 27℃升至 127℃。根据式（3-14）可得单位质量空气的吸热量为

$$q = c_m \Big|_0^{t_2} \cdot t_2 - c_m \Big|_0^{t_1} \cdot t_1 = c_m \Big|_0^{127} \times 127 - c_m \Big|_0^{27} \times 27$$

查表 3-3（表中数据即定压质量比热容），利用插值法，得

$$c_m \Big|_0^{127} = 1.0076\ \mathrm{kJ/(kg \cdot K)} \quad c_m \Big|_0^{27} = 1.0045\ \mathrm{kJ/(kg \cdot K)}$$

将数值代入上式得

$$q = 1.0076 \times 127 + 1.0045 \times 27 = 100.85\ \mathrm{kJ/kg}$$

升温过程的吸热量为

$$Q = mq = 0.2 \times 100.85 = 20.17\ \mathrm{kJ/s}$$

（3）按定值比热容计算。

空气为双原子分子，定压比热容为

$$c_p = \frac{7}{2}R = \frac{7}{2} \times \frac{R_0}{M} = \frac{7}{2} \times \frac{8.314}{28.97} = 1.0045\ \mathrm{kJ/(kg \cdot K)}$$

可得空气吸热量为

$$Q = mc_p(T_2 - T_1) = 0.2 \times 1.0045 \times (400 - 300) = 20.09\ \mathrm{kJ/s}$$

可见，用三种不同方法求得的吸热量数值不同，但极其相近。

3.3　理想气体热力过程

　　热能和机械能的转换是通过工质一系列的状态变化过程实现的，不同过程表征不同的外部条件。热力过程是构成热力循环的基本条件，通过循环完成能量转换，如各种热机或制冷机械以输出一定功率完成热能的转移。同时，热力过程还可以使工质达到一定的热力状态，如用压气机对气体进行压缩。研究热力过程的目的在于研究外部条件对热能和机械能转换的影响，力求通过有利的外部条件，合理安排热力过程，达到提高热能和机械能转

换效率的目的。

　　研究热力过程的基本任务是，根据过程进行的条件，确定过程中工质状态参数的变化规律，分析热力过程中的能量转换关系。

　　分析热力过程的依据是热力学第一定律的能量方程、理想气体状态参数关系以及准静态过程或可逆过程的特性。因为热力过程的能量转换涉及热力学第一定律的热力学能和焓等概念，本节仅介绍热力过程的参数变化特点，热力过程中的能量转换在 4.4.6 节中学习。

　　分析热力过程时，通常采用抽象、简化的方法，将复杂的实际不可逆过程简化为可逆过程处理，然后借助某些经验系数进行修正，并且将实际过程中状态参数变化的特征抽象、概括成具有简单规律的典型过程。典型过程指的是后文将要详细介绍的定压过程、定容过程、定温过程、绝热过程等。本文仅限于研究理想气体的可逆过程，对过程中的能量转换，也只限于分析能量数量之间的守恒关系。涉及不可逆因素引起的能量质的变化将在第 5 章讨论，水蒸气和湿空气的热力过程在第 6 章和第 7 章讨论。

3.3.1　定压过程

　　定压过程又称等压过程，系统从初状态变化到终状态，系统的压力始终保持不变。根据理想气体状态方程和过程特点可知，定压过程的状态参数满足：

$$\frac{v}{T} = \frac{v_1}{T_1} = \frac{v_2}{T_2}, \quad p_1 = p_2 = 常数$$

　　定压过程的 $p\text{-}v$ 图如图 3-6 所示，$T\text{-}s$ 图如图 3-7 所示。1—2 过程是系统比体积增大的等压膨胀过程，膨胀功 $w > 0$，理想气体温度升高；1—2′过程是系统比体积减小的等压压缩过程，膨胀功 $w < 0$，理想气体温度降低。

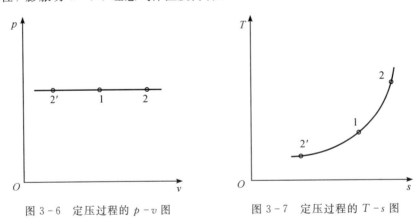

图 3-6　定压过程的 $p\text{-}v$ 图　　　　　图 3-7　定压过程的 $T\text{-}s$ 图

3.3.2　定容过程

　　定容过程又称等容过程，系统从初状态变化到终状态，系统的体积始终保持不变。根据理想气体状态方程和过程特点可知，定容过程的状态参数满足：

$$\frac{p}{T} = \frac{p_1}{T_1} = \frac{p_2}{T_2}, \quad v_1 = v_2 = 常数$$

　　定容过程的 $p\text{-}v$ 图如图 3-8 所示，$T\text{-}s$ 图如图 3-9 所示。定容线是系统所做膨胀功正负的分界线。p-v 图中，以定容线为界，初状态为点 1，若过程终了点落在定容线上，说明系统的体积没有变化，膨胀功为零；若终了点落在定容线的左边，热力变化为压缩过程，该过程的膨胀功 $w<0$；若终了点落在定容线的右边，热力变化为膨胀过程，该过程的膨胀功 $w>0$。T-s 图中，终了点落在定容线左上区域，$w<0$；终了点落在定容线右下区域，$w>0$。1—2 过程为定容增压过程，温度升高；1—2′ 过程是定容降压过程，温度降低。

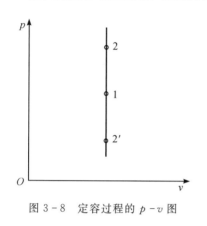

图 3-8　定容过程的 p-v 图

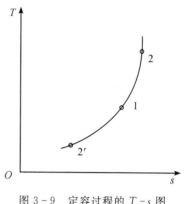

图 3-9　定容过程的 T-s 图

3.3.3　定温过程

定温过程又称等温过程，系统从初状态变化到终状态，系统的温度始终保持不变。根据理想气体状态方程和过程特点可知，定温过程的状态参数满足：

$$pv=p_1v_1=p_2v_2,\quad T_1=T_2=常数$$

定温过程的 p-v 图如图 3-10 所示，T-s 图如图 3-11 所示。1—2 过程是系统熵值增加的定温吸热过程，1—2′ 过程是系统熵值减小的定温放热过程。

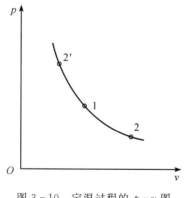

图 3-10　定温过程的 p-v 图

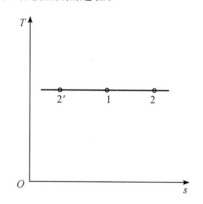

图 3-11　定温过程的 T-s 图

定温线是系统温度升高还是降低的分界线。T-s 图中，初状态为点 1，若过程终了点落在定温线上，说明过程没有温度变化；若过程终了点落在定温线上方，系统温度升高；若过程终了点落在定温线下方，系统温度降低。p-v 图中，以定温线为界，终了点落在定温线左下方，系统温度降低；终了点落在定温线右上方，系统温度升高。在第 4 章中，我们会了解温度是理想气体热力学能 u 的表征参数，因此定温线也是系统热力学能是增加还是减少的分界线。

3.3.4 绝热(可逆)过程/定熵过程

绝热过程是指系统与外界没有热量交换的热力变化过程($q=0$)。绝热过程是为了分析简便假设出的过程，是实际过程的一种类似。当过程进行的速度很快，来不及与外界进行热量交换时，可以将其视为绝热过程。

因为本节所研究过程均是可逆过程，绝热可逆过程又是定熵过程(熵的概念将在第5章学习)。

定熵过程的 p-v 图如图3-12所示，T-s 图如图3-13所示。1—2为定熵升温过程，比体积减小；1—2′为定熵降温过程，比体积增大。

定熵线是系统吸热、放热的分界线。T-s 图中，初状态为点1，若过程终了点落在定熵线上，说明系统既没有吸热也没有放热。若过程终了点落在定熵线左边，系统对外放热，$q<0$；若过程终了点落在定熵线右边，系统吸收热量，$q>0$。p-v 图中，以定熵线为界，终了点落在定熵线左下方，则 $q<0$；终了点落在定熵线右上方，则 $q>0$。

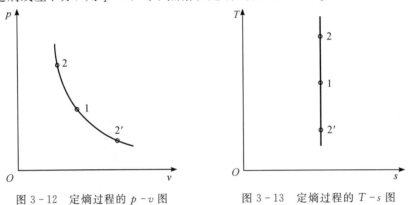

图3-12 定熵过程的 p-v 图   图3-13 定熵过程的 T-s 图

将上述几个典型热力过程的 p-v 图、T-s 图汇总到同一坐标系中，并将膨胀功 w、热力学能的变化 Δu、热量 q 的正负表示在图中，如图3-14和图3-15所示。

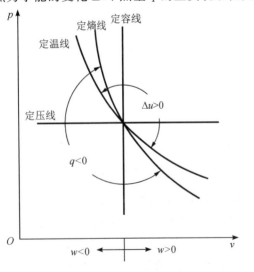

图3-14 典型热力过程的 p-v 图

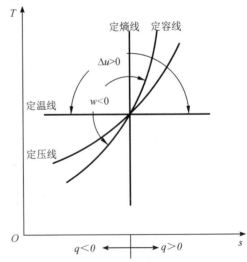

图3-15 典型热力过程的 T-s 图

3.3.5　多变过程

四种典型热力过程都是某一个状态参数保持不变，如 $v=$ 常数、$p=$ 常数、$T=$ 常数，或在过程中系统与外界没有热量交换（绝热过程）。实际的过程往往是所有的参数都在变化，并且也不完全绝热。例如，气体在活塞式压气机中被压缩，压缩过程中气体的压力、比体积和温度都在变化，并且气体与外界有功量和热量的交换。

通过实验发现，在一般的实际过程中，气体的状态变化也会遵循一定的规律。实验测定热力过程中一些状态点的 p、v 值，并将其近似整理成满足关系式：

$$pv^n = 常数 \tag{3-18}$$

通常将满足式(3-18)的热力过程叫作多变过程，其中 n 为多变指数。对于某一多变过程，n 是一个常数，不同的多变过程对应不同的 n 值。由此我们也可以将四种典型热力过程的过程方程式表示为多变过程的形式，n 取值为典型过程的特殊常数。

$n=0$ 时，$p=$ 常数，表示定压过程。

$n=1$ 时，$pv=$ 常数，表示定温过程。

$n=\kappa$ 时，$pv^\kappa=$ 常数，表示定熵过程（κ 是工质的比热容比，过程式将在 4.4.6 小节中推导得出）。

$n=\pm\infty$ 时，$v=$ 常数，表示定容过程。

可见，定压、定温、定熵、定容过程是多变过程的特例。实际上 n 值可以在 $0\sim\pm\infty$ 范围内变化。对于更复杂的实际过程，n 值也可能是不断变化的。如果变化不大，可以在允许范围内按照 n 为常数进行分析；如果变化较大，还需将热力过程分段研究，每一个过程段 n 值保持相应稳定的数值。

在 $p\text{-}v$ 图上，对多变过程的斜率进行分析，其斜率可由式(3-18)推导得出

$$\frac{\mathrm{d}p}{\mathrm{d}v} = -n\frac{p}{v} \tag{3-19}$$

由此可见，多变指数 n 越大，过程线斜率的绝对值越大。对照图 3-14，将 n 值代入式(3-19)，定压线是水平线，定温线是等边双曲线，定熵线是斜率比定温线更大、更陡的高次双曲线，定容线为垂直线。而除此以外的一般多变过程曲线分布在典型过程曲线之间，根据 n 的取值，可以大致判断其落在哪两条典型热力过程曲线之间的区域。如 $n=0.5$ 时，其过程曲线在定压线和定温线之间。

$T\text{-}s$ 图上关于过程曲线斜率的推导更为复杂，此处不做要求。定压线是斜率为正的对数曲线，定容线比定压线更陡。定温线是水平线，而定熵线是垂直线。

思考题与习题

1. 工程实际中有哪些气体可以视作理想气体？
2. 热电厂锅炉出口的高温高压蒸汽，能否用理想气体状态方程计算其状态参数？
3. 夏天，自行车行驶在温度较高的公路上时，为什么容易引起轮胎爆炸？
4. 比热容体现了工质哪方面的性能？比热容的大小与什么有关系？

5. 采用真实比热容与平均比热容计算热量，结果是否一致？

6. 如果某工质的比热容是温度 t 的单值函数，且为单调递增关系，当 $t_2 > t_1$ 时，平均比热容中哪一个最大，哪一个最小？

7. 理想气体的 c_p 与 c_v 的数值会随着温度变化而变化，那么 $c_p - c_v$ 是否会随温度而变化？比热容比是否会随温度而变化？

8. 求 $p = 0.5$ MPa、$t = 170$℃时，N_2 的比体积和密度。

9. 已知 O_2 的 $M = 32$，求：

(1) 氧气的气体常数；

(2) $p = 0.5$ MPa，$t = 500$℃时的比体积。

10. 一个绝热刚性气缸，中间被一导热的无摩擦的活塞分成两部分。最初活塞被固定在某一位置，气缸一侧气体为 0.4 MPa、30℃的理想气体 0.5 kg，另一侧为 0.12 MPa、30℃的同类型气体 0.5 kg。然后放松活塞任其自由移动，最后两侧达到平衡。设比热容为定值。试求：平衡时的压力和温度。

11. 把 CO_2 压送到容积为 3 m³ 的储气罐里，起始表压力 $p_{g1} = 30$ kPa，终了表压力 $p_{g2} = 0.3$ MPa。温度由 $t_1 = 45$℃增至 $t_2 = 70$℃。试求被压入储气罐内气体的质量。（当地大气压力 $B = 101.325$ kPa）

12. 一容器中盛有 0.5 MPa、30℃的 CO_2 气体 25 kg，容器有一未被发现的漏洞，直至压力降至 0.36 MPa 时才被发现，这时的温度为 20℃。试计算漏掉的 CO_2 的质量。

13. 被封闭在气缸中的空气在定容下被加热，温度由 360℃升高到 1700℃。试用平均比热容和定值比热容计算每千克空气需吸收的热量。

第4章　热力学第一定律

章前导学

中学阶段我们学习了能量守恒定律，在热力学领域，系统的热力过程和热力循环同样遵循这一普遍定律。能量守恒定律在热力学中的应用即热力学第一定律，热力学第一定律的实质就是能量守恒与转换定律。

本章我们将学习热力学第一定律：首先，我们需要了解热力系统包括哪些能量形式，掌握闭口系统和开口系统在能量转移和转换过程中遵循的"量"的守恒原理；然后，我们还需要将热力学第一定律用数学表达式体现出来，利用"能量方程"计算解决能量转换的实际应用问题。比如，通常将汽轮机、压缩机、换热器等设备的热力系统看作稳态稳流开口系统，利用开口系统能量方程求解上述设备所消耗的功率和换热量。

4.1　热力学第一定律的实质

4.1.1　热力学第一定律的表述

能量守恒与转换定律是自然界的一个基本规律。它指出：自然界中一切物质都具有能量。能量既不可能被创造，也不可能被消灭，只能从一种形式转换为另一种形式，或者从一种物质转移到另一种物质。在转换和转移中，能的总量保持不变。

热力学第一定律是能量守恒与转换定律在热力学中的应用，它确定了热能与其他形式能量相互转换时在"量"上的守恒关系。

热能与机械能可以从"量"的角度进行比较衡量的前提是，热能和机械能具备转换的条件。做功和传热都能改变物体的能量，因此它们的单位之间存在一定的换算关系，即热量的单位卡(cal)与功的单位焦耳(J)之间的数值关系。英国物理学家焦耳经研究得出：1 cal 的热量与 4.184 J 的功量相当，而且可以视为数量相当的两种能量。国际单位制中规定热量、功统一用焦耳作单位，热功当量已失去意义。

热力学第一定律可以表述为：当热能和机械能在转移和转换过程中，能的总量保持不变。

根据热力学第一定律，为了得到机械能，必须耗费热能或其他能量。历史上，有些人曾幻想创造一种不耗费能量而产生动力的机器，称为第一类永动机，结果总是失败。为了明确地否定这种发明的可能性，热力学第一定律还可表述为：第一类永动机是不可能制成的。

4.1.2 热力学第一定律的应用简介

热力学第一定律是热力学的基本定律，在各种热力过程的分析和计算中有广泛的应用，它适用于一切工质和一切热力过程。分析具体问题时，需要将它表示为数学解析式，即根据能量守恒的原则，列出参与过程的各种能量的平衡方程。需要注意的是，分析热力过程，选取热力系统十分重要，同一现象选取不同的热力系统，系统与外界之间的能量关系也不同，由此建立起来的能量方程也各不相同。

如图 4-1 所示，系统与外界之间存在不同的能量交换形式。对于任何系统，各项能量之间的平衡关系可一般地表示为

$$进入热力系统的能量 - 离开热力系统的能量 = 系统能量的变化$$

如果选择的热力学系统是孤立系统，则系统能量的变化为 0，则

$$进入系统的能量 = 离开系统的能量$$

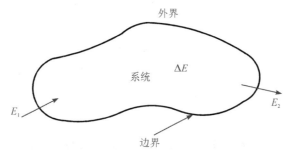

图 4-1 系统与外界的能量交换

4.2 热力学能和总能

系统因为处于不同的运动状态而具有不同的参数，所储存的能量也有所不同。系统具有的总的能量叫作总能。总能分为两部分：一部分取决于系统本身（内部）的状态，它与系统内工质的分子结构及微观运动形式有关，统称为热力学能，也叫作内储存能（内能）；另一部分取决于系统工质与外力场的相互作用（如重力位能）及以外界为参考坐标的系统宏观运动所具有的能量（宏观动能），这两种能量统称为外储存能。

4.2.1 热力学能（内储存能）

1. 热力学能的组成

根据气体分子运动学说，气体分子不断在做不规则的平移运动，如果是多原子分子，则还有旋转运动和振动运动，分子因这种热运动而具有的能量称为内动能。内动能是温度的函数，温度的高低是内动能大小的反映，内动能越大，气体的温度就越高。

气体分子之间存在相互作用力，气体内部还具有因克服分子之间的作用力所形成的分

子位能，也称气体的内位能。工质内位能的大小与分子间的距离有关，亦即与气体的比体积有关。

此外，热力学能还包括另外两种形式的能量：一种是维持一定分子结构的化学能，发生化学反应时能够释放化学能；另一种是原子核内部的原子能，如核电站的核裂变反应能够释放大量的原子能。在热力学变化中，一般不涉及化学反应和原子核反应，工质的化学能和原子能都不发生变化。因此，我们研究工程热力学的相关问题时，通常不考虑化学能和原子能。热力学能是气体内部所具有的内动能和内位能之和，热力学能变化只包括内动能和内位能的变化。

2. 热力学能的表示方法

通常，用 u 表示 1 kg 质量气体的热力学能，称比热力学能，单位是 J/kg；用 U 表示 m kg 质量气体的热力学能，单位是 J。

气体的内动能取决于气体的温度，内位能取决于气体的比体积，所以气体的热力学能是温度和比体积的函数，即

$$u = f(T, v) \tag{4-1}$$

又因为 p、v、T 三者之间存在一定的换算关系，所以热力学能也可以写成

$$u = f(T, p)$$
$$u = f(v, p) \tag{4-2}$$

可见，热力学能也是气体的状态参数。

对于理想气体，因分子间忽略相互作用力，就没有内位能，故其热力学能仅包括分子内动能。所以，理想气体的热力学能只是温度的单值函数，即

$$u = f(T) \tag{4-3}$$

对于理想气体，温度升高，工质的热力学能增加；温度降低，工质的热力学能减少。反之，工质的热力学能增加，则温度上升；工质的热力学能减少，则温度降低。可以通过热力学能的变化判断系统工质温度的变化趋势。

4.2.2　外储存能

外储存能属于热力系统在宏观状态中由宏观参数决定的能量，主要包括宏观动能和宏观位能。

1. 宏观动能

质量为 m 的物体相对于系统外的参考坐标以速度 c 运动时，该物体具有的宏观运动的动能为

$$E_k = \frac{1}{2}mc^2$$

2. 宏观位能

在重力场中，质量为 m 的物体相对于系统外的参考坐标系的高度为 z 时，具有的宏观位能为

$$E_p = mgz$$

4.2.3 系统的总能

综上所述，系统的总能为热力学能（内储存能）、宏观动能和宏观位能之和，可用 E 表示，单位为 J。

$$E = U + E_k + E_p \quad\quad (4-4)$$

对 1 kg 质量物体的总能，也称比总能，用 e 表示，单位为 J/kg。e 的表达式为

$$e = u + \frac{1}{2}c^2 + gz$$

对于没有宏观运动，并且高度为零的系统，系统总能就等于热力学能。

$$E = U$$
$$e = u \quad\quad (4-5)$$

系统总能的变化可以表示为

$$dE = dU + dE_k + dE_p \quad 或 \quad \Delta E = \Delta U + \Delta E_k + \Delta E_p$$

研究能量转换时，我们关心的是系统所储存能量的变化 ΔE，而不是系统能量的绝对值。对于热力学能，重要的也是其值变化了多少。应用中可以选择某一状态的热力学能为基点（热力学能为 0），并在此基础上给出其他状态下热力学能的数值，从而更方便地计算其热力学能变化。

4.3　闭口系统能量方程

4.3.1　闭口系统能量方程表达式

取典型闭口系统气缸进行分析，活塞移动过程中，气缸内工质与外界进行的能量交换仅包含热量交换和功量交换，没有物质交换。该热力过程同许多其他热力过程相同，系统的宏观动能和宏观位能一般不发生变化（或忽略不计），因此系统的总能的变化仅仅表现为工质热力学能（内储存能）的变化。取热力过程的终状态为 2 状态，初状态为 1 状态，可将总能变化表示为

$$\Delta E = U_2 - U_1 = \Delta U$$

按照热力学第一定律，闭口系统能量方程的表述形式为

输入系统的能量 — 输出系统的能量 = 系统总能的变化

对于气缸结构，将工质从外界吸收的热量 Q 作为输入系统的能量，将工质对外界所做的膨胀功 W 作为输出系统的能量，因此上式可写为

$$Q - W = \Delta E = \Delta U \quad\quad (4-6)$$

同时，上式也可以理解为系统工质吸收热量后，该能量可以转换为对外做功，也可以作为热力学能存储在工质内，或者两者兼而有之。反之，若 Q、W 的符号发生变化，也可以理解为外界对系统做功，系统对外放热，这也可能引起热力学能的变化。热力学能的变化大小则取决于 Q、W 的数值大小和符号。系统吸热，热力学能不一定增加，温度不一定会

升高。反之，系统工质的温度升高，系统也不一定从外界吸收热量。若已知 Q 和 ΔU 的变化，可通过计算得出 W 的数值，根据符号可判断系统是对外做功还是外界对系统做功。若已知 W 和 ΔU 的变化，可通过计算得出 Q 的数值，根据符号可判断系统是向外界放热还是从外界吸收热量。

整理式(4-6)，得出闭口系统能量方程的一般表达式为

$$Q = W + \Delta U \tag{4-7a}$$

对于单位质量工质，可表示为

$$\delta Q = \mathrm{d}U + \delta W \tag{4-7b}$$

或

$$\delta q = \mathrm{d}u + \delta W \tag{4-7c}$$

对于微元的热力过程，可表示为

$$q = \Delta u + w \tag{4-7d}$$

对于可逆过程，可表示为

$$T\,\mathrm{d}s = \mathrm{d}u + p\,\mathrm{d}v \tag{4-8a}$$

或

$$\int_1^2 T\,\mathrm{d}s = \Delta u + \int_1^2 p\,\mathrm{d}v \tag{4-8b}$$

对于一个循环，工质经历一系列热力过程后仍然回到初始状态，工质热力学能保持不变，因此 $\Delta U = 0$。由此可得，对于整个循环，有

$$\oint \delta q = \oint \delta w \tag{4-9}$$

由于热能转换为机械能必须通过工质膨胀才能实现，闭口系统能量方程反映了热功转换的实质，即热力学第一定律的基本方程式。

【例 4-1】　气体在某一过程中吸入热量 12 kJ，同时热力学能增加 20 kJ。此过程是膨胀过程还是压缩过程？对外所做的功是多少(不考虑摩擦)？

【解】　由闭口系统能量方程 $Q = W + \Delta U$ 可得

$$W = Q - \Delta U = 12 - 20 = -8 \text{ kJ}$$

因此，该过程为压缩过程，外界需消耗功 8 kJ。

【例 4-2】　定量工质经历一个由四个过程组成的循环，试填充表 4-1 中所缺数据，并判断该循环是正循环还是逆循环。

表 4-1　例 4-2 表

过程	Q/kJ	W/kJ	Δu
1—2	1390	0	
2—3	0		-395
3—4	-1000	0	
4—5	0		

【解】　根据式(4-7a)可计算出：

$$\Delta U_{12} = Q_{12} - W_{12} = 1390 \text{ kJ}$$

$$W_{23} = Q_{23} - \Delta U_{23} = 395 \text{ kJ}$$

$$\Delta U_{34} = Q_{34} - W_{34} = -1000 \text{ kJ}$$

因为

$$\oint dU = 0$$

所以

$$\Delta U_{41} = -(\Delta U_{12} + \Delta U_{12} + \Delta U_{34}) = 5 \text{ kJ}$$

再由式(4-7a)算出

$$W_{41} = -5 \text{ kJ}$$

因为循环中 $\oint \delta W = \oint \delta Q = 390 \text{ kJ} > 0$，所以该循环是正循环。

4.3.2　闭口系统能量方程的应用

在实际应用中，以动力循环或制冷循环为例，工质在设备内部周而复始地进行循环，与外界没有物质交换，属于闭口系统。

对于制冷循环，如图4-2所示，工质在外界输入能量 w 的条件下（供给系统电能、热能或其他形式能量），从被冷却空间吸收热量 q_1（制冷量），向外界环境释放热量 q_2，循环后工质热力学能不变。因此有

$$q_1 - q_2 - (-w) = 0$$

整理得 $q_1 + w = q_2$，即向外界释放的热量为制冷量与耗功量之和。需要注意的是，此处 w 为系统所耗净功，通常为压缩机消耗的压缩功 w_1 减去膨胀阀中膨胀得到的少量的膨胀功 w_2。

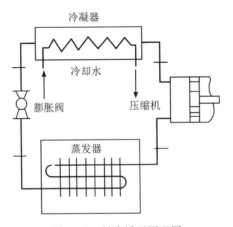

图4-2　制冷循环原理图

在动力循环中，如图4-3所示，工质从锅炉燃烧中吸收热量 q_1，热能转换为功量 w（w 为系统所得净功，数值上等于汽轮机内工质膨胀做功 w_1 减去水泵压缩工质所消耗的少量压缩功 w_2），向外界环境释放热量为 q_2，循环后工质热力学能不变。根据闭口系统能量方程可得

$$q_1 - q_2 - w = 0$$

整理得 $q_1 = q_2 + w$，系统从外界吸收的热量一部分用于对外做功，一部分作为无法转换为功的热量排放。

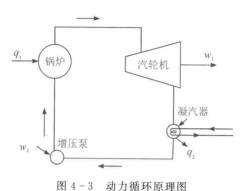

图 4-3　动力循环原理图

4.4　开口系统能量方程

工程中用到的许多设备，如汽轮机、压气机、风机、锅炉、换热器、空调机等，在工作过程中都有工质流进、流出设备，通常都作为开口系统进行分析。

工质流入、流出系统时，需要将本身所具有的各种形式的能量带入或带出系统，可见，开口系统除通过做功和传热方式传递能量外，还可以借助物质的流动来转移能量。

分析开口系统时，除考虑能量的平衡外，还需考虑质量平衡。所以存在两个平衡关系：

进入系统的质量-离开系统的质量=系统中质量的变化

进入系统的能量-离开系统的能量=系统中能量的变化

4.4.1　推动功(或流动功)

与闭口系统仅考虑膨胀功不同，开口系统内要维持工质的流动，还需要在进出系统界面处由压力不平衡推动工质向既定方向流动。伴随工质出、入开口系统而传递的功叫作推动功。推动功是推动工质流动所必需的功，通常由流体管路中的水泵或风机供给。

按照功的力学定义，推动功等于推动工质流动的作用力乘以工质在该力作用下移动的距离。如图 4-4 所示，有质量为 m_{in} 的工质在压力 p_{in} 作用下，从截面积为 A_{in} 的入口进入系统，并且向前移动距离 ΔL，此时推动功为

$$W_{in} = p_{in} A_{in} \Delta L$$

式中，$A_{in} \Delta L$ 为进入工质所占的体积，因此可记为

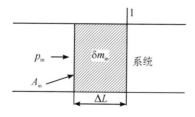

图 4-4　推动功示意图

$$W_{in} = p_{in} v_{in} m_{in} = p_{in} V_{in} \tag{4-10a}$$

用微分式表示为

$$\delta W_{in} = p_{in} v_{in} \delta m_{in}$$

对于单位质量工质，进入系统需要外界做出的推动功为

$$w_{in} = p_{in} \frac{V_{in}}{m_{in}} = p_{in} v_{in} \tag{4-10b}$$

同理，单位质量工质要流出系统，在系统出口处需要做的推动功为

$$w_{out} = p_{out} v_{out}$$

其中，p_{out}、v_{out} 分别为出口处的工质状态。流体在系统内流动所受的力具有传递性，因此，对于移动 1 kg 工质进出系统的净推动功为

$$w_f = p_{out} v_{out} - p_{in} v_{in} \tag{4-11}$$

由式（4-10）可见，推动功在数值上等于其压力和比体积的乘积。推动功是一种在工质流动方向传递的特殊的功，其数值仅取决于系统进出口界面的热力状态，与热力过程无关。推动功仅对于流动的工质有意义，当工质不流动时，虽然工质也有 p、v 等状态参数，但其乘积并不代表推动功。

4.4.2 开口系统能量方程

分析开口系统能量方程通常采用两种方法：一种是选择一定空间或区域（如开口设备、汽轮机的腔体、压气机的气罐等）作为开口系统的控制体，然后分别计算控制体进口、出口边界处工质的质量和能量变化；另一种是将热力设备内的工质作为闭口系统，该系统内工质质量和能量伴随工质进入或流出，在不同时刻发生变化，根据其变化利用闭口系统能量方程推导出伴随质量变化的开口系统能量方程。下文重点介绍第一种方法。

开口系统与闭口系统相比，伴随工质进入系统的能量或离开系统的能量不仅包括闭口系统涉及的热力学能、宏观动能、宏观势能，与外界的热量交换，还包括通过传动轴与外界的功量交换（轴功 w_s）以及推动功 w_f。将进入系统界面记为 1 界面，离开系统的界面记为 2 界面，界面状态参数及工质参数表示如图 4-5 所示。将工质从热源吸热列为进入系统的能量，系统对外界做轴功列为离开系统的能量，因此，任意开口系统的能量守恒式可推导如下：

在 $\delta\tau$ 时间内，控制体进行了一个微元的热力变化，进入系统的能量等于随工质流入的能量 $\delta m_1 (u_1 + p_1 v_1 + \frac{c_1^2}{2} + gz_1)$ 和 δQ；离开系统的能量等于随工质流出的能量 $\delta m_2 (u_2 + p_2 v_2 +$

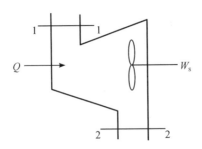

图 4-5   开口系统能量转换

$\dfrac{c_2^2}{2} + gz_2$)和 δW_s，则系统总能的变化为

$$\mathrm{d}E_{cv} = \delta m_1\left(u_1 + p_1 v_1 + \frac{c_1^2}{2} + gz_1\right) + \delta Q - \delta m_2\left(u_2 + p_2 v_2 + \frac{c_2^2}{2} + gz_2\right) - \delta W_s$$

整理得

$$\delta Q = \delta m_2\left(u_2 + p_2 v_2 + \frac{c_2^2}{2} + gz_2\right) - \delta m_1\left(u_1 + p_1 v_1 + \frac{c_1^2}{2} + gz_1\right) + \mathrm{d}E_{cv} + \delta W_s$$

$$(4-12)$$

式(4-12)是在开口系统的普遍状态下推导的，适用于任意开口系统。对于闭口系统，质量 m 均为 0，式(4-12)也同样适用。从式(4-12)中不难发现，与工质的状态参数有关的能量为热力学能 u 和推动功 pv，且伴随工质流动。热力学能和推动功总是成对出现，为了方便计算和分析，通常将两者结合在一起，称为焓，用符号 H 代表，h 表示单位质量工质的比焓，即

$$h = u + pv \qquad\qquad (4-13a)$$
$$H = U + pV \qquad\qquad (4-13b)$$

对于流动工质，焓为热力学能和流动功的代数和；如果工质的动能、位能可以忽略，焓代表伴随流动工质进出系统传递的总能；对于不流动工质，焓值仅是复合状态参数，没有实际物理意义，但对于不流动工质该参数同样适用。对于理想气体，热力学能 u 是温度的单值函数，根据理想气体状态方程可知，pv 的值也是取决于温度 T，因此焓是温度 T 的单值函数。

引入焓值概念后，式(4-12)可简化为

$$\delta Q = \delta m_2\left(h + \frac{c^2}{2} + gz\right) - \delta m_1\left(h + \frac{c^2}{2} + gz\right) + \mathrm{d}E_{cv} + \delta W_s \qquad (4-14)$$

式(4-14)为开口系统能量方程的一般表达式，适用于所有开口系统。进入和离开系统的工质质量和状态参数无论是否变化，都可以应用该方程进行能量分析与计算。

【例 4-3】 图 4-6 所示为由压缩气体管道向储气罐充气的过程。如果管道中气体参数恒定，并且罐壁是绝热的，试推导该充气过程的能量方程。

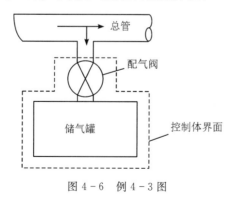

图 4-6 例 4-3 图

【解】 开口系统的能量方程是普遍适用的，对于热力过程可根据情况进行适当简化。

(1)取储气罐作为热力系统。该系统为开口系统。设在 $\delta\tau$ 时间内充入罐内的气体质量为 δm_1，流出罐外的气体质量为 δm_2，则开口系统能量方程为

$$\delta Q = \delta m_2 \left(h + \frac{c^2}{2} + gz \right) - \delta m_1 \left(h + \frac{c^2}{2} + gz \right) + \mathrm{d}E_{cv} + \delta W_s$$

（2）根据题意，对上式进行分析简化。

① 因储气罐罐壁绝热，所以 $\delta Q = 0$；

② 储气罐没有气体流出，所以 $\delta m_2 = 0$；

③ 充气过程中，气体与外界没有功量交换，所以 $\delta W_s = 0$；

④ 储气罐内气体无宏观运动，且忽略其宏观位能，即 $\frac{c^2}{2} + gz = 0$，则 $\mathrm{d}E_{cv} = \mathrm{d}U_{cv}$；

⑤ 进入罐内的气体宏观运动和位能也很小，可以忽略不计，即 $\frac{c^2}{2} + gz = 0$。

（3）将上述条件代入能量方程可得

$$h_1 \delta m_1 = \mathrm{d}U_{cv}$$

如果在 τ 时间内充入罐内的气体质量为 m_1，则

$$\int_0^{m_1} h_1 \delta m_1 = \int_0^\tau \mathrm{d}U_{cv}$$

因为进入罐内气体参数恒定，h_1 为定值，所以上式积分后可得

$$h_1 m_1 = \Delta U_{cv}$$

上式说明，充入罐内气体的焓转换为储气罐内气体的热力学能。

4.4.3 稳态稳流能量方程

在一般开口系统能量方程基础上，有一类特殊的开口系统，单位时间内进、出系统的工质质量相同，系统内任何一点的工质，其状态参数和宏观参数都保持一致，不随时间改变，通常称为稳态稳流工况。反之，则为不稳定工况或瞬变过程。工程上，一般热力设备除了启动、停止或负荷增减时，多数情况下处于稳定工作的状态。研究设备的稳态稳流过程更具有实际意义。

根据稳态稳流工况的特征，可得出如下结论：

（1）稳态稳流系统进、出口处工质的质量流量相等，同一时间内进、出控制体界面及流过系统内任何断面的质量均相等，即

$$m_1 = m_2 = m$$

反之，质量增加或减小，都有可能导致伴随工质进入的能量改变，系统内能量变化导致状态参数改变。

（2）系统内储存的能量不随时间变化，同一时间内进入控制体的能量和离开控制体的能量相等，即

$$\Delta E_{cv} = 0$$

因此，稳态稳流开口系统能量方程由式（4-8）推导得

$$Q = m \left[\left(h + \frac{c^2}{2} + gz \right) - \left(h + \frac{c^2}{2} + gz \right) \right] + W_s \qquad (4-15\mathrm{a})$$

或者

$$Q = (H_2 - H_1) + q_m \left(\frac{c_2^2}{2} - \frac{c_1^2}{2} \right) + q_m g (z_2 - z_1) + W_s \qquad (4-15\mathrm{b})$$

对于单位工质，有

$$q = h_2 - h_1 + \frac{1}{2}(c_2^2 - c_1^2) + g(z_2 - z_1) + w_s \tag{4-16a}$$

式(4-16a)也可简写为

$$q = \Delta h + \frac{1}{2}\Delta c^2 + g\Delta z + w_s \tag{4-16b}$$

其中，Δh、Δc^2、Δz 分别为开口系统出口界面和进口界面的焓差、速度平方之差和高差，应用中应注意代入正确的数值。

对于微元的流动过程，则有

$$\delta q = \mathrm{d}h + \frac{1}{2}\mathrm{d}c^2 + g\,\mathrm{d}z + \delta w_s \tag{4-16c}$$

或

$$\delta Q = \mathrm{d}H + \frac{1}{2}m\,\mathrm{d}c^2 + mg\,\mathrm{d}z + \delta W_s \tag{4-16d}$$

式(4-16d)右边的后三项分别为宏观动能变化、宏观位能变化和轴功，都属于机械能范畴，是工程技术中可以利用的能量，将它们并列在一起，定义为技术功，用符号 w_t 表示，即

$$w_t = \frac{1}{2}\Delta c^2 + g\Delta z + w_s \tag{4-17}$$

引入技术功后，稳态稳流能量方程式(4-16)可表示为

$$Q = \Delta H + W_t \tag{4-18a}$$
$$q = \Delta h + w_t \tag{4-18b}$$

其微元形式为

$$\delta Q = \mathrm{d}H + W_t \tag{4-18c}$$

或

$$\delta q = \mathrm{d}h + w_t \tag{4-18d}$$

从式(4-17)可以看出，引入技术功后，可以通过系统与外界的热量交换和焓值的变化，计算得出系统对外的机械能的能量交换。如果系统热力过程中，忽略宏观动能和宏观位能的变化，技术功就约等于轴功，从另一角度为轴功的测量和计算提供了依据，使开口系统的能量交换分析更加简便。

需要说明的是，式(4-16)、式(4-18)都是稳态稳流系统能量方程的表达形式，可根据不同需要选择使用；除要满足系统是稳态稳流的条件外，别无其他限制；可应用于任意工质和任意稳态稳流过程，包括可逆和不可逆的过程。

除应用于单个设备的开口系统外，对于循环工作、参数呈周期性变化的热力设备，如果周期内，系统与外界交换的热量、功量和质量保持不变，进出口截面上工质参数保持不变，仍然可以用稳态稳流能量方程进行分析。可以理解为，该性能反映了能量方程具有拓展性和普适性。

4.4.4　开口系统与闭口系统能量方程的统一性

从稳态稳流系统的特征可知，开口系统内各点的状态参数不随时间变化，整个流动过

程相当于一定质量的工质从进口界面穿过开口系统，在其中经历一系列状态变化后，由进口界面的状态 1 变化为出口界面的状态 2，并与外界发生功量和热量的交换。可以将该过程看成流经开口系统的一定质量工质的能量方程。

另一方面，前文描述的闭口系统能量方程也是描述一定质量工质在热力过程中的能量转换关系。闭口系统能量方程与稳态稳流能量方程在本质上具有统一性，两者在形式上也可进行对比，具有相关性。

稳态稳流开口系统能量方程的一般表达式为

$$q = \Delta u + \Delta(pv) + \frac{1}{2}\Delta c^2 + g\Delta z + w_s$$

或者

$$q = \Delta u + \Delta(pv) + w_t$$

闭口系统能量方程的一般表达式为

$$q = \Delta u + w$$

对于参数变化相同的工质来说，两式等同。可得

$$\Delta(pv) + w_t = w$$

可将 $\Delta(pv) + w_t$ 视为广义的膨胀功，使能量方程具有统一性。

推导上式还可得到技术功的计算式，即

$$w_t = w - \Delta(pv) = w + p_1 v_1 - p_2 v_2 \tag{4-19}$$

此式表明了三种功的关系，工质稳定流经热力设备时所做的技术功等于工质膨胀功与推动功的代数和。下面利用微元方程推导对于通常理想化为可逆过程或准静态过程的热力设备，如何通过状态参数和示功图求解技术功的数值。

对于可逆过程或者准静态过程，膨胀功

$$\delta w = p\, dv$$

$$\delta w_t = p\, dv - d(pv) = -v\, dp$$

$$w_t = -\int v\, dp \tag{4-20}$$

如图 4-7 所示，可逆过程 1—2 中，v 取某一定值时，与 p 的微小增量 dp 的乘积为图中阴影的面积。对其进行积分，整个过程的技术功在 $p-v$ 图上为热力过程线向 p 轴（纵轴）投影所得图形的面积，即技术功的面积为 12341。

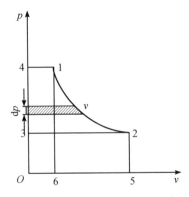

图 4-7　技术功在 $p-v$ 图上的表示

从图 4 - 7 中可知，推动功 $p_1 v_1$ 对应图中面积 16041，推动功 $p_2 v_2$ 对应图中面积 25032，膨胀 w 功对应图中面积 12561。p - v 图也很好地展示了三者的关系。

$$w_t = w - \Delta(pv)$$

技术功(面积 12341)＝膨胀功(面积 12561)－推动功(面积 25032－面积 16041)

即

$$\text{面积 } 12341 = \text{面积 } 12561 + \text{面积 } 16041 - \text{面积 } 25032$$

显然，技术功也是过程量，其值取决于初、终状态参数和过程特性。

4.4.5　理想气体热力学能变化和焓值变化的计算

在闭口系统能量方程和开口系统能量方程的推导过程中不难发现，热力过程中我们更关注的是引起系统能量变化的热力学能的变化量 Δu 和焓值的变化量 Δh。对于理想气体，可以较方便地计算膨胀功和技术功，然后根据系统吸收或释放的热量 q，计算得出热力学能变化量和焓值变化量。下面分别通过闭口系统和开口系统实例对两者进行推导。

1. 理想气体热力学能变化

热力学能是仅与初状态、终状态有关的状态参数，可以通过构建一个典型的热力过程，计算在两个状态变化间的热力学能变化。如图 4 - 8 所示，1—2 表示闭口系统的比体积 v 保持不变的热力过程(定容过程)。闭口系统满足能量方程 $\delta q = du + \delta w$。

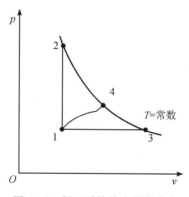

图 4 - 8　闭口系统热力学能变化

定容过程中，体积 v 保持不变，则 $\delta w = 0$(仅在工质是理想气体时成立)，则

$$du = \delta q = c_v dT \qquad (4 - 21a)$$

后式推导由利用热量与比热容的关系得来。

也可由此得出定容比热容的定义式 $c_v = \dfrac{du}{dT}$。

若求整个热力过程的热力学能变化，对 $du = c_v dT$ 积分即可，可得

$$\Delta u = \int_1^2 c_v dT = c_v \Delta T \qquad (4 - 21b)$$

$$\Delta U = m c_v \Delta T \qquad (4 - 21c)$$

对于理想气体，热力学能仅仅是温度 T 的单值函数，与比体积和压力无关。只要工质在热力过程中温度变化相同，那么热力学能的变化也相同。因此，式(4 - 21)适用于一切理

想气体的任意过程。由于式(4-21)是用定容过程推导而来的，因此该式同样适用于非理想气体(实际气体)的定容过程。工程上计算两状态间的热力学能变化，需要根据具体情况决定采用定值比热容、平均比热容还是真实比热容。

热力学能是广延量，与气体性质、温度和质量相关。由理想气体组成的混合气体的热力学能，等于各理想气体热力学能的总和。

$$U = U_1 + U_2 + U_3 + \cdots + U_n = mu = \sum_{i=1}^{n} m_i u_i \quad (4-21\text{d})$$

式中，u 为混合气体的单位质量热力学能，m 为混合气体的质量。

混合气体的单位质量热力学能为

$$mu = \sum_{i=1}^{n} g_i u_i \quad (4-21\text{e})$$

每种组成成分的单位质量热力学能 u_i 是温度的单值函数，但是混合气体的单位质量热力学能 u 不仅取决于温度，还与质量成分 g_i 有关。

2. 理想气体焓值变化

与推导理想气体的热力学能类似，通过构建开口系统的一个典型热力过程来计算系统焓值的变化。如图4-8所示，1—3的热力过程开口系统在热力变化中压力保持不变，称为定压过程。该定压过程满足能量方程

$$\delta q = \mathrm{d}h + \delta w_t$$

定压过程：热力变化过程中压力没有变化，即 $\mathrm{d}p = 0$，则 $\delta w_t = 0$(仅在工质是理想气体时成立)，可得

$$\mathrm{d}h = \delta q = c_p \mathrm{d}T \quad (4-22\text{a})$$

式(4-22a)推导了利用热量与比热容的数量关系。也可由此得出定压比热容的定义式，即

$$c_p = \frac{\mathrm{d}h}{\mathrm{d}T}$$

同样，若求整个热力过程的焓值变化，对 $\mathrm{d}h = c_p \mathrm{d}T$ 积分即可。

$$\Delta h = \int_1^2 c_p \mathrm{d}T = c_p \Delta T \quad (4-22\text{b})$$

$$\Delta H = mc_p \Delta T \quad (4-22\text{c})$$

与热力学能类似，式(4-22)适用于一切理想气体的任意过程和非理想气体(实际气体)的定压过程。工程上计算两状态间的焓值变化，需要根据具体情况决定采用定值比热容、平均比热容还是真实比热容。

由理想气体组成的混合气体的焓，等于各理想气体焓值的总和，即

$$H = H_1 + H_2 + H_3 + \cdots + H_n = mh = \sum_{i=1}^{n} m_i h_i \quad (4-22\text{d})$$

式中，h 为单位质量混合气体的焓，m 为混合气体的质量。

混合气体的焓为

$$mh = \sum_{i=1}^{n} g_i h_i \quad (4-22\text{e})$$

每种组成成分的焓 h_i 是温度的单值函数，但是，单位质量混合气体的焓 h 不仅取决于

温度，还与质量成分 g_i 有关。

热力学能的变化和焓值变化的计算式是通过典型(特殊)热力过程推导出来的，但对于其他热力过程同样适用，前提是该工质是理想气体。

在图 4-8 中，为了便于分析，假设 2、3 状态点在同一条等温线上。在该线上任取一个状态点 4，热力过程 1—4 的热力学能变化和焓值变化可以用式(4-21b)、式(4-22b)求得。

可以理解为 1—4 热力过程与 1—2—4 热力过程初终状态相同，将热力过程 1—2—4 分解为 1—2、2—4 两个过程，1—2 的热力学能变化为 $\Delta u_{1-2}=c_v(T_2-T_1)$；2—4 在同一等温线上，温差为 0，热力学能是温度的单值函数，因此热力学能变化为 0，即 $\Delta u_{2-4}=c_v(T_4-T_2)=0$。因此，1—4 热力过程的热力学能变化为

$$\Delta u_{1-4}=c_v(T_2-T_1)+c_v(T_4-T_2)=c_v(T_2-T_1)=c_v(T_4-T_1)$$

$$\Delta u_{1-4}=\Delta u_{1-2}$$

对于理想气体，工质从某一初始状态经过任意热力过程到达终了状态，其热力学能变化与工质从相同初始状态经历等容过程和等温过程到达终了状态是一致的。热力学能的变化只与定容比热容和初、终状态的温差有关。如果比热容采用定值比热容，则热力学能的变化仅与初、终状态的温度差有关。

同样，计算热力过程 1—4 的焓值变化，可以将该过程分解为等压过程 1—3、等温过程 3—4，热力过程 1—3 的焓值变化为 $\Delta h_{1-3}=c_p(T_3-T_1)$，热力过程 3—4 的焓值变化为 0。因此，热力过程 1—4 的焓值变化为

$$\Delta h_{1-4}=c_p(T_3-T_1)+c_p(T_4-T_3)=c_p(T_3-T_1)=c_p(T_4-T_1)$$

$$\Delta h_{1-4}=\Delta h_{1-3}$$

我们也可以认为，理想气体焓值的变化仅与定压比热容和初、终状态的温度有关。如果比热容采用定值比热容，则理想气体焓值的变化仅与初、终状态的温度差有关。

根据式(4-21a)、式(4-22a)还可获得典型热力过程定容过程热量和定压过程热量的计算方法。

对于理想气体定容过程，有

$$\Delta q=c_v\Delta T \tag{4-23a}$$

$$\Delta Q=mc_v\Delta T \tag{4-23b}$$

对于理想气体定压过程，有

$$\Delta q=c_p\Delta T \tag{4-24a}$$

$$\Delta Q=mc_p\Delta T \tag{4-24b}$$

【例 4-4】　有 2.0 kg 的空气(设比热容为定值)，初状态 $t_1=200℃$，压力表的读值为 0.2 MPa。经可逆定压加热，终温 $T_2=600$ K。设空气为理想气体，求末状态的比容 v_2，该过程的热力学能变化值 ΔU、焓的变化值 ΔH。

【解】　根据题意可知：

初状态的参数为

$$T_1=200+273.15=473.15 \text{ K}, \ p_1=0.2+0.1=0.3 \text{ MPa}$$

终状态的参数为

$$p_2=p_1=0.3 \text{ MPa}$$

根据理想气体状态方程 $pv=RT$ 可得

$$v_2 = \frac{RT_2}{p_2} = \frac{287 \times 600}{0.3 \times 10^6} = 0.574 \text{ m}^3/\text{kg}$$

计算空气的定容比热容和定压比热容，即

$$c_v = \frac{5}{2}R = \frac{5 \times 287}{2} = 717.5 \text{ J}/(\text{kg} \cdot \text{K})$$

$$c_p = \frac{7}{2}R = \frac{7 \times 287}{2} = 1004.5 \text{ J}/(\text{kg} \cdot \text{K})$$

该过程的热力学能变化为

$$\Delta U = mc_v \Delta T = 2.0 \times 717.5 \times (600 - 473.15) = 182\ 029.75 \text{ J}$$

焓值的变化为

$$\Delta H = mc_p \Delta T = 2.0 \times 1004.5 \times (600 - 473.15) = 254\ 841.65 \text{ J}$$

【例 4-5】 有一流体以 $c_1 = 3$ m/s 的速度通过 7.62 cm 直径的管路进入动力机，进口处的焓值为 2558.6 kJ/kg，热力学能为 2326 kJ/kg，压力为 689.48 kPa，而在动力机出口处的焓值为 1395.6 kJ/kg。如果忽略流体动能和重力位能的变化，求动力机所输出的功率。设过程为绝热过程。

【解】 动力机发出的总的轴功为 $W_s = m w_s$，单位为 kJ。动力机输出的功率为 $P = \frac{W_s}{t} = \dot{m} w_s$。

从问题出发，可发现该题需要求解的参数为流体的质量流量和单位质量工质的轴功。

(1) 根据已知进口的状态参数 h_1、u_1、p_1，利用焓的定义式求解未知参数 v_1。

由 $h = u + pv$，可得

$$v_1 = \frac{h_1 - u_1}{p_1} = \frac{2558.6 - 2326}{689.48} = 0.3373 \text{ m}^3/\text{kg}$$

管段进口处的截面积为

$$f = \frac{\pi d^2}{4} = \frac{3.1416 \times 0.0762^2}{4} = 0.0045 \text{ m}^2$$

流体流经管段时，其体积流量可表示为：

$$\dot{m} v = cf$$

则

$$\dot{m} = \frac{c_1 f}{v_1} = \frac{3 \times 0.0045}{0.3373} = 0.04 \text{ kg/s}$$

(2) 取动力机械为控制体，该工况为稳态稳流工况，根据题意进行如下分析简化：

$$g\Delta z \approx 0, \quad \frac{1}{2}\Delta c^2 \approx 0, \quad q = 0$$

由稳态稳流能量方程可得

$$w_s = h_1 - h_2 = 2558.6 - 1395.6 = 1163 \text{ kJ/kg}$$

(3) 动力机输出的功率 $P = \dot{m} w_s = 0.04 \times 1163 = 46.5 \text{ kW}$

【例 4-6】 风机连同空气加热器如图 4-9 所示。空气进入风机时的参数为 $p_1 = 100$ kPa，$t_1 = 0$℃，风量 $\dot{V}_1 = 2000$ m³/h。通过加热器后空气温度为 $t_3 = 250$℃，压力保持不变。风机功率 $P = 2$ kW。设空气比热容为定值，忽略系统散热损失。试求：

（1）风机出口处的温度 t_2；

（2）空气在加热器中吸收的热量 Q；

（3）整个热力过程中单位质量空气的热力学能和焓的变化。

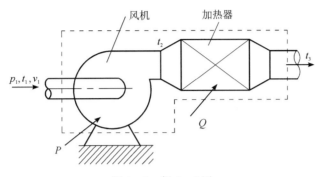

图 4-9 例 4-6 图

【**解**】 对于多个工质或者多个设备构件的问题，热力系统的选取非常关键。对于该题，可以单独选择风机或者加热器为系统，也可以选择风机和加热器整体为系统。风机出口为风机和加热器热力过程的中间状态，风机的初状态参数和外界能量交换较完整，要求得该处参数，宜选择风机为系统。

（1）选择风机为控制体。该系统满足稳态稳流工况的特征。

首先计算空气的质量流量，有

$$\dot{m} = \frac{p\dot{V}}{RT} = \frac{100 \times 2000}{0.287 \times 273} = 2552.6 \text{ kg/h}$$

空气的定压比热容和定容比热容分别为

$$c_v = \frac{5}{2}R = \frac{5}{2} \times 0.287 = 0.7175 \text{ kJ/(kg} \cdot \text{K)}$$

$$c_p = \frac{7}{2}R = \frac{7}{2} \times 0.287 = 1.0045 \text{ kJ/(kg} \cdot \text{K)}$$

分析开口系统稳态稳流能量方程。

因为

$$g\Delta z \approx 0, \frac{1}{2}\Delta c^2 \approx 0, q = 0$$

则

$$\Delta h + w_s = 0$$

$$c_p(T_2 - T_1) + \frac{3600P}{\dot{m}} = 0$$

或者

$$\Delta H + W_s = 0$$

$$\dot{m}c_p(T_2 - T_1) + 3600P = 0$$

代入数值得（注意：输入功率为负数）

$$1.0045 \times (0 - t_2) = \frac{-2 \times 3600}{2552.6}$$

求得

$$t_2 = 2.8℃$$

（2）选择加热器为控制体。该系统同样满足稳态稳流工况的特征。

分析开口系统稳态稳流能量方程。

因为

$$g\Delta z \approx 0, \frac{1}{2}\Delta c^2 \approx 0, w_s = 0$$

所以

$$\begin{aligned}
Q &= \dot{m}c_p(T_3 - T_2) \\
&= 2552.6 \times 1.0045 \times (250 - 2.8) \\
&= 6.34 \times 10^5 \text{ kJ/h} \\
&= 176 \text{ kW}
\end{aligned}$$

此题也可以将风机和加热器整体作为控制体。

分析开口系统稳态稳流能量方程。由于 $g\Delta z \approx 0, \frac{1}{2}\Delta c^2 \approx 0$，该系统同时存在轴功和热量的变化，则

$$\begin{aligned}
Q &= \Delta H + W_s = \dot{m}c_p(T_3 - T_1) + 3600P \\
&= 2552.6 \times 1.0045 \times (250 - 0) + 3600 \times (-2) \\
&= 6.34 \times 10^5 \text{ kJ/h} \\
&= 176 \text{ kW}
\end{aligned}$$

（3）整个热力过程中单位质量空气的热力学能和焓的变化分别为

$$\Delta u = c_v(T_3 - T_1) = 0.7175 \times (250 - 0) = 179.375 \text{ kJ/kg}$$
$$\Delta h = c_p(T_3 - T_1) = 1.0045 \times (250 - 0) = 251.125 \text{ kJ/kg}$$

4.4.6　理想气体热力过程中传递能量的计算

将系统热力学能变化和焓值变化与理想气体状态方程、能量方程相结合，可以求解热力过程中膨胀功、技术功及热量等能量传递的问题。

根据闭口系统能量方程 $q = \Delta u + w$，开口系统稳态稳流能量方程 $q = \Delta h + w_t$，可得

膨胀功 $w = q - \Delta u$

技术功 $w_t = q - \Delta h$

此外，对于可逆过程，膨胀功、技术功和热量的计算式也可表示为

$$w = \int_1^2 p\,\mathrm{d}v$$
$$w_t = -\int_1^2 v\,\mathrm{d}p$$
$$q = \int_1^2 T\,\mathrm{d}s$$

下面对理想气体典型热力过程中传递的能量进行分析。

1. 定压过程

定压过程系统压力保持不变，$p =$ 常数。系统初、终状态满足 $\dfrac{T_2}{T_1} = \dfrac{v_2}{v_1}$。膨胀功为

$$w = \int_1^2 p \, dv = p(v_2 - v_1)$$

代入理想气体状态方程得

$$w = R(T_2 - T_1)$$

技术功为

$$w_t = -\int_1^2 v \, dp = 0$$

过程中传递的热量为

$$q = \Delta h + w_t = \Delta h = c_p(T_2 - T_1)$$

2. 定容过程

定容过程系统比体积保持不变，$v =$ 常数。系统初、终状态满足 $\dfrac{T_2}{T_1} = \dfrac{p_2}{p_1}$。膨胀功为

$$w = \int_1^2 p \, dv = 0$$

技术功为

$$w_t = -\int_1^2 v \, dp = v(p_1 - p_2)$$

热量为

$$q = \Delta u + w = \Delta u = c_v(T_2 - T_1)$$

3. 定温过程

定温过程系统温度保持不变，$T =$ 常数。系统初、终状态满足 $p_1 v_1 = p_2 v_2$。

初、终状态温差为 0，所以 $\Delta u = c_v(T_2 - T_1) = 0$，$\Delta h = c_p(T_2 - T_1) = 0$。

$$w = q - \Delta u = q = \int_1^2 T \, ds = T \Delta s$$

$$w_t = q - \Delta h = q = \int_1^2 T \, ds = T \Delta s$$

定温过程膨胀功、技术功与传热量相等，可利用第 5 章求熵变 Δs 的方法求得。

4. 定熵过程

理想气体定熵过程的方程式可根据过程特点从能量方程导出：

$$\delta q = du + p \, dv = c_v dT + p \, dv = 0$$

由于 $T = \dfrac{pv}{R}$，代入上式得

$$c_v d\left(\frac{pv}{R}\right) + p \, dv = c_v \frac{p \, dv + v \, dp}{R} + p \, dv = 0$$

即

$$(c_v + R) p \, dv + c_v v \, dp = 0$$

或者

$$c_p p \, dv + c_v v \, dp = 0$$

令 $\kappa = \dfrac{c_p}{c_v}$，称为比热容比或者绝热指数，如果近似地把比热容以及比热容比当作定值，

对上式积分可得

$$\kappa \ln v + \ln p = 常数$$

$$\ln p v^{\kappa} = 常数$$

$$p v^{\kappa} = 常数$$

同时，过程初、终状态之间满足状态方程

$$\frac{p_1 v_1}{T_1} = \frac{p_2 v_2}{T_2}$$

与 $p_1 v_1^{\kappa} = p_2 v_2^{\kappa}$，$\dfrac{p_2}{p_1} = \left(\dfrac{v_1}{v_2}\right)^{\kappa}$ 联立可以推导得出

$$\frac{T_2}{T_1} = \frac{p_2 v_2}{p_1 v_1} = \left(\frac{v_1}{v_2}\right)^{\kappa} \frac{v_2}{v_1} = \left(\frac{v_1}{v_2}\right)^{\kappa - 1}$$

$$\frac{T_2}{T_1} = \left(\frac{p_2}{p_1}\right)^{\frac{\kappa - 1}{\kappa}}$$

定熵过程热量、膨胀功、技术功分别为

$$q = 0$$

$$w = -\Delta u$$

$$w_t = -\Delta h$$

4.5 稳态稳流能量方程的工程应用

稳态稳流能量
方程的应用

稳态稳流能量方程在工程上有着广泛应用。一般步骤为：根据需要解决的问题，恰当地选取热力系统；仔细分析系统内部与外界传递的能量；建立能量方程；根据不同条件适当简化方程；最后，借助工质的热力性质数据、公式及图表，求解能量方程。下面分析几种工程常用的设备，说明稳态稳流能量方程的应用。

4.5.1 动力机械

动力机械是利用工质膨胀而获得机械功的热力设备，如汽轮机、燃气涡轮等。工质流经动力机械时，工质膨胀，压力降低，工质通过设备内的传动轴对外做轴功。在工程上，通常认为动力机械内工质的热力变化符合开口系统稳态稳流工况。图 4-10 为汽轮机热能转换为功的过程示意图。

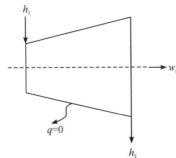

图 4-10 汽轮机稳态稳流工况示意图

因此，动力机械设备能量方程可表示为

$$q = \Delta h + \frac{1}{2}\Delta c^2 + g\Delta z + w_s$$

对上式进行简化分析：

（1）工质在动力机械设备内停留时间短，且设备壳体与外界具有绝热效果，系统与外界的热量交换可以忽略。

（2）工质进、出口的速度相差不大，宏观动能的变化可以忽略。

（3）设备进、出口的高度差一般很小，宏观位能的变化可以忽略。

简化后可得

$$\Delta h + w_s = 0$$

或者

$$h_1 - h_2 = w_s \qquad (4-25)$$

对于汽轮机而言，$h_1 > h_2$，w_s 为正。从式（4-25）中可看出，动力机械对外做出的轴功是依靠工质的焓降转变来的。

4.5.2　压缩机械

压缩机械是指工程中常用的泵、风机、压气机（压缩机）等机械。图 4-11 所示为制冷系统压缩制冷剂气体的压缩机示意图。当工质流经压缩机械时，工质受到压缩，外界对工质做功，压力提升，参数变化情况与动力机械基本相反。与动力机械类似，我们也可将压缩机械内的工质当作总能量保持不变的稳态稳流情况处理，并且，工质的宏观动能和宏观位能都可忽略。对外是否有热量交换，则视情况而定。如果设备没有专门的冷却措施，或者工质对外有少量散热但对系统分析的影响可以忽略，那么系统能量方程可写为

$$\Delta h + w_s = 0 \quad \text{或} \quad h_1 - h_2 = w_s$$

对于压缩机械而言，$h_1 < h_2$，w_s 为负。压缩机械耗功的大小为

$$|w_s| = -w_s = h_2 - h_1 \qquad (4-26)$$

即工质在压缩机械中被压缩时，外界所做的轴功等于工质焓值的增加。

如果压缩过程的散热量不能忽略，则需要将热量计算在内，因此有

$$w_s = h_1 - h_2 + q \qquad (4-27)$$

实际应用中，常用（4-26）计算制冷系统压缩机的耗功量，并且将压缩过程表示在压焓图上，如图 4-12 所示。例如：某空调系统采用 R134a 作为制冷剂进行制冷系统理论循环，压缩机进口处工质的比焓为 400.9 kJ/kg，出口处工质的比焓为 423.8 kJ/kg，则压缩机工作中，压缩单位质量的制冷剂消耗的功量为

$$423.8 - 400.9 = 22.9 \text{ kJ/kg}$$

若机组内制冷剂的质量流量为 0.15 kg/s，则压缩机的理论耗功率为

$$0.15 \times 22.9 = 3.435 \text{ kW}$$

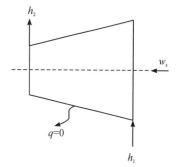

图 4-11　压缩机稳态稳流
工况示意图

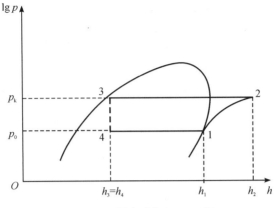

图 4 - 12　制冷系统 $\lg p - h$ 图

4.5.3　热交换器

应用稳态稳流能量方程式,可以解决如锅炉、空气加热(或冷却)器、蒸发器、冷凝器等各种热交换器在正常运行时的热量计算问题。

热交换器在工作过程中,通常涉及两种或多种换热介质。根据研究问题的性质,可以取其中一种工质为系统,也可以将相互换热的两种工质划为一个系统。

若仅取一种工质为研究对象,则与其换热的另一种工质及环境都为外界。以制冷系统的蒸发器、冷凝器为例,如图 4 - 13 所示,制冷剂工质流经热交换器时,通过管壁与另一种流体(通常为水、空气或其他工质)交换热量。取制冷剂为系统,工质与外界除热量交换外没有功量交换,即 $w_s = 0$。同样,进、出口高度差不大,工质速度变化不大,宏观动能和宏观位能的变化忽略不计。

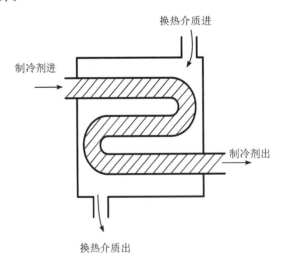

图 4 - 13　热交换器稳态稳流工况示意图

由 $q = \Delta h + \dfrac{1}{2}\Delta c^2 + g\Delta z + w_s$ 可得

$$q = \Delta h \tag{4-28}$$

　　由式(4-28)可知，系统工质吸热量或放热量为进、出口工质的焓差。工质吸热，焓值相应增加；工质放热，焓值则相应降低。

　　对于蒸发器，制冷剂工质吸收另一流体的热量，制冷剂蒸发，即 $h_2 > h_1$，q 为正值，该过程是吸热过程。对于冷凝器，另一流体带走制冷剂的热量，使高温高压的气态制冷剂冷却后冷凝，即 $h_2 < h_1$，q 为负，该过程是放热过程。需要注意的是，图 4-13 仅为解决热力问题的示意图，实际设备的制冷剂与另一换热流体的流通通道不一定全部按照制冷剂在管内、换热介质在管外的形式，具体原理将在后续制冷技术课程中学习。

　　上述分析选取的热力系统为制冷剂工质，着重研究制冷剂工质的状态参数以及热量的变化。当然，我们也可以通过该工质的热量变化推得另一换热流体带走多少制冷剂热量或者从制冷剂处获得了多少热量。

　　图 4-12 中，热力过程 4—1 为蒸发过程，则该系统中单位质量制冷剂获得的蒸发热量（对于环境而言则为制冷量）为

$$q_0 = h_1 - h_4$$

　　热力过程 2—3 为冷凝过程，则该系统中单位质量制冷剂释放的热量为

$$q_k = h_2 - h_3$$

　　如果将两种换热流体 A、B 共同作为热力系统，根据能量守恒原理，工质 A 吸收热量，其焓值由 H_1 增加至 H_2，工质 B 释放相应的热量，焓值由 H_4 降低至 H_3。热量在热力系统内完成转移和"交换"，热力系统与外界则不存在热量交换，即

$$H_2 - H_1 = H_4 - H_3 \tag{4-29}$$

　　若取工质 A 的质量流量为 m_1，工质 B 的质量流量为 m_2，则

$$m_1(h_2 - h_1) = m_2(h_4 - h_3) \tag{4-30}$$

　　式(4-30)常应用于需要研究两种换热介质的热交换器，通过进入热交换器的工质质量和状态参数可以确定换热器出口的工质状态。比如广泛应用于空调新风系统的全热交换器，如图 4-14 所示，它是一种高效节能的热回收装置，通过回收排气中的余热对引入空调系统的新风进行预冷（或预热），使得新风在进入室内或空调机组的表冷器（或加热器）进行热湿处理之前，降低（增加）新风焓值，从而有效降低空调系统负荷。

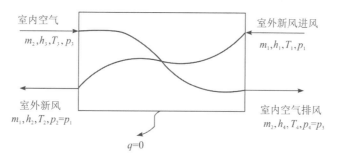

图 4-14　热交换器示意图

4.5.4　绝热节流

　　流体在管道内流动，遇到突然变窄的断面、缩口或狭缝时，由于存在阻力使流体压力降低的现象称为节流，如图 4-15 所示。工程上最常见的就是管道上的各种阀门，阀门的开

启改变了管道的流通面积。工质经过突然变小的截面，流速会急剧增加，经过缩口后，流速又逐渐降低。流经缩口的时间极短，整个过程可看作绝热过程，因此该节流过程又称为绝热节流。同时工质流经缩口的过程又对外不做功，故宏观位能可忽略不计。由于在缩口处工质内部产生强烈扰动，存在旋涡，即使同一截面上，各同名参数值也不相同，故不便加以分析。但我们可以对距离缩口稍远的上、下游断面进行分析，此处流动较稳定，且每个断面上各同名参数值均匀一致。上、下游断面与缩口距离较近，动能变化也可忽略。因此，稳态稳流能量方程可简化后得到

$$\Delta h = 0 \quad 或 \quad h_1 = h_2 \tag{4-31}$$

即在节流缩口的上、下游断面处，节流前后的焓值相等。但在整个节流过程中，缩口附近的工质焓值并不相等，不能将绝热节流过程等同于定焓过程。

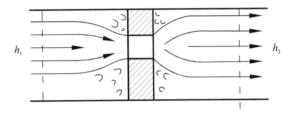

图 4-15 绝热节流

在图 4-12 中，热力过程 3—4 即绝热节流过程，其目的是通过阀门的节流作用降低冷凝后的高压制冷剂的压力，使蒸发器侧始终维持较低的工作压力。绝热节流过程伴随着经过缩口处的能量损失，是典型的不可逆过程，因此在图 4-12 中，该热力过程线为虚线。

根据式(4-24)可知，节流前后焓值相等，即 $h_3 = h_4$。

4.5.5　喷管

喷管是一种使气流加速的设备，是汽轮机完成热功转换的主要部件，如图 4-16 所示。工质流经喷管时与外界没有功量交换，进出口位能差很小，可以忽略；又因为工质流过喷管时速度很高，因此与外界的热交换也可不考虑。因此，稳态稳流能量方程经过简化后得到

$$\frac{1}{2}(c_2^2 - c_1^2) = h_1 - h_2 \tag{4-32}$$

即工质的焓降转换为动能的增量，或者说喷管之所以能够提高流体速度，其能量来源为工质的焓。

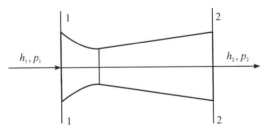

图 4-16　喷管

4.5.6　流体混合

两股流体的混合，如图 4-17 所示，其中一股流体的质量流量为 m_1，单位质量流体的焓为 h_1，另一股流体的质量流量为 m_2，单位质量的焓为 h_2。取混合室为控制体，混合过程为稳态稳流工况。系统与外界无功量交换和热量交换（在绝热条件下进行），且忽略流体动能、位能变化。设混合后流体的比焓为 h_3，则控制体的能量方程简化为 $\Delta h = 0$，即进入系统的工质的总焓值等于混合工质的总焓值，进、出系统的焓值变化为 0。

$$m_1 h_1 + m_2 h_2 = (m_1 + m_2) h_3 \tag{4-33}$$

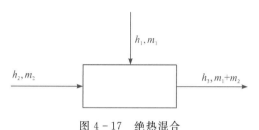

图 4-17　绝热混合

以上模型在本专业最典型的应用即空气处理机组中的混合段，如图 4-18 所示。为了保证室内空气质量，系统要从室外引入一部分新鲜空气（新风），为了节能还要将空调房间内经过处理后的部分空气（回风）重新引入系统，两部分空气在混合段混合，混合后的空气的状态参数可用式（4-33）求得。若已知新风和回风的质量流量及焓值，则混合空气的焓值为

$$h_3 = \frac{m_1 h_1 + m_2 h_2}{m_1 + m_2}$$

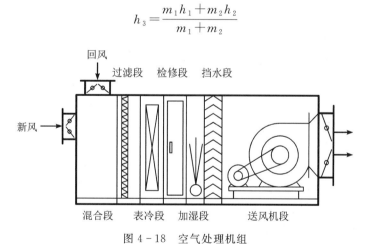

图 4-18　空气处理机组

思考题与习题

1. 门窗紧闭的房间内有一台冰箱正在正常运行，若敞开冰箱的大门就会有一股凉气扑面，感到凉爽。那能否在夏季将冰箱当作空调使用，通过敞开冰箱门达到降低室内温度的

目的？

2. 膨胀功、流动功、技术功和轴功有何差别，相互有无联系？试用 $p-v$ 图说明。

3. 热量和热力学能有何联系？有何区别？

4. 物质的温度越高，所具有的能量也越高。对吗？

5. 对工质加热，工质的温度是否一定会升高？有没有可能温度不升反降？

6. 判断以下说法是否正确。

（1）工质对外做膨胀功，则体积一定发生变化。

（2）工质的体积发生变化，则对外一定做膨胀功。

（3）任何没有容积变化的过程就一定不对外做膨胀功。

（4）气体吸热后一定膨胀，热力学能一定增加。

（5）气体压缩时一定消耗外功。

7. 在制冷系统中，压缩机压缩耗功与工质进出口的焓值是什么关系？

8. 一个闭口系统经历了一个由四个热力过程组成的循环，填写表 4-2 中所缺失的数据。

表 4-2　思考题 8 表

过程	Q/kJ	W/kJ	ΔE
1—2	1100	0	
2—3	0	100	
3—4	−950	0	
4—5	0		

9. 容器由隔板分为两部分，左部分盛有压力为 600 kPa、温度为 27℃的空气，右边则为真空，右边部分容积为左边的 5 倍。将隔板抽出后，空气迅速膨胀充满整个容器。试求容器内最终的压力和温度。设膨胀是在绝热条件下进行的。

10. 某电厂发电量为 25 000 kW，电厂效率为 27%。已知煤的发热量为 29 000 kJ/kg。试求：

（1）电厂每昼夜要消耗多少吨煤？

（2）每发一度电要消耗多少千克煤？

11. 1 kg 空气由 $p_1=1.0$ MPa，$t_1=200℃$ 膨胀到 $p_2=0.3$ MPa，$t_2=200℃$，得到的热量为 610 kJ，做膨胀功为 610 kJ。又在同一初态和终态间做第二次膨胀，仅加入热量 20 kJ。

（1）第一次膨胀空气的热力学能增加了多少？

（2）第二次膨胀空气对外做了多少膨胀功？

（3）第二次空气膨胀过程中热力学能增加了多少？

12. 有 1.5 kg 的 O_2（比热容为定值），初状态 $t_1=300℃$，$p_1=0.50$ MPa，经一系列热力变化后，终温 $T_2=800$ K。设 O_2 为理想气体，求该过程的热力学能变化值和焓的变化值。

13. 空气在压气机内被压缩，压缩前空气的参数为 $p_1=0.1$ MPa，$v_1=0.845$ m³/kg，压缩后为 $p_2=0.8$ MPa，$v_2=0.175$ m³/kg。若在压缩过程中每千克空气的内能增加 146.5 kJ，同时向外界放出热量为 50 kJ。压气机每分钟生产压缩空气 10 kg。试求：

（1）压缩过程中对每千克空气所做的压缩功。

（2）每生产 1 kg 压缩空气所需的轴功。

（3）带动此压气机所需功率至少要多少千瓦？

14. 将温度 $t_1 = 500℃$、质量流量 $\dot{m}_1 = 120$ kg/h 的空气流 Ⅰ，与温度 $t_2 = 200℃$、质量流量 $\dot{m}_2 = 210$ kg/h 的空气流 Ⅱ 混合。设混合前后的压力均相等，试求两股气流混合后的温度。

15. 水泵将 50 L/s 的水从湖面（$p_1 = 1.01 \times 10^5$ Pa，$t_1 = 20℃$）打到 100 m 高处，出口处 $p_2 = 1.01 \times 10^5$ Pa。水泵进水管径为 15 cm，出水管径为 18 cm，水泵功率为 60 kW。设水泵与管路是绝热的，且可忽略摩擦阻力，求出口处水温。已知水的比热为 419 kJ/(kg·K)。

第 5 章 　 热力学第二定律

章前导学

　　一个热力过程，如果遵循热力学第一定律，该过程是否一定能够进行？本章将带着这个问题去学习完成热力过程需要遵循的第二个定律——热力学第二定律。

　　热力学第二定律从"质"的角度和热力过程方向性的角度对能量转换和转移进行分析。应从研究自发过程的方向性入手，认识热力学第二定律的实质，即热力过程的方向是从"优质能"向"低质能"转化，反映了能质退化或贬值的客观规律。

　　低质能（如热能）不能 100% 地转换为高质能（如机械能），转换的效率最高可以达到多少呢？由热力学第二定律引申出的卡诺循环和卡诺定理揭示了能量转换的最高效率问题。

5.1 　 热力学第二定律的实质与表述

　　热力学第一定律揭示了能量在转换过程中遵循能量守恒的客观规律，但并不是所有符合能量守恒的转换过程都能够实现。经验告诉我们，自然的自发的过程都具有一定的方向性。比如，温度高的热水会通过杯子将热量散发到空气中，空气得到的热量等于热水释放的热量，这是遵循热力学第一定律的。反之，水冷却后，能否将空气中的热量收集起来，通过杯子反向对水加热，使水的温度上升呢？尽管设想本身并不违背热力学第一定律，但显热这一设想是不能成立的。热量从高温物体转移到低温物体是自然的自发的过程，而从低温物体转移到高温物体则需要外界的干预才能实现，因此，热量的传递过程是具有特定方向和条件的。热力学第一定律仅从数量的角度对热力过程进行了规范，没有考虑到能量的"品位"和"质"的差异。热力过程的方向、条件和限度是由热力学第二定律决定的。只有同时满足热力学第一定律和第二定律，热力过程才能实现。

5.1.1 　 自发过程的方向性

　　很多自然现象都具有方向性，人们正是从生活、生产实践中观察、总结出了热力学第二定律。下面介绍几种典型的自发过程。

1. 传热过程

　　生活经验告诉我们，热量可以从高温物体自发地、不需要付出任何代价地传给温度较低的物体。反之，如果要使热量从低温物体转移到高温物体，就必须付出其他的代价。比如，在炎热的夏季，要把室内的热量转移到室外温度更高的环境中，需要用到制冷原理，以消耗机械能（功）或者电能为代价才能够实现。

2．摩擦过程

"钻木取火""摩擦生热"是我们熟悉的自然现象。摩擦过程中所做的功（机械能）最终全部无条件地转换为热能。这也是不需要付出其他能量就能实现的过程。反过来，热能转换为机械能就需要一定的补充条件，并且转换效率不能达到 100%。这是因为机械能相比热能是"高品位"的能量形式（高位能或优质能），而热能是"低品位"的能量形式（低位能或低质能）。再比如，在著名的"热功当量"试验中，重物下降做功，带动搅拌器转动，水在搅拌过程中温度上升，此时，水温升高的热量等于重物下降的重力位能变化（热功当量）。反之，对水加热并不能使重物高度上升。

3．扩散、混合过程

烟囱中密度较高的烟气和空气的混合气体，能够自发地向周围密度小的空气扩散；一滴墨水滴入清水，两者很快就会融为一体。这都是自发过程，不需任何代价，只要两种物质接触在一起就能实现。反之，将混合在一起的两种物质分离的过程是不能自发进行的，需要消耗功量或热量作为代价。

4．膨胀过程

高压气体可以向低压空间或者真空膨胀，因为膨胀过程中阻力较小，而向真空的自由膨胀则完全没有阻力。反之，从低压到高压的压缩过程不可能自发进行，需要消耗压缩功才能实现。

5．电热效应

电阻丝中通入电流，会产生热量。反之，对环境或电阻丝加热，并不会产生电流。这说明了电能是比热能更高"品位"的能量形式。

自发过程的方向性还可以引申到日常生活和学习中。比如，大脑对已习得知识的遗忘过程是自发的自然的过程。反之，对知识的记忆或熟练过程，需要不断巩固、反复地学习才能实现。

综上所述，自然界或生活中的自发过程可以不需要任何代价无条件地进行，自发过程具有一定方向性。反向的过程不能自发进行，但不代表该过程绝对不能实现，只是需要消耗其他形式的能量或者需要付出一定的代价。

5.1.2　热力学第二定律的实质与表述

与热力学第一定律相同，热力学第二定律是根据实践活动得出的经验定律，是基本的自然定律之一。它与所有经验定律一样，不能从其他定律推导得出，唯一的依据是千百次重复的试验，而结果无一例外。

热力学第二定律涉及的领域十分广泛，由于历史的原因，针对不同的问题或者从不同的角度，它有各种各样的表述方式，但它们反映的是同一个规律，因此不难证明。各种表述之间存在一定的内在联系，它们具有等效性。下面介绍两种比较经典的表述。

1850 年，克劳修斯从热量传递方向性的角度将热力学第二定律表述为："不可能将热从低温物体传至高温物体而不引起其他变化。"这称为热力学第二定律的克劳修斯表述。它说明热从低温物体传至高温物体是一个非自发过程，要使之实现，必须花费一定的"代价"或具备一定的"条件"。例如，制冷机或热泵能够实现热量从低温物体转移到高温物体，转移的代价就是消耗相应的功量或热量。反之，热从高温物体传至低温物体可以自发地进行，直到两物体达到热平衡为止。因此它指出了传热过程的方向、条件及限度。

1851 年，开尔文从热功转换的角度将热力学第二定律表述为："不可能从单一热源取热，并使之完全变为有用功而不引起其他变化。"此后不久，普朗克也发表了类似的表述："不可能制造一部机器，它在循环工作中将重物升高而同时使一个热库冷却。"开尔文与普朗克的表述基本相同，因此把这种表述称为开尔文-普朗克表述。此表述的关键也是"不引起其他变化"。前面讲过的理想气体等温过程，虽然可以从单一热源吸热并使之完全变成功，但它却引起了"其他变化"，即气体的体积变大。因此，不是说热不能完全变为功，而是在"不引起其他变化"的条件下，热不能完全变为功。

热力学第一定律否定了创造能量与消灭能量的可能性，我们把违反热力学第一定律的热机称为第一类永动机。显然，第一类永动机是不可能实现的。那么假设有一种热机，它从单一热源获取热量，在不引起其他变化的条件下将热量完全转变为功，这种热机就可以利用大气、海洋作为单一热源，使大气、海洋中取之不尽的热能转变为功，成为又一类永动机，我们称之为第二类永动机。它虽然没有违反热力学第一定律，却违反了热力学第二定律，因此，第二类永动机同样是不可能实现的。热力学第二定律又可以表述为："第二类永动机是不可能制造成功的。"

幻想制造第一类永动机的人目前已经几乎很少见到了，但是，关于第二类永动机的设想却时有出现。值得注意的是，进行这种毫无价值的尝试的人却并没有意识到其违反客观规律，甚至否认这是第二类永动机。因此，深入理解热力学第二定律，正确地解释、分析、指导创造活动显得更为重要。

表面上热力学第二定律的两种表述是针对不同的现象，没有什么联系，但是它们反映的都是热力过程的方向性的规律，实质上应该是统一的、等效的。

通过反证法可以证明上述两种表述的等价性。违反了克氏表述必然导致违反开氏表述；反之，违反了开氏表述也必导致违反克氏表述。

如图 5-1(a)所示，热机 H 进行一个正循环，从热源吸收热量 Q_1，向外界做功 $W_0 = Q_1 - Q_2$，向冷源释放热量 Q_2。假设在热源和冷源之间工作的制冷机 R 能够使热量 Q_2 从冷源自发地流向热源（违反克劳修斯说法），由于 Q_2 的无条件进入，从热源吸收的热量实际减少为 $Q_1 - Q_2$，而该热量全部变成了净功 W_0，这是违反开尔文-普朗克说法的。所以，违反克劳修斯的说法，意味着也必然违反开尔文-普朗克的说法，说明两种说法的一致性。

如图 5-1(b)所示，如果违反开尔文-普朗克说法，从热源吸收热量 Q_1，在热机 H 中全部变成净功 W_0，由热力学第一定律可知，$W_0 = Q_1$。再用获得的功量 W_0 带动制冷机 R

工作，R 可以将热量 Q_2 从冷源转移到热源，同时返回高温热源的能量还有 $W_0(Q_1)$。联合运行的结果是热量 Q_1 在热机和制冷机中循环往复，将 Q_2 源源不断地代入热源，实现了 Q_2 从冷源不需要任何代价、不消耗系统外任何能量地转移到热源，这是违反克劳修斯说法的。

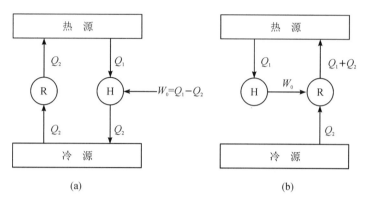

图 5-1　热力学第二定律两种经典表述的一致性

自上述两种表述之后，不断有人提出热力学第二定律的其他表述，如能量降级原理、微观说法等，就其实质而言都是对过程方向性的说明和阐述，也都是一致的。

热量由高温传至低温，功不断变为热，能质在贬值，克劳修斯由此推论得出"热寂说"：总有一天宇宙运动的能量趋于停息，宇宙进入静止的热死亡状态。但近年来，科技的发展证明"热寂说"是错误的，这是因为热力学第二定律揭示的是论述有限空间中客观现象的规律，不能任意推广到无限空间的宇宙中去。近年来发现的宇宙中蕴藏着极大能量的黑洞现象，就是对"热寂说"的否定。

值得指出的是，随着科学的进步，尤其是负绝对温度的存在，多年来不断有人对开氏表述提出修正，至今没有统一的看法。但是上述两种表述在正绝对温度范围及一般工程技术领域中仍然具有重要意义。

5.2　卡诺循环与卡诺定理

5.2.1　卡诺循环

热功转换是热力学的主要研究内容，按照热力学第二定律，热不能连续地全部转换为功。也就是说，热效率为 100% 的热机是不存在的。那么，在温度一定的高温热源和低温热源范围内，其最大限度的转换效率是多少呢？1824 年，法国年轻工程师卡诺（Carnot）解决了这个问题。1824 年，卡诺根据蒸汽机的运行实践，经过科学抽象，在《论火的动力》一文中提出了卡诺循环的概念。如图 5-2 所示，卡诺循环由两个可逆定温过程和两个可逆绝热过程组成，每个过程均是可逆的，因此卡诺循环是一个理想的可逆循环。

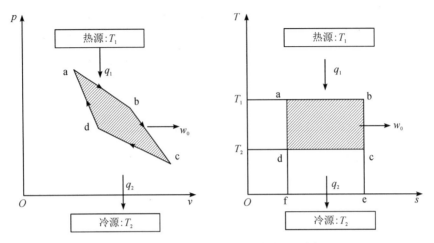

图 5 - 2　卡诺循环的 $p-v$ 图及 $T-s$ 图

为方便理解，此处对照图 5 - 3 的发电厂热机循环学习卡诺循环的热力过程。

a—b：工质从高温热源定温吸热，在热机中表示为从锅炉或其他燃烧器中在定温状态下吸收热量 q_1；

b—c：工质可逆绝热（定熵）膨胀对外做功，在热机中表示为汽轮机利用热量在定熵状态下对外做功 w_1；

c—d：工质向低温冷源定温放热，在热机中表示为通过凝汽器或冷却装置在定温状态下向环境释放热量 q_2；

d—a：工质可逆绝热（定熵）压缩回到初始状态，在热机中表示为水泵消耗外界一定功量 w_2，压缩工质使其压力升高，体积缩小回到初始状态。

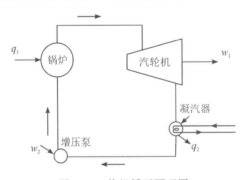

图 5 - 3　热机循环原理图

工质在整个循环中从热源吸热 q_1，向冷源放热 q_2，对外界做功 w_1，外界对系统做功 w_2。从高温热源吸收的热量 q_1 是系统对外做功需要消耗的热量，也是系统运行需付出的代价。热转换为功的量是在锅炉和凝汽器中两次换热量的差值 q_1-q_2，该热量转换为对外循环净功 $w_0=w_1-w_2$。按热力学第一定律，有 $q_1-q_2=w_1-w_2=w_0$。

循环的热效率为

$$\eta_{\mathrm{t}}=\frac{w_0}{q_1}=1-\frac{q_2}{q_1}$$

$$q_1=T_1(S_b-S_a)=面积\ \mathrm{abefa}$$

$$q_2 = T_2(S_c - S_d) = 面积\ cdfec$$

因为 $S_b - S_a = S_c - S_d$，所以卡诺循环热效率为

$$\eta_{tc} = 1 - \frac{T_2}{T_1} \tag{5-1}$$

从卡诺循环热效率公式(5-1)可得到以下结论：

（1）卡诺循环热效率的大小只取决于热源温度 T_1 及冷源温度 T_2，要提高其热效率可通过提高 T_1 及降低 T_2 的办法来实现。

（2）卡诺循环热效率总是小于1。只有当 T_1 为无穷大或 $T_2 = 0$ 时，热效率才能等于1，但这都是不可能的。

（3）当 $T_1 = T_2$ 时，即只有一个热源时，热效率为0。这就是说，只冷却一个热源是不能进行循环的，即单一热源的循环热机是不可能实现的。

在推导式(5-1)的过程中，未涉及工质的性质，因此，卡诺循环的热效率与工质的性质无关，式(5-1)适用于任何工质的卡诺循环。

5.2.2　逆卡诺循环

逆向进行的卡诺循环称为逆卡诺循环，逆卡诺循环是理想的制冷循环或热泵循环，是学习制冷技术的基础。与卡诺循环推导出可能的最高热效率一样，逆卡诺循环提出了在相同热源温度条件下，制冷效率能够达到的最高限值。逆卡诺循环由四个理想过程组成，如图5-4所示。

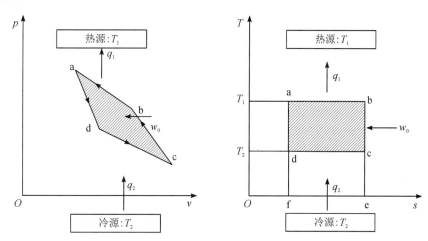

图 5-4　逆卡诺循环的 $p-v$ 图及 $T-s$ 图

为方便理解，此处对照图5-5的制冷循环原理学习逆卡诺循环的热力过程：

d—c：工质从低温冷源定温吸热，在制冷循环中表示为蒸发器中的制冷工质在定温状态下从房间或其他低温环境中吸收热量 q_2；

c—b：工质被可逆绝热（定熵）压缩，在制冷循环中表示为消耗外界功量 w_1，利用压缩机压缩制冷剂蒸气使其压力升高；

b—a：工质向高温热源定温放热，在制冷循环中表示为通过冷凝器和冷却装置在定温状态下向环境释放热量 q_1，该过程体现了制冷装置将室内热量转移到室外的过程；

a—d：工质可逆绝热(定熵)膨胀回到初始状态，在制冷循环中表示为工质在膨胀机中膨胀，同时对外做功 w_2，膨胀后压力降低，体积增大回到初始状态。

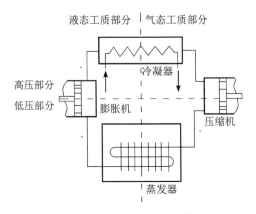

图 5-5 制冷循环原理图

工质在整个循环中从冷源吸热 q_2，向热源放热 q_1，对外界做功 w_2，外界对系统做功 w_1。为了达到制冷的目的，所消耗的净功 $w_0 = w_1 - w_2$，获取的制冷量，即从冷源吸收的热量为 q_2，循环净功转换为热量后与 q_2 一起释放到高温热源(环境)中，放热量为 q_1。按热力学第一定律，有 $q_1 = w_0 + q_2$。

逆卡诺循环的制冷系数为

$$\varepsilon_{1c} = \frac{q_2}{w_0} = \frac{q_2}{q_1 - q_2} = \frac{T_2(S_c - S_d)}{T_1(S_b - S_a) - T_2(S_c - S_d)}$$

因为

$$S_b - S_a = S_c - S_d$$

所以

$$\varepsilon_{1c} = \frac{T_2}{T_1 - T_2} \tag{5-2}$$

若上述逆卡诺循环为热泵循环，则循环的目的是工质从低温冷源获取热量后向高温热源供热，放热量 q_1 为循环的收益。

供热系数可表示为

$$\varepsilon_{2c} = \frac{q_1}{w_0} = \frac{q_1}{q_1 - q_2} = \frac{T_1}{T_1 - T_2} \tag{5-3}$$

从式(5-2)及式(5-3)可得出下列结论：

(1) 逆卡诺循环的性能系数只取决于热源温度 T_1 及冷源温度 T_2，它随 T_1 的降低及 T_2 的提高而增大。

(2) 逆卡诺循环的制冷系数可以大于1、等于1或小于1，但其供热系数总是大于1，二者之间的关系为 $\varepsilon_{2c} = 1 + \varepsilon_{1c}$。

(3) 一般情况下，由于 $T_2 > T_1 - T_2$，因此，逆卡诺循环的制冷系数通常也大于1。

(4) 逆卡诺循环可以用来制冷，也可以用来供热，这两个目的可以单独实现，也可以在同一设备中交替实现，即冬季作为热泵供热，夏季作为制冷机用于空调制冷。

5.2.3　卡诺定理

在《论火的动力》论文中，卡诺给出的卡诺定理为："两个不同温度的恒温热源之间工作的所有热机中，以可逆热机的效率为最高。"卡诺对该结论的证明因为受"热质学说"影响存在一定错误，经克劳修斯论证后，卡诺定理正式成为普遍采用的定理。

关于该定理的证明比较复杂，本文不再赘述。但从前文所学的可逆循环与不可逆循环的区别可以定性推出，所有不可逆循环的热机，因为存在能量耗散，其热能转换为功的能力会被削弱。

由卡诺循环还可得出两个推论：

（1）所有工作于同温热源与同温冷源之间的一切可逆热机，其热效率都相等，与采用的工质性质无关。此推论可由可逆循环的热效率计算公式得出，热效率仅与热源和冷源的温度有关。

（2）在同温热源与同温冷源之间的一切不可逆热机的热效率，必小于可逆热机的热效率，即任意恒温热源之间的热机能够达到的最高热效率即可逆循环的热效率。不可逆热机的热效率不可能高于可逆热机，高于可逆热机热效率的循环不可能实现。利用该推论可以计算、判断某热力循环是否可以实现。

【例 5-1】　如图 5-6 所示，热机 A 从高温热源 1（温度 2000 K）吸收了 $Q_1 = 2000$ kJ 的热量，向低温热源 2（温度 600 K）放热。热机对外做功 $W = 1200$ kJ，放热 $Q_2 = 800$ kJ。

分析并判断该热力过程是否有可能实现，并说明原因。

【解】　（1）首先用热力学第一定律判断热量与功量转换是否守恒。

热机 A 吸收热量 $Q_1 = W + Q_2$，即
$$Q = 800 + 1200 = 2000 \text{ kJ}$$
该热机循环符合热力学第一定律。

（2）利用卡诺定理判断是否符合热力学第二定律。

在同温热源之间工作的卡诺热机的热效率为

$$\eta_c = 1 - \frac{T_2}{T_1} = 1 - \frac{600}{2000} = 0.70$$

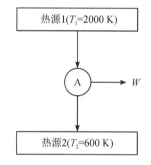

图 5-6　热机 A 工作原理图

因为不明确热机 A 是否为可逆热机，只能通过热效率的定义式计算。热机 A 的循环热效率为

$$\eta_1 = \frac{W}{Q_1} = \frac{1200}{2000} = 0.60 \leqslant \eta_c$$

该循环的热效率低于卡诺循环热效率，符合卡诺定理，所以该循环有可能实现。

在学习了熵方程之后，还可以从熵的角度对该题进行分析判断。

【例 5-2】　假如某台空调器采用的循环是逆卡诺循环，夏季运行时，室外计算温度为 35℃，室内设计温度保持 25℃。要求每小时从室内转移 3.5×10^4 kJ 的热量到室外，则该循环的制冷系数是多少？

【解】　该循环为室内、室外温度之间的逆卡诺循环，高温热源温度为室外计算温度，即

$$T_1 = 35 + 273 = 308 \text{ K}$$

低温冷源温度为室内设计温度，即

$$T_2 = 25 + 273 = 298 \text{ K}$$

逆卡诺循环的制冷系数

$$\varepsilon = \frac{q_2}{w_0} = \frac{q_2}{q_1 - q_2} = \frac{T_2}{T_1 - T_2}$$
$$= \frac{273 + 25}{35 - 25}$$
$$= 29.8$$

从例 5-2 可以看出，该热源温度下，理想的制冷循环制冷系数的最高限值为 29.8。实际制冷设备的制冷系数为 3~7，距离理想制冷系数最高值有很大距离。理想的热效率或理想的制冷系数是我们在实际工程中很难达到的，但理想热效率和制冷系数的计算公式可以为我们提高能源利用率提供改进方向。

5.3　熵和熵方程

前文介绍 T-s 图的应用和热力学第二定律时，已经涉及了熵的概念。熵是在热力学第二定律基础上导出的状态参数。熵有何物理意义，以及如何通过熵的变化理解热力学第二定律，都是热力学的重要研究内容。

5.3.1　熵的导出

熵的导出有很多方法，下面从最简单的卡诺循环引入熵的概念。

在恒温热源（温度分别为 T_1、T_2）之间构建一个卡诺循环，该循环从高温热源吸热 Q_1，向低温热源放热 Q_2。如将该循环用定熵线进行分割，可得到若干个微小的卡诺循环，如图 5-7 所示。取其中任意一个小卡诺循环，其热源温度与大的卡诺循环相同，仍为 T_1、T_2，吸热量和放热量分别为 q_1、q_2。

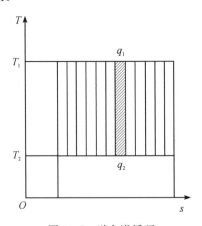

图 5-7　逆卡诺循环

小卡诺循环的热效率为

$$\eta_c = 1 - \frac{q_2}{q_1} = 1 - \frac{T_2}{T_1}$$

可得

$$\frac{q_2}{T_2} = \frac{q_1}{T_1}$$

又因为 q_2 为放热量，是负值，所以

$$\frac{q_1}{T_1} + \frac{q_2}{T_2} = 0$$

将所有的小卡诺循环对于上式进行加和，则对于整个可逆循环，有

$$\sum \frac{q_1}{T_1} + \sum \frac{q_2}{T_2} = 0$$

式中，$\sum q_1 = Q_1$，$\sum q_2 = Q_2$。可将上式整理为

$$\frac{Q_1}{T_1} + \frac{Q_2}{T_2} = 0$$

该式与大卡诺循环的表达形式相同，热源吸（放）热量与热源温度之比的代数和为 0。

卡诺循环只是一类特殊的理想循环，对于任意可逆循环，我们从微元角度理解熵的推导过程。

如图 5-8 所示，对于任意可逆循环 a—b—c—d—a，假如用一组定熵线将其分割为无数多个微元循环，从图上看，每个微元循环都是极细极小的一个近似平行四边形 ABCD。此时，两条绝热线 AB 与 CD 的间隔无限小，吸热和放热过程线 DA、BC 变得很短，非常接近定温过程。因此，微元循环可以认为是两个可逆绝热过程和两个可逆定温过程组成的微小卡诺循环。

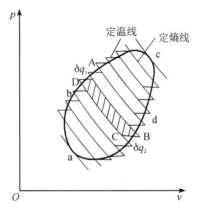

图 5-8　任意可逆循环

同样，对于微元卡诺循环而言，其吸热 δq_1、放热 δq_2 与热源温度之间的关系为

$$\eta_{tc} = 1 - \frac{\delta q_2}{\delta q_1} = 1 - \frac{T_2}{T_1}$$

因 δq_2 为负值，所以有

$$\frac{\delta q_1}{T_1} + \frac{\delta q_2}{T_2} = 0$$

对于整个可逆过程，有

$$\int_{abc} \frac{\delta q_1}{T_1} + \int_{cda} \frac{\delta q_2}{T_2} = 0$$

即

$$\oint \left(\frac{\delta q}{T}\right)_{re} = 0 \qquad\qquad (5-4)$$

式(5-4)也可写成

$$\oint ds = 0$$

式(5-4)表明，工质经过任意可逆循环，$\left(\dfrac{\delta q}{T}\right)_{re}$ 的循环积分为零。根据状态参数的充要条件(参数的微分一定是全微分，而全微分的循环积分为零)，可以判断该函数是一个与路径无关，只与初、终状态有关的状态函数。1865 年，克劳修斯将这一状态参数命名为熵，用符号 S 表示。式(5-4)称为克劳修斯积分等式。

对于单位质量工质，有

$$ds = \left(\frac{\delta q}{T}\right)_{re} \quad (J/(kg \cdot K)) \qquad\qquad (5-5)$$

对于 m kg 工质，有

$$S = ms \quad (J/K) \qquad\qquad (5-6)$$

或

$$dS = \left(\frac{\delta Q}{T}\right)_{re} \qquad\qquad (5-7)$$

式中，δq 或 δQ 表示可逆过程换热量，T 为热源的绝对温度。对于可逆换热过程，工质的温度等于热源温度，所以 T 也是工质的绝对温度。下角标 re 表示该式成立的条件为"循环是可逆循环"。

上述推导过程是基于可逆循环，对于某个有限的可逆热力过程，则有

$$\int_1^2 ds = s_2 - s_1 \qquad\qquad (5-8)$$

$s_2 - s_1$ 是有限热力过程的熵参数的变化，简称熵变。对于可逆的热力过程，系统熵变等于克劳修斯积分。

至此，我们严格地导出了状态参数熵。由于一切状态参数都只与它所处的状态有关，与到达这一状态的路径无关，系统经过一个微元过程，熵的微元变化值等于初、终态间任意一个可逆过程中热量和温度的比值。因此，式(5-7)提供了一个计算任意过程熵变量的途径。

式(5-7)也给出了熵的物理意义之一，即熵的变化表征了可逆过程中热交换的方向与大小。系统可逆从外界吸收热量，$\delta Q > 0$，系统熵增大；系统可逆地向外界放热，$\delta Q < 0$，系统熵减小；可逆绝热过程中，系统的熵不变。

熵是状态参数，系统的状态一旦确定，就有对应的熵值，即熵值与系统状态一一对应。在研究有化学变化的系统时，系统中包含不同的物质及其化学变化，必须应用熵的绝对值。

在无化学反应的系统中，熵的基准点可以人为选定。因为我们更关注的是熵的变化值。

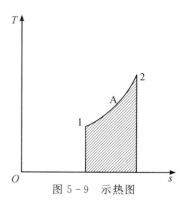

图 5 - 9　示热图

对于简单可压缩系统来说，两个独立的状态参数可以确定一个状态。前面章节广泛使用的 T-s 图就是一个两参数状态图。如图 5-9 所示，任意一条实线 1—A—2 表示一个可逆过程，线上的任意一点都是一个平衡状态。对式(5-7)进行积分可得，实线下的面积代表实线所表示的可逆过程中，系统与外界交换的热量。通过学习熵的概念，我们对 T-s 图有了更深入的理解，这对于分析热力过程是十分有用的。

5.3.2　克劳修斯不等式

热力学第二定律的表述对于自然过程的方向性给出了定性判断，但在实际研究中我们还需推导出与热力学第二定律等效的数学判据，也就是从数据分析角度证明过程进行的可能性或方向性。前面讲述的克劳修斯积分等式是针对可逆过程的判据，实际的热力过程更多的是不可逆过程，因此，有必要对不可逆过程或不可逆循环进行分析。

循环中一部分过程不可逆或全部过程均不可逆，那么，该循环为不可逆循环。如图 5-10 所示，利用与熵的导出类似的方法，在不可逆循环 1—a—2—b—1 中，1—a—2 为不可逆部分，2—b—1 为可逆部分，同样，将该循环用定熵线划分为无数个微元循环。

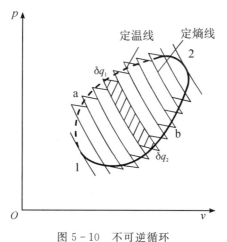

图 5 - 10　不可逆循环

其中因为不可逆过程的存在，微元循环的热效率要低于可逆微元循环的热效率，即

$$\eta_t = 1 - \frac{\delta q_2}{\delta q_1} < 1 - \frac{T_2}{T_1}$$

$$\frac{\delta q_1}{T_1} + \frac{\delta q_2}{T_2} < 0$$

对于整个不可逆循环而言，有

$$\int_{1a2} \frac{\delta q_1}{T_1} + \int_{2b1} \frac{\delta q_2}{T_2} = \oint \left(\frac{\delta q}{T}\right)_{irr} < 0 \qquad (5-9)$$

式(5-9)称为克劳修斯不等式,式中下角标 irr 表示不可逆循环(irreversible)。结合式(5-4)与式(5-9)可得,对于所有热力循环,存在

$$\oint\left(\frac{\delta q}{T}\right) \leqslant 0 \qquad (5-10)$$

也可推出:

$$\oint\left(\frac{\delta q}{T}\right) \leqslant \oint \mathrm{d}s = 0 \qquad (5-11)$$

对于微元,则有

$$\frac{\delta q}{T} \leqslant \mathrm{d}s \qquad (5-12)$$

任何循环的克劳修斯积分永远小于或等于零,极限时等于零,而不会大于零。无论循环是否可逆,系统经过一系列热力过程后重新回到初始状态,系统的熵变均为零。当循环为可逆循环时,式(5-10)和式(5-11)取"=",系统熵变为零,克劳修斯积分为零;当循环为不可逆循环时,式(5-10)和式(5-11)取"<",克劳修斯积分小于系统熵变(零);克劳修斯积分大于零的循环不可能实现。式(5-10)是热力学第二定律的数学表达式,可以直接用来判断循环是否可以进行或者循环是否可逆。

对于有限的热力过程,也可以用克劳修斯不等式表述。在图 5-10 中,存在不可逆过程 1—a—2 和可逆过程 2—b—1,则

$$\oint\left(\frac{\delta q}{T}\right)_{\mathrm{irr}} = \int_1^2\left(\frac{\delta q}{T}\right)_{\mathrm{irr}} + \int_2^1\left(\frac{\delta q}{T}\right)_{\mathrm{re}} = \int_1^2\left(\frac{\delta q}{T}\right)_{\mathrm{irr}} - \int_1^2\left(\frac{\delta q}{T}\right)_{\mathrm{re}} < 0$$

因为熵是状态参数,所以有

$$\int_1^2\left(\frac{\delta q}{T}\right)_{\mathrm{re}} = s_2 - s_1$$

则

$$\int_1^2\left(\frac{\delta q}{T}\right)_{\mathrm{irr}} - (s_2 - s_1) < 0$$

$$\int_1^2\left(\frac{\delta q}{T}\right)_{\mathrm{irr}} < s_2 - s_1 \qquad (5-13)$$

对于有限过程,将可逆过程的式(5-8)与式(5-13)结合可得

$$\int_1^2\left(\frac{\delta q}{T}\right) \leqslant s_2 - s_1 \qquad (5-14)$$

式(5-14)与式(5-10)一样,都是热力学第二定律的数学表达式,都可作为热力循环或热力过程能否进行的判据。当过程可逆时,式(5-14)取"=",系统熵变等于克劳修斯积分;当过程不可逆时,式(5-14)取"<",系统熵变大于克劳修斯积分。若计算得出熵变小于克劳修斯积分,则该热力过程不可能实现。

下面利用克劳修斯积分不等式求解例 5-1。

该循环由两个定温换热过程组成,对于系统工质,吸热过程换热量为"+",放热过程换热量为"-",则克劳修斯积分计算如下:

$$\oint\left(\frac{\delta q}{T}\right) = \frac{Q_1}{T_1} + \frac{Q_2}{T_2} = \frac{2000}{2000} - \frac{800}{600} = -0.333 < 0$$

则该过程有可能实现,结论与利用卡诺定理分析的一致。

需要重点指出的是,熵是系统的状态参数,只取决于状态特性。过程中熵的变化,只与过程初、终状态有关,而与过程的路径及过程是否可逆无关。过程不可逆时,系统熵变为什么大于克劳修斯积分,可以通过熵方程进行分析。

5.3.3　闭口系统熵方程

取闭口系统为研究对象,建立能量方程。

如图 5-11 所示,对于可逆过程 1—a—2,根据熵的定义和热力学第一定律可得

$$T\mathrm{d}s = \delta q = \delta w + \mathrm{d}u \tag{5-15a}$$

式中,δq 与 δw 为可逆过程的传热量和膨胀功。

若该过程为不可逆过程 1—b—2,初、终状态与上述可逆过程相同,该不可逆过程同样适用于热力学第一定律,即

$$\delta q' = \delta w' + \mathrm{d}u \tag{5-15b}$$

式中,$\delta q'$ 与 $\delta w'$ 为不可逆过程的传热量和膨胀功。

q 与 w 为过程参数,经历不同的两个过程其数值可能不同,u 为状态参数,其值仅与初、终状态有关,与过程无关。所以对于过程 1—a—2 和 1—b—2,热力学能的变化 $\mathrm{d}u$ 的值是相等的。

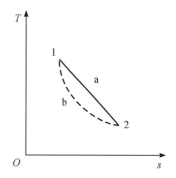

图 5-11　可逆过程与不可逆过程的熵变

由式(5-15b)可得

$$\mathrm{d}u = \delta q' - \delta w'$$

将该式代入(5-15a)得

$$\mathrm{d}s = \frac{\delta q'}{T} + \frac{\delta w - \delta w'}{T} \tag{5-16}$$

将式(5-16)与可逆过程 $\mathrm{d}s = \dfrac{\delta q}{T}$ 对比,相同 $\mathrm{d}s$ 时,克劳修斯积分的差异在于 $\dfrac{\delta w - \delta w'}{T}$。

对于不可逆过程,系统熵变 $\mathrm{d}s$ 大于克劳修斯积分,大于的部分为 $\dfrac{\delta w - \delta w'}{T}$。$\delta w - \delta w'$ 反映了过程可逆与不可逆在做功能力(膨胀功)上的差别。该式为过程不可逆因素带来的熵的变化,称之为熵产,用 δs_g 表示,显然,$\delta s_\mathrm{g} \geqslant 0$。在过程不可逆时,熵产为正;过程可逆时,熵产为零。熵产适用于摩擦、黏性扰动、温差传热等任何形式的不可逆因素,也是过程不可逆程度的度量。不可逆因素对系统的影响越大,熵产也越大。

令 $\delta s_\mathrm{f} = \dfrac{\delta q'}{T}$,称为熵流,是由于热量的流动带来的熵变。熵流的"+""-"与热量的方向一致,系统吸热时,熵流为正;系统对外放热时,熵流为负;过程为绝热过程时,熵流为零。

由式(5-16)可知,闭口系统的熵变由熵流和熵产两部分组成。闭口系统的熵方程为

$$\mathrm{d}s_\mathrm{sys} = \delta s_\mathrm{f} + \delta s_\mathrm{g} \tag{5-17a}$$

对于有限过程,有

$$\Delta s_\mathrm{sys} = s_\mathrm{f} + s_\mathrm{g} \tag{5-17b}$$

或

$$\Delta s_{sys} = \int_1^2 \frac{\delta q'}{T} + s_g \qquad (5-17c)$$

积分后可得系统的熵变为

$$\Delta S = S_f + S_g \qquad (5-17d)$$

式(5-17)为我们提供了热力学第二定律用等式表达的形式，称为闭口系统的熵方程。它普遍适用于有限过程、循环过程、可逆过程或不可逆过程，同时也适用于绝热闭口系、非绝热闭口系或孤立系等。

从式(5-17)中我们还可以看出，通过熵流、熵产数值大小和"＋""－"的判定，可以定性判断热力过程或系统的熵的变化趋势。

（1）若过程为绝热可逆，由绝热可判断熵流为零，由可逆可判断熵产为零，则该过程的熵变也为零，该过程为定熵过程。如卡诺循环或逆卡诺循环中提及的压缩和膨胀过程均为定熵过程。

（2）若过程为绝热不可逆，由绝热可判断熵流为零，由不可逆判断熵产大于零，则熵变大于零，该过程是熵增过程。比如，在绝热容器内搅拌液态工质使其温度升高，虽然是绝热过程，熵值却增加，增加的部分仅有不可逆搅拌摩擦形成的熵产。

（3）若过程为传热（不绝热）可逆，由不绝热可判断熵流不等于零，根据热量的方向是吸热还是放热，判断熵流符号取"＋"或"－"，根据"可逆"判断熵产为零。该过程为不定熵过程，熵的变化完全取决于热量的变化。比如，利用变温热源对容器内液态工质以无限小的温差进行传热。

（4）若过程既不绝热也不可逆，则熵产大于零，熵流可正可负，两者相加最后的熵变符号是无法确定的，需要根据熵流和熵产的数值关系确定。实际工程中的热力过程其实更倾向于该类过程，只是为了研究方便，对其进行了简化。

那么，如何确定熵变的具体数值呢？通常有以下两种方法：

（1）已知熵是状态参数，无论过程是否可逆，熵变只与初、终状态有关，与过程无关。所以，只要确定了过程的初、终状态，利用已知状态参数可直接求得熵变。此处给出常用的理想气体的熵变计算式，已知初、终状态的 $T-v$ 值，或者 $T-p$ 值，或者 $p-v$ 值，选用相应计算式即可。

$$\Delta s = c_v \ln \frac{T_2}{T_1} + R \ln \frac{v_2}{v_1} \qquad (5-18a)$$

$$\Delta s = c_p \ln \frac{T_2}{T_1} - R \ln \frac{p_2}{p_1} \qquad (5-18b)$$

$$\Delta s = c_p \ln \frac{v_2}{v_1} + c_v \ln \frac{p_2}{p_1} \qquad (5-18c)$$

该式可用熵的定义式与理想气体状态方程推导得出。推导过程如下：

将 $\delta q = du + p dv = c_v dT + p dv$ 代入熵的定义式 $\Delta s = \int_1^2 \frac{\delta q}{T}$ 得

$$\Delta s = \int_1^2 c_v \frac{dT}{T} + \int_1^2 \frac{p}{T} dv$$

将理想气体状态方程的变式 $\dfrac{p}{T} = \dfrac{R}{v}$ 代入上式，得

$$\Delta s = \int_1^2 c_v \frac{\mathrm{d}T}{T} + \int_1^2 \frac{R}{v} \mathrm{d}v$$

设 c_v 为定值比热容，则上式积分后得出式（5-18a）。

如将 $\delta q = \mathrm{d}h - v\mathrm{d}p = c_p \mathrm{d}T - v\mathrm{d}p$ 代入熵的定义式，可推导得出式（5-18b）。

用状态方程 $\dfrac{p_1 v_1}{T_1} = \dfrac{p_2 v_2}{T_2}$ 消去式（5-18a）或（5-18b）中的 $\dfrac{T_2}{T_1}$，即可整理得出式（5-18c）。

对于理想气体的典型热力过程，式（5-18）可进一步简化如下：

定温过程 $\qquad\qquad\qquad \Delta s = R \ln \dfrac{v_2}{v_1} = R \ln \dfrac{p_1}{p_2}$

定压过程 $\qquad\qquad\qquad \Delta s = c_p \ln \dfrac{T_2}{T_1} = c_p \ln \dfrac{v_2}{v_1}$

定容过程 $\qquad\qquad\qquad \Delta s = c_v \ln \dfrac{p_2}{p_1} = c_v \ln \dfrac{T_2}{T_1}$

（2）利用熵的定义式 $\mathrm{d}S = \left(\dfrac{\delta Q}{T}\right)_{re}$ 计算熵变。无论过程是否可逆，我们都可以构造一个或若干个与该过程初、终状态相同的可逆过程，然后对于可逆过程利用定义式求熵变即可。为了方便计算，可逆过程可以是任选的典型热力过程。该方法与计算系统的热力学能变化方法类似。如图 5-12 所示，求 ΔS_{1a2}，可以构建典型热力过程 1—3—2 或者 1—4—2。

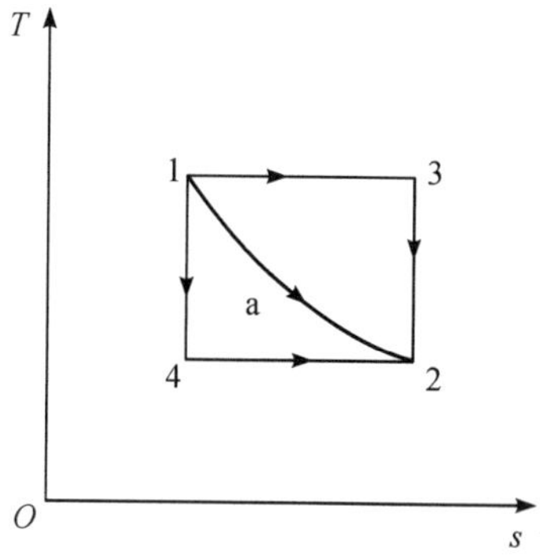

如构建过程 1—3—2，因为 3—2 是定熵过程，所以 $\Delta S_{32} = 0$，则

图 5-12 借助直线路径
计算曲线熵变

$$\Delta S_{12} = \Delta S_{13} + \Delta S_{32} = \Delta S_{13}$$

利用定义式可求得

$$\Delta S_{13} = \frac{Q_{13}}{T_1}$$

同理，也可以构建典型热力过程 1—4—2，1—4 为定熵过程，所以 $\Delta S_{14} = 0$，则

$$\Delta S_{12} = \Delta S_{14} + \Delta S_{42} = \Delta S_{42} = \frac{Q_{42}}{T_2}$$

【例 5-3】 2 kg 空气从压力 3 MPa 和温度 800 K 经历一不可逆膨胀过程到达终态，终态压力为 1.5 MPa，温度为 700 K。计算空气熵的变化。

【解】 熵是状态参数，状态 1 与状态 2 之间工质熵的变化与经历的途径无关，可直接代入理想气体熵变计算式，即

$$\Delta s = c_p \ln \frac{T_2}{T_1} - R \ln \frac{p_2}{p_1} = \frac{7}{2} \times 287 \times \ln \frac{700}{800} - 287 \times \ln \frac{1.5}{3} = 64.8 \ \text{J/(kg·K)}$$

$$\Delta S = m \Delta s = 2 \times 64.8 = 129.6 \ \text{J/K}$$

【例 5-4】 某一刚性绝热容器，用一块隔板将容器分为体积相等的两部分，每一部分

的容积均为 0.1 m³。如果容器一侧是温度为 40℃、压力为 0.4 MPa 的空气 A，另一侧是温度为 20℃、压力为 0.2 MPa 的空气 B，当抽出隔板后，两部分空气均匀混合而达到热力平衡。求混合过程所引起的空气熵的变化。

【解】 两种理想气体或两种不同状态参数的同种气体互相混合时，可将几种气体单独处理，将其看作它们分别向真空膨胀到混合后的体积。分别求得几种气体绝热膨胀的熵，再把各种气体的熵相加就是总的混合熵。

首先利用理想气体状态方程计算两种空气的质量，由 $pV=mRT$，可得

$$m_A=\frac{p_A V_A}{RT_A}=\frac{0.4\times10^3\times0.1}{0.287\times(40+273)}=0.445\ \text{kg}$$

$$m_B=\frac{p_B V_B}{RT_B}=\frac{0.2\times10^3\times0.1}{0.287\times(20+273)}=0.238\ \text{kg}$$

对于第一部分空气，整个容器为绝热闭口系统，将其看作单独的绝热自由膨胀过程。因为是绝热过程，所以 $S_f=0$。

系统的熵变为

$$\Delta S_{sys}=S_f+S_g=S_g$$

根据熵是状态参数的特点，只要知道初、终态参数值，就可计算不可逆绝热自由膨胀的熵的变化。

从热力学第一定律可知，$Q=\Delta U+W$。因为 $Q=0$，$W=0$，所以 $\Delta U=0$。

对于理想气体来说，U 是 T 的单值函数，所以 $\Delta T=0$，即 $T_2=T_1$。又已知 $V_2=2V_1$，代入理想气体熵变计算式，可得

$$\Delta S_A=m_A\left(c_p\ln\frac{T_2}{T_1}+R\ln\frac{v_2}{v_1}\right)=0.445\times0.287\times\ln2=0.089\ \text{kJ/K}$$

同理，可得

$$\Delta S_B=m_B\left(c_p\ln\frac{T_2}{T_1}+R\ln\frac{v_2}{v_1}\right)=0.238\times0.287\times\ln2=0.047\ \text{kJ/K}$$

两种空气的熵变为

$$\Delta S=\Delta S_A+\Delta S_B=0.089+0.047=0.136\ \text{kJ/K}$$

5.3.4 开口系统熵方程

通过控制体边界传递的熵流，除随热流传递的熵流外，还包括随物质流传递的熵流。在开口系统中将熵流按照传递方式分为热熵流和质熵流。如图 5-13 所示，s_1、s_2 分别为进出系统单位质量工质的熵，m_1、m_2 为进出系统的质量，则进入系统的质熵流为 s_1m_1，离开系统的质熵流为 s_2m_2。S_f 为热交换引起的热熵流，S_g 为不可逆因素引起的熵产，ΔS_{cv} 为系统内随着时间变化的熵变。此处需注意的是，s_2-s_1 不是系统熵变，而是进、出口界面工质比熵的差值。

开口系统熵方程可写为

$$(s_1m_1-s_2m_2)+S_f+S_g=\Delta S_{cv}\quad(5-19\text{a})$$

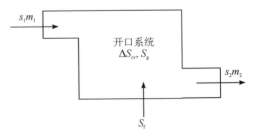

图 5-13 开口系统熵方程示意图

对于稳态稳流系统，有 $\Delta S_{cv} = 0$，$m_1 = m_2$，对于单位质量工质，有

$$s_f + s_g + (s_1 - s_2) = 0 \tag{5-19b}$$

或

$$s_g = (s_2 - s_1) - s_f$$

5.3.5　孤立系统熵方程

孤立系统与外界没有热量和物质的传递，由式(5-19)可得

$$\Delta S_{iso} = S_g \tag{5-20}$$

即孤立系统的熵变等于该系统不可逆因素形成的熵产。反之，如果计算孤立系统的熵产，可以通过系统各组成部分的熵变进行计算。

$$S_g = \Delta S_{iso} = \sum \Delta S_i$$

式中，ΔS_i 为组成孤立系统的任一子系统的熵变。

求某个控制体的熵产时，也可通过将控制体连同周围与其进行热量和物质交换的外界环境一起作为孤立系统进行分析计算。

【例 5-5】　压缩空气通过汽轮机进行绝热膨胀并对外做功，汽轮机进气参数为 $p_1 = 400\ \mathrm{kPa}$，$T_1 = 480\ \mathrm{K}$，排气参数为 $p_2 = 200\ \mathrm{kPa}$，$T_2 = 420\ \mathrm{K}$。求流过汽轮机的熵产。（假设空气为理想气体，比热容为定值。）

【解】　绝热膨胀是典型的不可逆过程，空气流过汽轮机时有熵产。

取汽轮机为控制体，连同它的外界空气及功源构成孤立系统，列熵方程：

$$\Delta s_{iso} = \Delta s_{cv} + \Delta s_{sur}$$

因为汽轮机为稳态稳流工况，所以汽轮机控制体的熵变为 0，即 $\Delta s_{cv} = 0$。

外界功源仅接受了部分功，也没有熵的变化。

外界空气的熵因为空气流入、流出汽轮机而产生熵变。每千克气体的熵变为

$$\Delta s_{sur} = s_2 - s_1 = c_p \ln \frac{T_2}{T_1} - R \ln \frac{p_2}{p_1}$$

$$= \frac{7}{2} \times 287 \times \ln \frac{420}{480} - 287 \times \ln \frac{200}{400} = 64\ \mathrm{J/(kg \cdot K)}$$

则孤立系统的熵产为

$$\Delta s_{iso} = 0 + \Delta s_{sur} = 64\ \mathrm{J/(kg \cdot K)}$$

5.4　孤立系统熵增原理与做功能力损失

5.4.1　孤立系统熵增原理

根据系统熵变计算式与克劳修斯不等式可以看出，当闭口系统进行绝热过程时，$\Delta q = 0$，即热熵流为 0，则闭口绝热系统的熵变仅为熵产一项。

或从孤立系统熵方程亦可推导出 $\Delta S_{iso} = S_g$。对于孤立系统或者绝热闭口系统，系统的

熵变即熵产,因此孤立系统的熵变总是大于或等于 0,即

$$\Delta S_{iso} \geqslant 0 \tag{5-21}$$

过程可逆时,熵产为 0,式(5-21)取"=";过程不可逆时,熵产不为 0,式(5-21)取">"。因此,熵增原理可描述为:绝热闭口系统或孤立系统的熵只能增加(不可逆过程)或保持不变(可逆过程),而绝不能减少。任何实际过程都是不可逆过程,只能沿着使孤立系统熵增加的方向进行。

熵增原理的理论意义为:

(1)自然界过程总是朝着熵增加的方向进行,可通过孤立系统熵增原理判断过程进行的方向;

(2)当熵达到最大值时,系统处于平衡状态,可用孤立系统熵增原理作为系统平衡的判据;

(3)不可逆程度越大,熵增也越大,可用孤立系统熵增原理定量地评价过程的热力学性能的完善性。

综上所述,熵增原理表达了热力学第二定律的基本内容,因此常把热力学第二定律称为熵增定律,把式(5-21)视为热力学第二定律的数学表达式,它有着极其广泛的应用。

【例 5-6】 利用孤立系统熵增原理求解例 5-1。

【解】 首先将发生热量、功量交换的因素都划归到孤立系统。根据题意,将高温热源、低温冷源和热机循环工质作为一个系统,该系统为孤立系统。熵变为

$$\Delta S_{iso} = \Delta S_{高} + \Delta S_{低} + \Delta S$$

式中,$\Delta S_{高}$、$\Delta S_{低}$ 分别为高温热源与低温热源的熵变,ΔS 为热机循环工质的熵变。工质循环后回到初始状态,所以 $\Delta S = 0$。

高温热源放热,所以

$$\Delta S_{高} = \frac{Q_1}{T_1} = \frac{-2000}{2000} = -1 \text{ kJ/K}$$

低温热源吸热,所以

$$\Delta S_{低} = \frac{Q_2}{T_2} = \frac{800}{600} = 1.333 \text{ kJ/K}$$

则

$$\Delta S_{iso} = \Delta S_{高} + \Delta S_{低} + \Delta S = -1 + 1.333 = 0.333 \text{ kJ/K}$$

所以,此孤立系统熵变大于 0,循环为不可逆,该过程有可能实现。

【例 5-7】 用孤立系统熵增原理证明热量从高温物体传向低温物体的过程是不可逆过程。

【解】 设高温物体的温度为 T_1,低温物体的温度为 T_2,为分析方便,假设两个物体均为恒温,热量 Q 从高温物体传向低温物体,则孤立系统由这两个恒温物体组成。于是有

$$\Delta S_{iso} = \Delta S_{高} + \Delta S_{低} = \frac{-|Q|}{T_1} + \frac{|Q|}{T_2} = |Q| \left(\frac{1}{T_2} - \frac{1}{T_1} \right)$$

因为 $T_1 > T_2$,所以 $\frac{1}{T_2} - \frac{1}{T_1} > 0$,则 $\Delta S_{iso} > 0$。热量从高温物体传向低温物体是不可逆过程。

同时,上式也可以证明热量不能从低温物体传向高温物体,因为违反了热力学第二定

律，不符合孤立系统熵增原理。

5.4.2　做功能力损失

根据热力学第二定律的论述，一切实际过程都是不可逆过程，都伴随着熵的产生和做功能力的损失，这二者之间必然存在着内在的联系。通常将环境状态(温度为 T_0)作为衡量系统做功能力大小的参考状态，即认为系统达到与环境状态相平衡时，系统不再有做功能力。也可以理解为，系统不可能在做功过程中达到比周围环境还要低的能级，最多与环境保持平衡。从熵的定义式可知，温度与熵的乘积是能量或者热量。做功能力损失与熵产之间的关系可表示为

$$L = T_0 S_g \tag{5-22}$$

对于孤立系统，有

$$L_{iso} = T_0 \Delta S_{iso} \tag{5-23}$$

举例证明上述结论的正确性。仍针对 1 kg 工质，图 5-14(a)所示为一可逆循环，图 5-14(b)所示为在可逆循环基础上增加一个有温差的不可逆过程，工质从热源吸热时存在温差($T-T'$)的不可逆循环。假设两种循环均从热源(温度为 T)吸取相同的热量 q，经可逆热机对外做功后，向相同的冷源(温度为 T_0)(即环境)放热，现比较两种循环的做功能力大小。

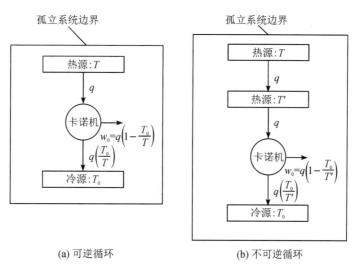

(a) 可逆循环　　　　　　　(b) 不可逆循环

图 5-14　孤立系统的可逆循环与不可逆循环

对于两种循环，分别将热源、冷源和工质共同作为孤立系统进行分析。

(1) 可逆循环：

按照卡诺定理，对外做功为最大值，即

$$w_0 = q\left(1 - \frac{T_0}{T}\right)$$

因为是可逆循环，所以系统熵变为 0，即

$$\Delta s_{iso} = 0$$

（2）不可逆循环：

对外做功为

$$w_0' = q\left(1 - \frac{T_0}{T'}\right)$$

熵方程为

$$\Delta s_{iso} = \Delta s_1 + \Delta s_0 + \Delta s_{2'}$$

式中：Δs_1——热源 T 的熵变，$\Delta s_1 = -\dfrac{q}{T}$；

$\quad\quad \Delta s_0$——工质循环的熵变，$\Delta s_0 = 0$；

$\quad\quad \Delta s_{2'}$——冷源 T_0 的熵变，$\Delta s_{2'} = \dfrac{q_0'}{T_0}$。

又由热力学第一定律推导得

$$q_0' = q - w_0' = q - q\left(1 - \frac{T_0}{T'}\right) = \frac{T_0}{T'}q$$

所以 $\Delta s_{2'} = \dfrac{q}{T'}$，代入熵方程可得

$$\Delta s_{iso} = \left(\frac{1}{T'} - \frac{1}{T}\right)q$$

不可逆循环比可逆循环少做的功量，即做功能力损失为

$$l = \omega_0 - \omega_0' = T_0\left(\frac{1}{T'} - \frac{1}{T}\right)q = T_0 \Delta s_{iso}$$

此例证明了式(5-23)的正确性。

5.5　炟　与　炋

5.5.1　炟与炋的定义

近年来，炟与炋的概念在热力学和能源科学领域应用日益广泛。炟与炋是用来评价能量利用价值的新参数，是能量可用性、可用能、有效能的统称，它把能量的"量"和"质"结合起来去评价能量的价值，解决了热力学和能源科学中长期以来没有任何一个参数可单独评价能量价值的问题，更深刻地揭示了能量在传递和转换过程中"能质退化"的本质。它还改变了人们对能的性质、能的损失和能的转换效率等传统的看法，提供了热功分析的科学基础，为合理用能、节约用能指明了方向。

长期以来，人们习惯用能量的数量来度量能量的价值，却忽略了能量的做功能力和利用价值。比如，周围空气的热能从数量上看是无限多的，但是这部分能量不能转换为有用的功。

衡量能量的"品位"与"质"可以根据做功能力进行判断。根据能量转换为功的能力不同，可将能量分为不同类型：

（1）可无限转换的能量。指理论上可以 100% 转换为其他能量形式的能，如机械能、电能等。它们是可以供人们高效利用的"高品位""高能质"的能量，这种能量的"量"和"质"完全统一，它们的转换能力不受约束。

（2）可有限转换的能量。如热能、焓、化学能等，其转换为机械能、电能的能力受到热力学第二定律的约束，不可能 100% 转换，只能部分转换。显然，这类能量的形式为"低品位""低能质"。

（3）不可转换的能量。如环境状态下的热力学能，这种能量只有"量"没有"质"。由于能量的转换与环境条件及过程特性有关，在环境的条件下，它们无法利用或转换成可利用的机械能。为了衡量能量的最大转换能力，人们规定环境状态作为基态，其能质为零。

由此给出㶲与炕的定义：

系统从一个任意状态可逆地变化到与环境相平衡的状态时，理论上可以无限转换为其他任何形式的那部分能量，称为㶲（Exergy），用 Ex 表示；与此相应，一切不能转换为㶲的能量称为炕（Anergy），用 An 表示。能量是㶲与炕的总和，任何形式的能量都可包括㶲和炕。按照能量转换能力的分类，第一类能量就是㶲，第三类能量就是炕，第二类能量就是一部分㶲、一部分炕。

应用㶲和炕的定义，可将能量转换定律表达如下：

（1）㶲和炕的总能量守恒，可表示为热力学第一定律：$E = \mathrm{An} + \mathrm{Ex}$，$(\Delta \mathrm{An} + \Delta \mathrm{Ex})_{\mathrm{iso}} = 0$。

（2）一切实际热力过程中不可避免地发生部分㶲退化为炕，称为㶲损失，而炕不能再转化为㶲，可表示热力学第二定律。

（3）孤立系统的㶲不会再增加，只能减少，极限情况是维持不变，也可称为孤立系统㶲降原理。

由此可见，㶲与熵都可作为过程方向性及热力学性能完善性的判据。

5.5.2　热量㶲

当热源温度 T 高于环境温度 T_0 时，从热源取得热量 Q，通过可逆热机可对外界做出的最大功称为热量㶲。

可逆循环做的最大功为

$$\mathrm{Ex}_Q = \int_Q \delta W_{\max} = \int_Q \left(1 - \frac{T_0}{T}\right)\delta Q = Q - T_0 S_{\mathrm{f}} \tag{5-24}$$

其中，S_{f} 是随热流携带的熵流。

热量㶲除与热量 Q 有关外，还与温度有关。在环境温度一定时，热源温度 T 越高，转化能力越强，热量中的㶲值越高。热量㶲与热量一样，是过程量，不是状态量。

热量 Q 中不能转换的能量称为热量炕。

$$\mathrm{An}_Q = Q - \mathrm{Ex}_Q = T_0 S_{\mathrm{f}} \tag{5-25}$$

式（5-25）表明，热量炕除与环境温度有关外，还取决于熵变的大小。在 T_0 一定的情况下，热量炕与熵流成正比。炕是不可用能（或无效能）。因此，熵从能量转换的角度可以理解为不可用能的度量。对系统加热，既增加了系统的可用能，也增加了系统的不可用能。

热量㶲和热量妩的 T-s 图表示见图 5-15 所示。

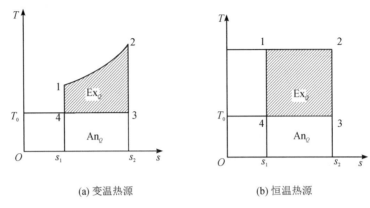

(a) 变温热源   (b) 恒温热源

图 5-15 热量㶲与热量妩

5.5.3 冷量㶲

当系统温度 T 低于环境温度 T_0 时，要使系统可逆地变化到与环境相平衡的状态（又称"死态"），则按照制冷循环进行，从冷源系统获取冷量 Q_0，外界消耗一定量的功，将 Q_0 连同消耗的功一起转移到环境中去。在可逆条件下，外界消耗的最小功即为冷量㶲。反之，如果低于环境温度的系统吸收冷量 Q_0 时，向外界提供冷量㶲，即可以用它做出有用功。

根据逆卡诺循环的制冷系数公式可得

$$\varepsilon_c = \frac{\delta Q_0}{\delta W_{min}} = \frac{T}{T_0 - T}$$

即

$$\delta Ex_{Q_0} = \delta W_{min} = \frac{T_0 - T}{T}\delta Q_0 = \left(\frac{T_0}{T} - 1\right)\delta Q_0$$

或

$$Ex_{Q_0} = T_0 S_f - Q_0 \tag{5-26}$$

根据热力学第一定律，转移到环境中的热量为 Q_0 和冷量㶲之和，即

$$Q = Q_0 + Ex_{Q_0} = T_0 S_f$$

该部分能量是为获取 Q_0 必须传给环境的能量，不能再转换为㶲，称为冷量妩。

$$An_{Q_0} = T_0 S_f \tag{5-27}$$

冷量㶲与冷量妩的示意图如图 5-16 所示。从图 5-16 中可以看出，系统温度 T 越低，冷量㶲越大，外界消耗的功量越多。这也与工程实际中的节约原则相对应。如空调系统室内温度要求越低，需要提供的冷量越多，冷量㶲就越大。工厂的冷库在进行设计时，在能够满足工艺要求的低温条件下，尽量不要使系统在更低的温度下运行，以免消耗多余的冷量㶲。

冷量㶲与冷量妩同样也是过程量。

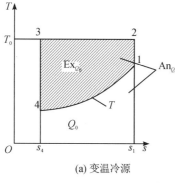

$$\text{图 5 - 16　冷量㶲与冷量炕}$$

5.5.4　热力学能㶲

当闭口系统所处状态不同于环境状态时都具有做功能力，即有㶲值。闭口系统从给定状态$(p，T)$可逆地过渡到与环境状态$(p_0，T_0)$相平衡时，系统对外所做的最大有用功称为热力学能㶲。

如图 5 - 17 所示，设系统状态高于环境状态，传热过程只在封闭系统与环境之间进行。为保证热量交换在可逆条件下进行，设想封闭系统与环境之间首先进行绝热膨胀，当温度达到与环境温度相等时，才能进行可逆换热。因此，如图 5 - 18 所示，系统可逆过渡到环境状态，首先经历一个定熵过程 A—B，然后是定温过程 B—O。

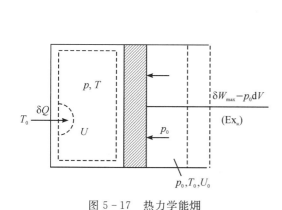

图 5 - 17　热力学能㶲　　　　　　图 5 - 18　热力学能㶲的 $p\text{-}v$ 图表示

考虑到系统膨胀时对外做功不能被有效利用，所以最大有用功（热力学能㶲）为

$$\delta W_{\max, u} = \mathrm{dEx}_u = \delta W_{\max} - p_0 \mathrm{d}V$$

按照热力学第一定律，有

$$\delta Q = \mathrm{d}U + \delta W_{\max} = \mathrm{d}U + p_0 \mathrm{d}V + \delta W_{\max, u}$$

按照热力学第二定律，闭口系统与环境组成的系统为孤立系统，对可逆过程列熵方程，工质熵变与环境熵变之和为 0，即

$$\mathrm{d}S_{\mathrm{iso}} = \mathrm{d}S + \mathrm{d}S_{\mathrm{sur}} = 0$$

则

$$\delta Q_{\mathrm{sur}} = T_0 \mathrm{d} S_{\mathrm{sur}} = -T_0 \mathrm{d} S$$

而

$$\delta Q_{\mathrm{sur}} + \delta Q = 0$$

由此可得出

$$\delta Q = T_0 \mathrm{d} S$$

将上式合并后可得

$$T_0(S_0 - S) = (U_0 - U) + p_0(V_0 - V) + W_{\max, u}$$

$$\mathrm{Ex}_u = W_{\max, u} = (U - U_0) - T_0(S - S_0) + p_0(V - V_0)$$

$$\mathrm{d} \mathrm{Ex}_u = \mathrm{d} U - T_0 \mathrm{d} S + p_0 \mathrm{d} V \tag{5-28}$$

从式(5-28)中可以发现，热力学能㶲的表达式仅与系统状态参数有关。热力学能㶲是状态参数。

热力学能㷊为

$$\mathrm{An}_u = (u - u_0) - \mathrm{Ex}_u = T_0(s - s_0) - p_0(v - v_0) \tag{5-29}$$

5.5.5 稳定流动工质的焓㶲

开口系统稳态稳流工质的总能量包括焓、宏观动能和位能，其中动能和位能属于机械能，本身便是㶲，为确定流动工质的焓㶲，故不考虑工质动能、位能及其变化。

如图5-19所示，忽略动能、位能变化，工质从初态可逆过渡到环境状态，单位工质焓降$h - h_0$所能做出的最大技术功便是工质的焓㶲。

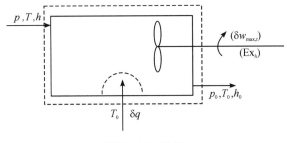

图5-19　焓㶲

如图5-20所示，与热力学能一样，为了使系统与环境之间进行可逆换热，工质首先经历一个定熵过程，温度达到T_0(1—2)，然后再与环境定温换热(2—0)。

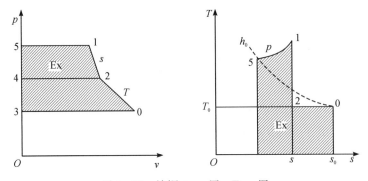

图5-20　焓㶲$p-v$图，$T-s$图

根据热力学第一定律，有

$$\delta q = \mathrm{d}h + \delta w_{\max, t}$$

根据热力学第二定律，有

$$\delta q = T_0 \mathrm{d}s$$

合并上两式可得焓㶲为

$$\mathrm{Ex}_h = w_{\max, t} = h - h_0 - T_0(s - s_0) \tag{5-30}$$

稳定流动工质的焓㶲也是状态参数。

稳态稳流工质所携带的能量（焓）中，不能转换为有用功的部分为焓㶲，即

$$\mathrm{An}_h = h - h_0 - \mathrm{Ex}_h = T_0(s - s_0) \tag{5-31}$$

思考题与习题

1. 分析并判断以下说法是否正确。

（1）符合热力学第一定律的热力过程都能够实现。

（2）功量可以转换为热量，但热量不能转换为功量。

（3）从任何具有一定温度的热源取热，都能进行热转变为功的动力循环。

（4）系统熵不变的过程，都是绝热过程。

（5）系统熵增大的过程一定是不可逆过程。

（6）不可逆过程一定是系统熵增大的过程。

（7）在相同的初、终状态之间进行可逆和不可逆过程，则不可逆过程中工质熵的变化大于可逆过程熵的变化。

（8）在相同的初、终状态之间进行可逆和不可逆过程，则两个过程中，工质与外界传递的热量不同。

（9）循环的热效率越高，则循环净功越大；反之，循环的净功越多，则循环的热效率也越高。

（10）闭口系统经过热力过程后，熵增加了，则一定从外界吸收了热量。

（11）可逆绝热过程是定熵过程，那么定熵过程一定是可逆绝热过程。

2. 生产、生活中的一切过程都是不可逆过程，研究可逆过程有什么意义？

3. T-s 图在热力学应用中有哪些重要作用？

4. 闭口系统经历一个不可逆过程，系统对外做功 20 kJ，并向外传热 10 kJ，该系统的熵的变化是正是负还是可正可负？经历的是可逆过程吗？

5. 闭口系统从热源吸热 5000 kJ，系统熵的变化为 30 kJ/K，如系统在吸热过程中温度始终保持在 400 K，这一过程是可逆还是不可逆？

6. 热机循环效率公式 $\eta_t = 1 - \dfrac{\delta q_2}{\delta q_1}$ 和 $\eta_t = 1 - \dfrac{T_2}{T_1}$ 有何区别？分别适用于什么场合？

7. 卡诺循环工作于温度为 600℃和 40℃的两个热源之间，设卡诺循环每秒钟从高温热源取热 100 kJ。求：

（1）卡诺循环的热效率；

（2）卡诺循环产生的功率；

（3）每秒钟排向冷源的热量。

8. 利用逆向卡诺机作为空调对房间制冷，设室外温度为 35℃，室内温度保持 20℃，要求每小时从室内带走热量 2.5×10^4 kJ。试问：

（1）每小时向室外排放多少热量？

（2）此循环的制冷系数为多大？

9. 假定利用一个逆卡诺循环为一住宅供暖，室外环境温度为 -10℃，为使住宅保持 20℃，每小时需供给 100 000 kJ 的热量。求：

（1）热泵每小时从室外吸取的热量；

（2）热泵所需的功率。

10. 空气在轴流压气机中被绝热压缩，压缩后和压缩前的压力之比（增压比）为 4.2，初、终态温度分别为 20℃ 和 200℃，求空气在压缩过程中熵的变化。

11. 热机 A 从热源 1（温度 1000 K）吸收了 $Q_1 = 2000$ kJ 的热量，向低温热源 2（温度 300 K）放热 500 kJ。若热机对外做功 $W = 1500$ kJ，判断该过程能否实现。

12. 压气机空气由 $p_1 = 0.1$ MPa，$T_1 = 400$ K，定温压缩到终态 $p_2 = 1$ MPa，过程中实际消耗的功量比可逆定温消耗的轴功多 25%。设环境温度为 $T_0 = 300$ K，求压气机每千克工质的熵变。

13. 气体在一个容器中绝热自由膨胀，容器内有一个隔板，左右两边容积相等。左边盛有 0.1 kg 空气，右边为真空，容器为刚性绝热。当隔板抽去后，空气充满整个容器，求空气熵的变化。

14. 在高温热源（$T_1 = 2000$ K）和低温热源（$T_2 = 600$ K）之间进行一个不可逆循环。若工质在定温吸热与定温放热过程中与热源均存在 60 K 温差，其余两个过程为定熵膨胀和定熵压缩过程。求：

（1）循环热效率；

（2）热源供给为 1000 kJ 的热量时，做功能力损失。

15. 从 553 K 的热源直接向 278 K 的环境传热，如果传热量为 100 kJ，求：

（1）此过程的总熵变；

（2）做功能力损失。

16. 在有活塞的气缸装置中，将 1 kmol 的理想气体在 400 K 下从 100 kPa 缓慢地定温压缩到 1000 kPa，计算下列不同情况下，气体的熵变、热源熵变和总熵变。

（1）过程中无摩擦损耗，热源的温度也为 400 K；

（2）过程中无摩擦损耗，热源温度为 300 K；

（3）过程中有摩擦损耗，比可逆压缩多消耗 20% 的功，热源温度为 300 K。

17. 压气机进口空气温度为 17℃，压力为 1.0×10^5 Pa，经历不可逆绝热压缩后其温度为 70℃，压力为 4.0×10^5 Pa，若室内温度为 17℃，大气压力为 1.0×10^5 Pa。求：

（1）压气机实际消耗的轴功；

（2）进、出口空气的焓㶲；

（3）消耗的最小有用功；

（4）㶲损失；

（5）压气机㶲效率。

第6章 水 蒸 气

章前导学

　　水是我们非常熟悉的物质，也是实际应用中常用的工质，因其价廉易得，在工程中应用广泛。本章我们将了解这一重要工质：水蒸气。

　　本章学习的主要内容包括水蒸气的产生过程，水蒸气状态参数的确定，以及水蒸气在热力变化过程中功量和热量的计算。在确定水蒸气状态参数时，我们将学习两个常用工具：水蒸气的焓熵图（$h-s$ 图）、水蒸气的热力性质表。要求熟练掌握图、表的结构和使用方法，确定水蒸气的状态参数。

6.1　水的相变及热力性质

　　水蒸气作为自然界中的常见物质，具有容易获取、热力参数适宜和环境友好的优点，是工业上广泛使用的重要工质。例如，电力工程中，热电厂以水蒸气作为工质完成能量的转换；供热工程中，用水蒸气作为热源加热网路中的循环水；空调工程中，用水蒸气对空气进行加热加湿处理等。此外，工程中很多其他工质，如制冷系统的氟利昂、氨等制冷剂工质，燃气工程中的液化石油气，如丙烷、丁烷等，其热力性质与水的性质和物态变化规律基本相同，只是对应的物性参数有所区别。因此，学习水蒸气的性质也有助于了解和掌握其他常见蒸气工质的性能特点和热力变化规律。

6.1.1　水的相变

　　自然界中的物质大都以三种聚集态的形式存在，即我们非常熟悉的固态、液态和气态。在热力学中，我们又把三种聚集态叫作物质的相态：固相、液相和气相。三种相态之间可以伴随温度和热量的变化相互转换。

　　在研究水蒸气的应用之前，我们首先来学习水的相态变化规律。

　　在一定压力下，对固态冰加热，冰逐渐被加热至融点温度，开始融化为液态水，在全部融化之前保持融点温度不变，此过程称为融解过程。对水继续加热升温至沸点温度，水开始汽化，温度保持不变，直至全部变为水蒸气，此过程称为汽化过程；若再进一步加热，温度逐渐升高，变为过热水蒸气。上述过程在 $p-t$ 图上由水平线 a—b—e—l 表示，如图 6-1 所示，其中 b、b′点等为对应不同压力下冰、水平衡共存的饱和状态，e、e′点等为对应不同压力下水、水蒸气平衡共存的饱和状态，线段 a—b、b—e 和 e—l 相应为冰、水和蒸汽的定压加热过程。

连接 b、b′诸点得曲线 AB，在 AB 线上存在着固、液两相，它显示了融解过程中融点温度与压力的关系，因此曲线 AB 称为融解曲线。融解曲线是固相与液相两相的分界线。需要指出的是，融解曲线不是某个热力过程的过程线，而是物质在不同压力下的融点温度的连线。对于水而言，其凝固时体积增大，融解曲线斜率为负（如图 6-1 所示），表明压力升高，融点温度降低。还有一类物质，凝固时体积缩小（比如 CO_2、$NaHCO_3$、磷酸铵盐类等），这类物质的融解曲线斜率为正（如图 6-2 所示），表明压力升高，融点温度升高。因此，滑冰时冰刀与冰面接触，在很小的作用面上受到很大的压力，使凝固点温度降低，冰被融化为水产生润滑作用而大幅度减小了冰刀与冰面的滑动阻力。

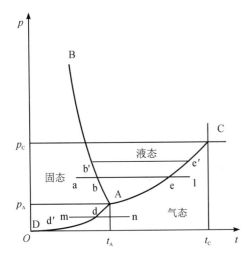

图 6-1 凝固时体积膨胀的物质的 $p-t$ 图

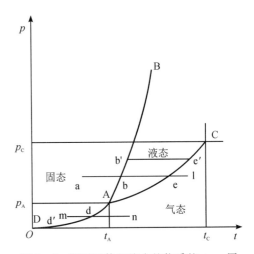

图 6-2 凝固时体积缩小的物质的 $p-t$ 图

连接 e、e′诸点得曲线 AC，在 AC 线上存在着液、气两相，它显示了汽化过程中沸点温度与压力的关系，称为汽化曲线。汽化曲线是液相和气相的分界线。同样，汽化曲线也不是某个热力过程的过程线。所有纯物质的汽化曲线斜率均为正（如图 6-1、6-2 所示），说明沸点温度随压力增大而升高。AC 线上方端点 C 是临界点，此时饱和液和饱和气不仅具有相同的温度和压力，还具有相同的热力学性质，后面将要学习到的比体积、比热力学能、比焓、比熵等参数也是相同的。临界点对应该物质以液相存在的最高温度或以气相存在的最高压强，当物质的温度、压强超过临界点数值（临界温度及临界压强）时，会相变成同时拥有液相及气相特征的流体：超临界流体。

当压力高于临界点 C 的压力时，定压加热（冷却）过程中液—气两相的转变不经历两相平衡共存的饱和状态，而是在连续渐变中完成的，变化中物质总是呈现为均匀的单相。因而在临界压力以上，液、气两个相区不存在明显确定的界线。习惯上，常把临界定温线（过 C 点的定温线）当作临界压力以上液、气两个相区的分界。

当压力降低时，AB 和 AC 两线逐渐接近，最后交于 A 点，此时，A 点是固、液、气三相平衡共存的状态，叫作三相态。三相态是气液共存曲线的最低点，也称三相点。每种纯物质都有唯一的一个气、液、固三相平衡共存的三相点。例如：

水　　　$p_A = 611.2\ \text{Pa}, t_A = 0.01\ ℃$

氢气　$p_A = 719.4\ \text{Pa}, t_A = -259.4\ ℃$

氧气　$p_A = 12\ 534\ \text{Pa}, t_A = -210\ ℃$

若在低于三相点的压力下对冰定压加热，在图 6-1 中，将冰从 m 点开始加热，温度沿水平线向右升高，当冰的温度升高到 d 点时，开始出现冰直接转变为水蒸气的现象，这个过程称为升华。反之，将水蒸气直接变为冰的过程，称为凝华。将纯物质不同压力下对应的固态、气态平衡共存的饱和状态 d、d′ 诸点连接起来，得曲线 AD，称为升华曲线（也称为凝华曲线），它反映了升华温度（凝华温度）与压力的关系，并在 $p\text{-}t$ 图上划分了固态与气态的区域。在秋冬之交出现的霜冻就是凝华现象。

在图 6-1、图 6-2 中，AB、AC、AD 称为相平衡曲线。在曲线上两相平衡共存，曲线被划分的三区都是单相区。

6.1.2　水和水蒸气的热力性质

在很多工程应用中，能量的运输与转换需要介质具有良好的流动性，因此，水和水蒸气显得尤为重要，它们是最主要的工作介质。以下将重点关注水和水蒸气的相变过程与热力性质。

1. 汽化与凝结相变过程分析

水变为水蒸气的汽化过程，有蒸发和沸腾两种形式。蒸发是指液体表面的汽化过程，通常在任何温度下都可以发生；沸腾是指液体内部的汽化过程，它只能在达到沸点温度时才会发生。

从微观上看，汽化是液体分子脱离液面束缚，跃入气相空间的过程。由于分子跃离液面不仅需要克服界面表层液体分子的引力做功，而且还要扩大体积占据气相空间而做功，故汽化过程需要吸收热量。汽化速度取决于液体温度的高低，温度越高，液体分子越容易吸收热量变为蒸汽分子，液体表面上就会聚集越多的蒸汽分子，表面上的蒸汽压力就越高，与气相空间的蒸汽分压力差值越大，汽化速度就越快。与汽化过程相反的是凝结过程，即气相空间的蒸汽分子不断冲撞液面，而被液体分子重新捕获变为液体。凝结速度的快慢也与气、液相空间蒸汽分压力差值有关，气、液相空间蒸汽分压力差值越大，凝结速度就越快，所以凝结速度取决于蒸汽的压力。

在日常生活中遇到的蒸发现象，基本上都是在自由空间中进行的，液面以上的空间中不仅有蒸汽分子，还有大量其他气体。蒸汽分子的密度很小，因而分压力低，其汽化速度往往大于凝结速度，宏观上呈现汽化过程。提高液体温度、增加蒸发表面积和加大液面通风，都将提高蒸发速度。

2. 基本热力性质

对于在封闭容器中进行的蒸发过程，情况有所不同。随着蒸发的进行，气相空间蒸汽分子的浓度不断增大，蒸汽分压力不断升高，返回液体的分子也不断增多，当汽化分子数和凝结分子数处于动态平衡时，宏观上蒸发现象将停止，这种汽化和凝结的动态平衡状况称为饱和状态。饱和状态的压力称为饱和压力，温度称为饱和温度。处于饱和状态下的蒸汽和液体分别称为饱和蒸汽和饱和水。饱和蒸汽和饱和水的混合物称为湿饱和蒸汽，简称湿蒸汽；不含饱和水的饱和蒸汽称为干饱和蒸汽。从 $p-t$ 图可见，纯物质的饱和温度和饱和压力存在单值对应关系：

$$t_s = f(p_s) \qquad (6-1)$$

式中，t_s 既是饱和液体温度也是饱和蒸汽温度；p_s 为饱和蒸汽压力。当气相空间有多种气体时，p_s 是该液体的饱和蒸汽分压力，即气相空间该蒸汽的分压力达到该液体温度所对应的饱和压力时，该蒸汽及其液体达到饱和状态。

在一定压力 p 下，当液体加热到压力 p 所对应的饱和温度时，在液体内部和器壁上涌现大量气泡，这种在液体内部进行的汽化过程称为沸腾（如图6-3所示）。因为沸腾时在器壁和液体内部产生气泡，气泡在承受住液面压力和气泡上面液柱压力总和的同时，不断有液体汽化进入气泡，从而使气泡体积不断增大并上升进入气相空间。如果忽略液柱的压力，则当液体达到液面上总压力所对应的饱和温度时，就会发生沸腾过程，这个饱和温度也称为该压力下液体的沸点温度。应当指出，该压力是蒸汽的分压力和其他气体分压力的总和。

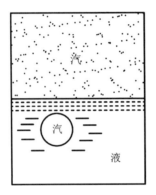

图6-3　水的沸腾现象

热力过程中，如果将高温水减压，使其压力降低到对应热水温度的饱和压力以下时，也会使水中产生大量气泡而达到沸腾状态。因此，对高温热水网路，必须采用定压装置，以防止系统内局部发生减压而沸腾汽化，影响安全生产。

6.2　水蒸气的定压发生过程

水蒸气的定压
发生过程

6.2.1　水蒸气的定压发生过程

工程上所用的水蒸气多是由锅炉、蒸汽发生器、蒸煮设备等在压力近似不变的情况下产生的，其产生过程可通过图6-4进行说明。在定压容器中盛有定量（假定1 kg）、温度为0.01℃的纯水（0.01℃是水的三相点温度，水的热力学能和熵都以此点状态作为计算起点），容器的活塞上加载一定的重量，使水处在不变的压力下，根据水在定压下变为蒸汽时状态参数变化的特点，水蒸气的发生过程可分为三个阶段，包含五种状态。

1. 定压预热阶段

水温未达到饱和温度 t_s 的水称为未饱和水（也称过冷水），如图6-4(a)所示。未饱水与饱和温度之差称为过冷度，$\Delta t = t_s - t$。对未饱和水加热，水温逐渐升高，水的比体积稍有增大，比熵 s 增大，比焓 h 增大。当水温达到压力 p 所对应的饱和温度 t_s 时，水将开始沸腾，这时的水称为饱和水，如图 6-4(b)所示，饱和水状态对应的参数为 v'、h'、s'。可见，未饱和水的状态参数和饱和水的状态参数存在如下关系：$t < t_s$，$v < v'$，$h < h'$，$s < s'$。水在定压下从未饱和状态加热到饱和状态，称为水的定压预热阶段。

2. 饱和水定压汽化阶段

对加热到 t_s 的饱和水继续加热，饱和水开始沸腾，此时温度不变，产生的蒸汽与饱和水混合形成饱和液体和饱和蒸汽的混合物，这种混合物称为湿饱和蒸汽，简称湿蒸汽，如图 6-4(c)所示。湿蒸汽的体积随着蒸汽的不断产生而逐渐加大，直至水全部变为蒸汽，这时的蒸汽称为干饱和蒸汽(即不含饱和水的饱和蒸汽)，如图 6-4(d)所示。干饱和蒸汽状态对应的参数为 v''、h''、s''；湿饱和蒸汽由于所含有的蒸汽和液态水的比例不同，具有不同的状态参数，又因为干饱和蒸汽的参数值高于饱和水，湿饱和蒸汽的状态参数随着加热过程干蒸汽逐渐增多，饱和水逐渐减少，其比焓、比熵呈现逐渐增大的趋势，但其值一定介于饱和水和饱和蒸汽的同名参数之间，即对于湿蒸汽，存在 $v' < v < v''$、$h' < h < h''$、$s' < s < s''$。

把饱和水定压加热为干饱和蒸汽的过程称为饱和水的定压汽化阶段。在这一阶段中，容器内的温度不变，所加入的热量分别作为将水变为蒸汽所需的能量和用于容积增大做的膨胀功，这一热量称为汽化潜热，其定义为：将 1 kg 饱和液体转变成同温度的干饱和蒸汽所需的热量。

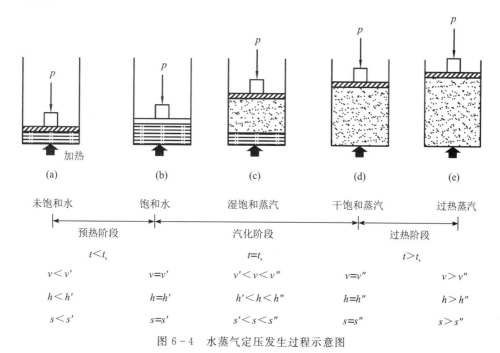

图 6-4 水蒸气定压发生过程示意图

3. 干饱和蒸汽定压过热阶段

对干饱和蒸汽再继续加热时，蒸汽温度自饱和温度不断升高，比体积和比焓、比熵增大，这一过程就是干饱和蒸汽的定压过热阶段，如图 6-4(e)所示。过热蒸汽的状态参数为

$v>v''$、$h>h''$、$s>s''$。由于这时蒸汽的温度已超过相应压力下的饱和温度,故称为过热蒸汽。其温度超过饱和温度之值称为过热度,$\Delta t = t - t_s$。

6.2.2 $p-v$ 图与 $T-s$ 图中的水蒸气定压过程线

上述水蒸气的定压发生过程表示在 $p-v$ 图和 $T-s$ 图上,如图 6-5 和图 6-6 所示。定压过程线在 $p-v$ 图上为一水平线,相应的状态点 a_0 是未饱和水,状态点 a' 是饱和水,状态点 a'' 表示干饱和蒸汽,状态点 a 表示过热蒸汽,a' 和 a'' 间的任一状态点为湿饱和蒸汽。而 $T-s$ 图中的定压线在预热段 a_0—a' 和过热段 a''—a 近似为一上凹的对数曲线。在液汽共存的两相区内,由于相变时的压力和温度都不变,其间的定压线 a'—a'' 也是定温线,因而是水平线。

同样,图 6-5 和图 6-6 中的曲线 b_0—b'—b''—b、d_0—d'—d''—d 是不同压力值下的定压线。由于水的压缩性极小,故从三相点 A 开始,虽然压力提高,但只要温度不变(仍为 0.01℃),水的比体积就基本保持不变,所以,在 $p-v$ 图上,0.01℃ 的各种压力下,水的状态点 a_0、b_0、d_0 等几乎均在一条垂直线上。

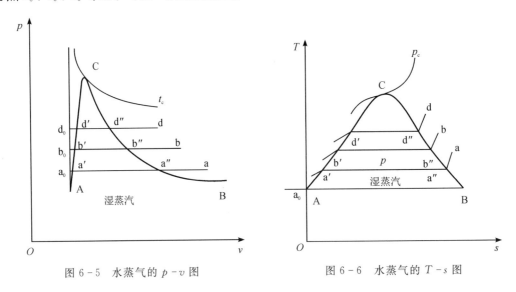

图 6-5 水蒸气的 $p-v$ 图　　　　　　图 6-6 水蒸气的 $T-s$ 图

压力提高时,在压力作用下水的比体积被压缩,同时压力升高,饱和温度也升高,水会受热膨胀。但是液相水受热膨胀的影响大于压缩的影响:压力增大时,水的比体积变化很小,而随着饱和温度的升高,水的比体积明显增大。所以在 $p-v$ 图上,压力较高时的 b' 在压力较低时的 a' 的右上方。因为饱和水的比体积随温度升高而有所增大,所以,$p-v$ 图上由饱和水状态点构成的曲线斜率为正。

由于在饱和蒸汽的函数关系 $p_s = f(t_s)$ 中,p_s 比 t_s 增长得快,蒸汽密度较小,其比体积受压缩的影响相对较大,而受热膨胀的影响相对较小,因而压力增高,干蒸汽的比体积呈减小趋势。所以,在 $p-v$ 图上,压力较高时的 b'' 在压力较低时的 a'' 的左上方,可见由干饱和蒸汽状态点构成的曲线斜率为负。

综上,随着压力与饱和温度的提高,水的预热过程比体积变化率增加,汽化过程的比体积变化率减小，直到某一压力时，汽化过程线缩为一点，该点称为临界点，如图 6 - 5 和 6 - 6 中的 C 点。临界点的状态参数称为临界参数。各种物质的临界参数是不同的，水蒸气的临界状态参数为：$p_c = 22.129$ MPa，$t_c = 374.15℃$，$v_c = 0.003\ 26$ m³/kg，$h_c = 2100$ kJ/kg，$s_c = 4.429$ kJ/(kg · K)。可见，临界状态是压力、温度最高的饱和状态。

连接 $p - v$ 图上各压力下的饱和水状态点 a′、b′、d′、… 和 C，得曲线 AC，称为饱和液体线（又称下界线）；连接各压力下的干饱和蒸汽状态点 a″、b″、d″、… 和 C，得曲线 BC，称为饱和蒸汽线（又称上界线）。两线会合于临界点 C。饱和液体线 AC 与临界定温线 t_c 左侧是未饱和液体区，饱和蒸汽线 BC 与临界定温线 t_c 右侧为过热蒸汽区，两饱和线间（AC 和 BC 之间）称湿饱和蒸汽区。

由于不同压力下液态水的比体积几乎相同，液态水的比热容亦不受压力的影响，所以 $T - s$ 图上不同压力下未饱和水的定压线几乎重合，与曲线 AC 很靠近。

在湿饱和蒸汽区，湿蒸汽的成分常用干度 x 表示，定义为：湿饱和蒸汽中，干饱和蒸汽占湿蒸汽的质量分数，即湿蒸汽中干饱和蒸汽的含量。

$$x = \frac{m_v}{m_v + m_w} \tag{6-2}$$

式中，m_v 为湿蒸汽中干饱和蒸汽的质量；m_w 为湿蒸汽中饱和水的质量；$m_v + m_w$ 为湿蒸汽的总质量。

$1 - x$ 称为湿度，它表示湿蒸汽中饱和水的含量。由此可知，饱和液体线 AC 为 $x = 0$ 的定干度线，饱和蒸汽线 BC 为 $x = 1$ 的定干度线。

水蒸气的定压发生过程在 $p - v$ 图和 $T - s$ 图上所呈现的特征归纳起来为：

一点：临界点 C；

两线：饱和液体线，饱和蒸汽线；

三区：未饱和液体区，湿饱和蒸汽区，过热蒸汽区；

五种状态：未饱和水状态，饱和水状态，湿饱和蒸汽状态，干饱和蒸汽状态和过热蒸汽状态。

上面是关于水的相变过程的特征和结论。其他工质，如氨、氟利昂，亦有类似的特征和结论。不过，其临界参数值、p_s 与 t_s 的关系以及 $p - v$ 图、$T - s$ 图上各曲线的斜率等有所不同。

6.3　水蒸气表和焓－熵($h - s$)图

在工程计算中，水和水蒸气的状态参数可通过计算求得，也可以根据水蒸气表和水蒸气的焓-熵图（$h - s$）查得，本节将分别介绍计算和查表方法与焓熵图的识图方法。为了能正确用表、图来查取数据，需了解水蒸气表和图中的所列参数及参数间的一般关系，并在需要时能根据查得的数据进行计算。

6.3.1　水蒸气参数的计算和查表方法

在蒸汽性质表中，通常列出状态参数 p、v、T、h 和 s，而比热力学能 u 则不列出，因为工程上水或水蒸气作为能量输运和转换的载体，流入或流出不同的热力设备，其热力过程计算中热力学能用得较少。如果需要知道热力学能的值，可以根据公式 $u=h-pv$ 计算得到。

1. 零点的规定

在工程计算中，对于没有化学反应的热力系统通常不需要计算 u、h、s 等参数的绝对值，仅需要计算它们的变化量 Δu、Δh、Δs，故在水蒸气表中可确定一个基准点，基准点的选择并不会影响参数变化量的数值。根据 1963 年第六届国际水蒸气会议的决定，以纯水在三相(冰、水和汽)平衡共存状态下的饱和水作为基准点。规定在三相态时饱和水的热力学能和熵为零。其参数为

$$t_0=0.01 \ ℃$$
$$p_0=0.6112 \ kPa$$
$$v_0'=0.001 \ 000 \ 22 \ m^3/kg$$
$$u_0'=0 \ kJ/kg$$
$$s_0'=0 \ kJ/(kg \cdot K)$$
$$h_0'=u_0'+p_0v_0'=0.000 \ 61 \ kJ/kg \approx 0 \ kJ/kg$$

需要指出的是，各国编制的其他工质蒸汽表的基准点有所不同，数据差异较大，应注意各自的基准点。基准点不同并不影响工质在同一蒸汽表格中的状态间的参数变化量，但是不同基准点的表格数据是不能混用的。

2. 温度为 0.01℃、压力为 p 的未饱和水

如图 6-5 和图 6-6 所示的状态点 a_0，由于水的压缩性小，可以认为水的比体积与压力无关。因此，温度为 0.01℃时，不同压力下水的比体积可以近似地认为相等，即 $v_0 \approx 0.001 \ m^3/kg$。因温度相同、比体积相同，所以比热力学能也相同，即 $u_0=u_0'=0$，从而比熵也相同，即 $s_0=s_0'=0$。当压力不太高时，焓也可近似认为相同，即 $h_0=u_0+p_0v_0$。因此，a_0 点的熵将等于 A 点的熵，在图 6-7 所示 $T-s$ 图上，a_0 点与 A 点将重合。所以，可以认为在不同压力下，0.01℃的未饱和水的状态点如 a_0、b_0、$d_0 \cdots$ 在 $T-s$ 图上都近似地与 A 点重合，而不同压力下的定压预热过程线 a_0-a'、b_0-b'、$d_0-d' \cdots$ 都近似地落在下界线 AC 上。

未饱和水的相关参数也可以通过查表求得。由于液体和过热蒸汽都是单相物质，此时温度和压力不再相互关联，且由于压力和温度是较易测定的参数，故将它们作为独立变量，v、h 和 s 等参数作为它们的函数，并将未饱和水的数据与过热蒸汽的数据列入同一张表，如表 6-1 所示。该表中粗黑线的上方代表未饱和水的参数值，粗黑线的下方是过热蒸汽的参数值，粗黑线则表示未饱和水与过热蒸汽的过渡状态，即饱和水加热至干饱和蒸汽的阶段。

水蒸气表是离散的数值表。若查取表中未列出的状态点参数，需要根据相邻同相状态点的参数值做线性内插计算。需注意的是，在相变区域(粗黑线两侧)，因为相隔不同的状态，所以不能用粗黑线两侧的参数值做内插计算。

由于液体压缩性很小，在低压下可以近似认为未饱和液体的参数不随压力而变，只是

温度的函数。工程计算中当一时缺乏资料时，可用饱和水的数据近似代替同温度下未饱和水的数据。

表 6-1　未饱和水与过热蒸汽热力性质表(节录示例)

p	0.01 MPa (t_s=45.799℃)			0.1 MPa (t_s=99.634℃)		
饱和参数	v'	h'	s'	v'	h'	s'
	0.001 010 3 m³/kg	191.76 kJ/kg	0.649 0 kJ/(kg·K)	0.001 043 1 m³/kg	417.52 kJ/kg	1.302 8 kJ/(kg·K)
	v''	h''	s''	v''	h''	s''
	14.673 m³/kg	2 583.7 kJ/kg	8.148 1 kJ/(kg·K)	1.694 3 m³/kg	2 675.1 kJ/kg	7.358 9 kJ/(kg·K)
t/℃	v/(m³/kg)	h/(kJ/kg)	s/(kJ/(kg·K))	v/(m³/kg)	h/(kJ/kg)	s/(kJ/(kg·K))
0	0.001 000 2	−0.04	−0.000 2	0.001 000 2	0.05	−0.0002
10	0.001 000 3	42.01	0.1510	0.001 000 3	42.10	0.1510
20	0.001 001 8	83.87	0.2963	0.001 001 8	83.96	0.2963
40	0.001 007 9	167.51	0.5723	0.001 007 8	167.59	0.5723
60	15.336	2610.8	8.2313	0.001 017 1	251.22	0.8312
80	16.268	2648.9	8.3422	0.001 029 0	334.97	1.0753
100	17.196	2686.9	8.4471	1.6961	2675.9	7.3609

注：粗线之上为未饱和水，粗线之下为过热蒸汽。

3. 温度为 t_s、压力为 p 的饱和水

前文已经学习了水蒸气发生过程对应的五种不同状态，其中饱和水和干饱和蒸汽在给定压力或温度下其状态是完全确定的。当参数基准点确定后，饱和水和干饱和蒸汽的参数即唯一确定，可以方便地利用列表形式表示。同时，当温度不是很高、压力不是很大时，也可以采取计算方法。

0.01℃的水在定压 p 下加热至 t_s 成为饱和水，所加入的热量称为液体热，用 q_1 表示。例如，图 6-7 所示的 T-s 图上，q_1 的数值大小相当于预热阶段 a_0 — a' 下面的面积。

$$q_1 = h' - h_0 = h'$$

(1) 当温度 T 不是很高、压力不是很大时，可按水的平均比热容 c_{pm} = 4.1868 kJ/(kg·K)计算，当缺失水蒸气参数表时，可采用近似计算的方法。

$$q_1 = h' = c_{pm}(t_s - 0.01) \approx 4.1868 t_s \text{ kJ/kg}$$

随着压力的升高，t_s 也升高，因而 q_1 也增大。

计算饱和水的熵 s'：

$$s' = \int_{273.16}^{T_s} c_p \frac{\mathrm{d}T}{T} = c_{pm} \ln \frac{T_s}{273.16} = 4.1868 \ln \frac{T_s}{273.16} \text{ kJ/(kg·K)}$$

(2) 当压力与温度较高时，由于水的 c_p 变化较大，而且 h_0 也不能再认为等于零，因而不能用上式计算 q_1 和 s'，而只能查表。通常，查表是更常用也更准确的方法。

因为在饱和液体线、饱和蒸汽线上以及湿饱和蒸汽区内，压力和温度是一一对应的，两者只有一个是独立变量，因而可以用 t_s 为独立变量列表，如表 6-2 所示；也可以以 p_s 为独立变量列表，如表 6-3 所示。表中同时列出了饱和水和干饱和蒸汽两种状态的参数值。两个表中的独立变量都按整数值列出，使用起来很方便。只有在三相点以上、临界点以下才存在液—气平衡的饱和状态，故饱和水和饱和蒸汽表的参数范围为三相点至临界点。这里的表 6-1、表 6-2、表 6-3 节录自庞麓鸣等编写的《水及水蒸气热力性质图和简表》，详见本书附表 1、附表 2 和附表 3。

表 6-2 饱和水与饱和蒸汽热力性质表(按温度排列)(节录示例)

温度 t_s /℃	饱和压力 p_s/MPa	比体积(比容)		比 焓		汽化潜热 r/(kJ/kg)	比 熵	
		饱和水	饱和蒸汽	饱和水	饱和蒸汽		饱和水	饱和蒸汽
		v' /(m³/kg)	v'' /(m³/kg)	h' /(kJ/kg)	h'' /(kJ/kg)		s' /(kJ/(kg·K))	s'' /(kJ/(kg·K))
0.00	0.000 611 2	0.001 000 22	206.154	−0.05	2500.51	2500.6	−0.0002	9.1544
0.01	0.000 611 7	0.001 000 21	206.012	0.00	2500.53	2500.5	0.0000	9.1541
1	0.000 657 1	0.001 000 18	192.464	4.18	2502.35	2498.2	0.0153	9.1278
2	0.000 705 9	0.001 000 13	179.787	8.39	2504.19	2495.8	0.0306	9.1014
3	0.000 758 0	0.001 000 09	168.041	12.61	2506.03	2493.4	0.0459	9.0752
4	0.000 813 5	0.001 000 08	157.151	16.82	2507.87	2491.1	0.0611	9.0493
5	0.000 872 5	0.001 000 08	147.048	21.02	2509.71	2488.7	0.0763	9.0236

表 6-3 饱和水与饱和蒸汽热力性质表(按压力排列)(节录示例)

压力 p_s/MPa	饱和温度 t_s/℃	比体积(比容)		比 焓		汽化潜热 r/(kJ/kg)	比 熵	
		饱和水	饱和蒸汽	饱和水	饱和蒸汽		饱和水	饱和蒸汽
		v' /(m³/kg)	v'' /(m³/kg)	h' /(kJ/kg)	h'' /(kJ/kg)		s' /(kJ/(kg·K))	s'' /(kJ/(kg·K))
0.0010	6.9491	0.0010001	129.185	29.21	2513.29	2484.1	0.1056	8.9735
0.0020	17.5403	0.0010014	67.008	73.58	2532.71	2459.1	0.2611	8.7220
0.0030	24.1142	0.0010028	45.666	101.07	2544.68	2443.6	0.2546	8.5758
0.0040	28.9533	0.0010041	34.796	121.30	2553.45	2432.2	0.4221	8.4725
0.0050	32.8793	0.0010053	28.191	137.72	2560.55	2422.8	0.4761	8.3930

4. 压力为 p 的干饱和蒸汽

　　与饱和水一样，干饱和蒸汽的参数可以方便地通过附表 2 和附表 3 查得。同时，干饱和蒸汽的参数也可以通过计算求得。

　　将饱和水继续加热，使之全部汽化成为压力为 p、温度为 t_s 的干饱和蒸汽。汽化过程中加入的热量称为汽化潜热，用 r 表示，在 T - s 图上相当于汽化段 a′—a″ 下面的面积（如图 6 - 7 所示）。

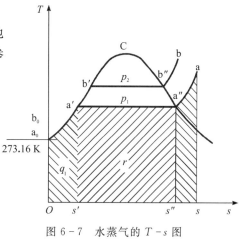

图 6 - 7　水蒸气的 T - s 图

$$r = T_s(s'' - s') = h'' - h'$$
$$h'' = h' + r$$
$$u'' = h'' - pv''$$
$$s'' = s' + \frac{r}{T_s}$$

5. 压力为 p 的湿饱和蒸汽

　　对于湿饱和蒸汽，虽然压力 p 与饱和温度 t_s 一一对应，但它们不是互相独立的参数，仅知道 p 和 t_s 还不能确定湿蒸汽的状态，伴随饱和水蒸发为饱和蒸汽的进程，湿饱和蒸汽中饱和水与饱和蒸汽的含量是实时变化的，必须再有一个表示湿蒸汽成分的参数才能确定，这个参数就是前面已经提及的干度 x。对于 0～1 之间不同的 x 值，一定饱和压力和饱和温度下的湿饱和蒸汽具有不同的参数值，庞大的数据不方便以列表形式表示，一般通过计算求得。

　　1 kg 湿饱和蒸汽由 x kg 干饱和蒸汽和 $(1-x)$ kg 饱和水组成，因此，湿饱和蒸汽的参数值可以利用干饱和蒸汽和饱和水的参数按照各自所占质量比例计算得出。湿蒸汽的参数为

$$v_x = xv'' + (1-x)v' = v' + x(v'' - v')$$
$$v_x \approx xv''（当 p 不太大、x 不太小时）$$
$$h_x = xh'' + (1-x)h' = h' + x(h'' - h') = h' + xr$$
$$s_x = xs'' + (1-x)s' = s' + x(s'' - s') = s' + x\frac{r}{T_s}$$
$$u_x = h_x - pv_x$$

6. 压力为 p 的过热蒸汽

　　a″—a 为定压过热阶段，过程中加入的热量称为过热热量。在 T - s 图上相当于 a″—a 下的面积 a″ass″a″（如图 6 - 7 所示）。要确定过热蒸汽的状态，除压力外，还应知道其过热度或过热蒸汽的温度。

　　过热蒸汽的焓为

$$h = h'' + c_{pm}(t - t_s)$$

其中，t 为过热蒸汽的温度，c_{pm} 为过热蒸汽由 t 到 t_s 的平均定压比热容，$c_{pm}(t - t_s)$ 是过热热量。

　　过热蒸汽的热力学能为

$$u = h - p_v$$

　　过热蒸汽的熵为

$$s = s' + \frac{r}{T_s} + \int_{T_s}^{T} c_p \frac{\mathrm{d}T}{T} = s' + \frac{r}{T_s} + c_{pm} \ln \frac{T}{T_s}$$

由于过热蒸汽的定压比热容 c_p 是温度 t 和压力 p 的复杂函数,计算起来比较麻烦,所以上述焓和熵的计算式在工程中一般并不应用,通常直接查水蒸气热力性质表和图。过热蒸汽的查表方法见前文表 6 - 1。

6.3.2 水蒸气的焓熵图

由于水蒸气表所给出的数据是不连续的,在求表中未列出的状态点参数时,需用内插法。尤其是在分析可能发生跨越相态变化的热力过程,使用水蒸气表很不方便。如果根据水蒸气各参数间的关系及试验数据制成图线,则使用起来更加明了、简便,而且可以形象地表示水或水蒸气的热力过程。水蒸气线图有很多种,如前面已讨论过的 $p - v$ 图和 $T - s$ 图,这里重点介绍水蒸气的焓熵($h - s$)图,如图 6 - 8 所示。

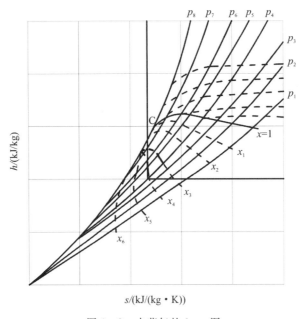

图 6 - 8 水蒸气的 $h - s$ 图

根据水蒸气表中的数据,可以确定某一状态在 $h - s$ 图上的位置,然后分别给定温度、压力和比体积,绘出定温、定压和定容线簇。将相应于各压力下的饱和水状态点连成曲线即是下界线;由于饱和水的焓、熵随饱和温度(或压力)的升高而增大,故在 $h - s$ 图中下界线是一条单调上升的曲线。将相应于各压力下的饱和蒸汽状态点连成曲线便是上界线,两界线会合于临界点 C。从图中可见临界点低于干饱和蒸汽线的最高点,它的焓不是饱和蒸汽焓的极大值(3 MPa 饱和蒸汽的焓值最大),这是 $h - s$ 图与 $p - v$、$T - s$ 图的一个显著差别。

在 $h - s$ 图中,绘制了如下等状态参数线群。

1. 定压线

定压线在图中是一组发散状的线群。由热力学关系式 $T\mathrm{d}s = \mathrm{d}h - v\mathrm{d}p$ 可得到 $h - s$ 图上定压线的斜率为 $\left(\frac{\partial h}{\partial s}\right)_p = T$。在湿饱和蒸汽区域的汽化过程中,温度保持不变,则压力也保持不变，定压线是斜率为常数的直线。在过热蒸汽区，定压线斜率随着温度升高而增大，定压线是向右上方翘起的曲线。

2. 定温线

湿蒸汽区，温度与压力一一对应，定温线与定压线重合。在过热蒸汽区，定温线较定压线平坦。当温度越高，压力越低时，水蒸气越接近于理想气体，而理想气体的焓是温度的单值函数。因此，远离饱和状态的过热区中定温线接近于定焓线，趋于水平。

3. 定容线

定容线的斜率大于定压线的斜率，因此，定容线比定压线陡。在 $T - s$ 图上，定容线通常用红线表示。

4. 定干度线

定干度线是一组 x 为常数的线。干度只在湿饱和蒸汽区有意义。将湿饱和蒸汽区各定压线上相应的等分点相连，就可得出 x 为常数的定干度线。所有的定干度线汇合于临界点。定干度线包括 $x=0$ 的饱和液体线和 $x=1$ 的饱和蒸汽线。

由于干度小于 0.5，部分线图过分密集，工程上又不经常用这部分线簇，为清晰可见，一般用的 $h - s$ 图均只绘出 $x>0.6$ 的部分（见附图 1）。至于水的参数只能用表查取。

应用水蒸气的 $h - s$ 图，可以根据已知参数确定状态点在图上的位置，并查得其余参数；也可以在图上表示水蒸气的热力过程，并对过程的热量、功量、热力学能变化等进行计算。

【例 6 - 1】　试确定：

（1）$p=0.8$ MPa，$v=0.19$ m^3/kg；

（2）$p=0.7$ MPa，$t=210$℃；

（3）$p=1$ MPa，$t=179.88$℃，

三种情况下是什么样的蒸汽。

【解】　（1）查附表 2，$p=0.8$ MPa 时，$v'=0.001\ 114\ 8$ m^3/kg，$v''=0.240\ 37$ m^3/kg，$v'<v<v''$，故此压力下 $v=0.19$ m^3/kg 的蒸汽为湿饱和蒸汽。

（2）由附表 2 可知，$p=0.7$ MPa 时，$t_s=164.98$℃，$t>t_s$，故第二种情况下的蒸汽为过热蒸汽。

（3）由附表 2 可知，$p=1$ MPa 时，$t_s=179.88$℃，$t=t_s$，故第三种情况下的蒸汽是饱和状态。但因 p 和 t_s 不是两个独立的状态参数，故无法说明是干饱和蒸汽、湿饱和蒸汽还是饱和水。

【例 6 - 2】　在容积为 85 L 的容器中，盛有 0.1 kg 的水及 0.7 kg 的干饱和蒸汽，求容器中的压力。

【解】

$$v_x = \frac{V}{m_v + m_w} = \frac{0.085}{0.7 + 0.1} = 0.106\ 25 \text{ m}^3/\text{kg}$$

$$x = \frac{m_v}{m_v + m_w} = \frac{0.7}{0.7 + 0.1} = 0.875$$

按近似公式计算，有

$$v'' = \frac{v_x}{x} = \frac{0.106\ 25}{0.875} = 0.121\ 43\ \text{m}^3/\text{kg}$$

从附表 2 查得

$$v'' = 0.123\ 68\ \text{m}^3/\text{kg 时}, \ p = 1.6\ \text{MPa}$$

$$v'' = 0.116\ 61\ \text{m}^3/\text{kg 时}, \ p = 1.7\ \text{MPa}$$

用内插法求出干饱和蒸汽在 $v'' = 0.121\ 43\ \text{m}^3/\text{kg}$ 时的压力为

$$p = 1.6 + \frac{0.123\ 68 - 0.121\ 43}{0.123\ 68 - 0.116\ 61} \times 0.1 = 1.632\ \text{MPa}$$

6.4　水蒸气的基本热力过程

水蒸气的基本热力过程也是定容、定压、定温和可逆绝热四种。

对水蒸气热力过程的分析计算，其目的与理想气体相同，即确定过程中工质状态的变化规律及能量转换情况。

但是理想气体的状态参数可以通过简单计算得到，水蒸气的状态参数更多应用查图、查表或软件计算方法得到。凡是涉及应用理想气体状态方程 $pv = RT$ 的公式，不能应用于分析水蒸气的热力过程。原因是蒸汽没有适当而简单的状态方程式，不能用分析方法求得各个参数；同时蒸汽的 c_p、c_v 以及 h 和 u 都不是温度 T 的单值函数，而是 p 或 v 和 T 的复杂函数，所以不能采用分析法求解状态参数。因此，应用蒸汽性质图表，再结合热力学的基本关系式、热力学第一定律来计算蒸汽的热力过程，才是准确、实用的工程计算方法。

分析蒸汽热力过程的一般步骤为：

（1）根据初态的已知参数，用蒸汽图、表求得其他状态参数；

（2）根据水蒸气热力过程的性质，如热力变化过程中压力不变、容积不变、温度不变或绝热（可逆绝热即为熵不变）等，加上另一个终态参数，即可在图上确定过程进行的方向和终态，并读得其他终态参数。

查得的初、终态参数可在图（$h\text{-}s$ 图、$T\text{-}s$ 图、$p\text{-}v$ 图）上标出。采用何种图视解题要求而定。

（3）根据已求得的初、终态参数，应用热力学第一定律、热力学第二定律等基本方程计算 q、w。

下面在 $h\text{-}s$ 图上逐一分析水蒸气的四个基本过程。

6.4.1　定压过程

定压过程是十分常见的热力过程，许多设备在正常运行状态下，工质经历的都是稳定流动定压过程。例如，水在锅炉中汽化加热；水蒸气在热交换器中被加热；水蒸气在冷凝器中凝结成水等。若忽略摩擦阻力等不可逆影响，上述过程即可逆定压过程。在开口系统的可逆定压稳态稳流过程中，工质与外界只有热量交换，没有技术功交换。该过程可在 $h\text{-}s$ 图上表示出来，如图 6-9 所示。

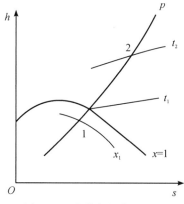

图 6-9　水蒸气的定压过程

结合热力学第一定律 $q = \Delta h + w_t$，可得

$$q = \Delta h = h_2 - h_1$$

即在可逆定压稳态稳流过程中，工质与外界交换的热量等于终态与初态的焓差。

根据焓的定义和热力学第一定律，也可推导得出热力学能和功量，即

$$\Delta u = h_2 - h_1 - p(v_2 - v_1)$$

$$w = q - \Delta u \text{ 或 } w = p(v_2 - v_1)$$

$$w_t = -\int v \, \mathrm{d}p = 0$$

【例 6-3】　将 1 kg 水从 3 MPa、40℃ 定压加热到 400℃，试求所需要的总热量、液体热、汽化潜热和过热热量。

【解】　由 3 MPa 查饱和蒸汽表，得到对应饱和温度为 $t_s = 233.89$℃，所以水蒸气初状态 1（3 MPa，40℃）处于未饱和水状态，终状态 2（3 MPa，400℃）为过热蒸汽。该加热过程的 T-s 图如图 6-10 所示。

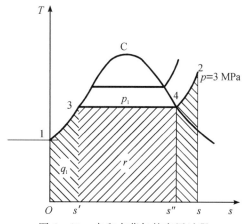

图 6-10　水和水蒸气的定压过程

再查未饱和水与过热蒸汽表（附表 1）得，初态和终态的焓值为

$$h_1 = 170.15 \text{ kJ/kg}, \quad h_2 = 3230.1 \text{ kJ/kg}$$

3 MPa 时，饱和水与干饱和蒸汽的焓值为

$$h' = 1008.2 \text{ kJ/kg}, \quad h'' = 2803.2 \text{ kJ/kg}$$

所以加热所需的总热量为

$$q = h_2 - h_1 = 3230.1 - 170.15 = 3059.95 \text{ kJ/kg}$$

其中，液体热为未饱和水加热至饱和水的部分热量（状态 1—3），即

$$q_1 = h' - h_1 = 1008.2 - 170.15 = 838.05 \text{ kJ/kg}$$

汽化潜热为饱和水加热至干饱和蒸汽的热量（状态 3—4），即

$$r = h'' - h' = 2803.2 - 1008.2 = 1795 \text{ kJ/kg}$$

过热热量为干饱和蒸汽加热至过热蒸汽的热量（状态 4—2），即

$$q_g = h_2 - h'' = 3230.1 - 2803.2 = 426.9 \text{ kJ/kg}$$

在制冷工程中，液态制冷剂在蒸发器中被加热汽化为过热蒸汽，在冷凝器中，过热的制冷剂蒸汽被冷却、冷凝为不饱和液态制冷剂，制冷剂或制冷剂蒸汽的吸热、放热也是定压过程，其热量变化同样对应热力过程的焓差。

【例 6-4】 过热蒸汽在 0.6 MPa 压力下，从 200℃定压加热到 300℃，如图 6-11 所示。试求此过程中每千克蒸汽热量、功量及热力学能的变化量。

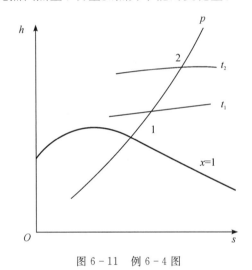

图 6-11 例 6-4 图

【解】 根据 p_1、t_1 及 t_2 在 $h-s$ 图上确定初、终两状态点。在过热蒸汽表中查得：

$$h_1 = 2850 \text{ kJ/kg}, \quad v_1 = 0.35 \text{ m}^3/\text{kg}$$

$$h_2 = 3060 \text{ kJ/kg}, \quad v_2 = 0.44 \text{ m}^3/\text{kg}$$

从而得到定压过程中的热量、功量和热力学能的变化量为

$$q = h_2 - h_1 = 3060 - 2850 = 210 \text{ kJ/kg}$$

$$w = p(v_2 - v_1) = 0.6 \times 10^6 \times (0.44 - 0.35) = 54 \text{ kJ/kg}$$

$$\Delta u = q - w = 210 - 54 = 156 \text{ kJ/kg}$$

6.4.2 定容过程

如图 6-12 所示，初状态 1 到终状态 2 的变化过程中，水或水蒸气的比容保持不变，该过程中，工质与外界没有膨胀功的交换，即

$$w = \int p\,\mathrm{d}v = 0$$

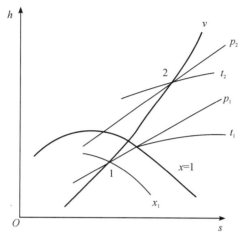

图 6-12 水蒸气的定容过程

根据热力学第一定律,可得热量、热力学能和技术功的变化量为

$$q = \Delta u$$
$$\Delta u = h_2 - h_1 - v(p_2 - p_1)$$
$$w_t = -\int v\,\mathrm{d}p = v(p_1 - p_2)$$

6.4.3 定温过程

前文已经介绍过,定温线在 $T\text{-}s$ 图上为一条水平线,而在 $h\text{-}s$ 图上,湿蒸汽区温度与压力并不相互独立。因此,在湿蒸汽区,定温线与定压线重合为一条斜向右上方的曲线;在过热蒸汽区,定温线与定压线分离,呈现向右趋于平坦的曲线,远离上界线处几乎呈水平状态,如图 6-13 所示。

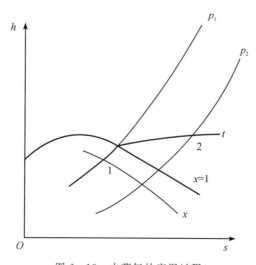

图 6-13 水蒸气的定温过程

其热量、功量和热力学能变化为

$$q = T(s_2 - s_1)$$

$$w = q - \Delta u$$

$$w_t = q - \Delta h$$

$$\Delta u = h_2 - h_1 - (p_2 v_2 - p_1 v_1)$$

从图 6-13 中也可以看出定温过程中蒸汽压力的变化。湿蒸汽定温膨胀时，起初是沿着定压线（即定温线）变为干饱和蒸汽，并且保持压力不变；变为干饱和蒸汽后，若再膨胀则压力下降，变为过热蒸汽。

6.4.4 绝热过程

水蒸气在汽轮机中的膨胀过程、制冷剂工质在膨胀机中的膨胀降温过程、水在水泵中的压缩过程、制冷剂蒸汽在压缩机中的压缩过程等各种过程中，由于工质流速太大，来不及散热，而且工质的散热量与工质本身的能量变化很小，可以忽略不计，因此，这些设备中工质经历的过程可看作绝热过程。若忽略摩擦，则视为可逆，则为定熵过程。

对可逆绝热过程，其熵不变，如图 6-14 所示。若过程不可逆，则确定过程变化方向和终态参数时，需知道不可逆过程的熵增 $s_2 - s_1$，如图 6-15 所示。

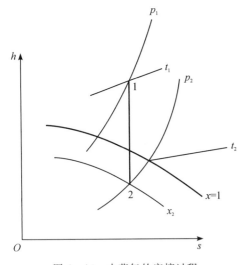

图 6-14 水蒸气的定熵过程

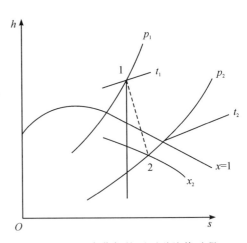

图 6-15 水蒸气的不可逆绝热过程

绝热过程中，系统与外界没有热量交换。则

$$q = 0$$

$$w = -\Delta u$$

根据热力学第一定律可得，工质与外界交换的技术功等于初、终状态的焓差，即

$$w_t = -\Delta h$$

热力学能变化为

$$\Delta u = h_2 - h_1 - (p_2 v_2 - p_1 v_1)$$

从图 6-14 和图 6-15 可以看出，若蒸汽初态为过热蒸汽，经绝热膨胀，过热度减小，逐渐变为干饱和蒸汽；若继续膨胀，则变为湿蒸汽，同时干度会随之减小。

【例 6-5】 某汽轮机的入口蒸汽参数为 $p_1 = 16.0$ MPa，$t_1 = 540℃$，汽轮机出口蒸汽压力为 $p_2 = 0.006$ MPa。若汽轮机内蒸汽做可逆绝热膨胀，每千克蒸汽的做功量为多少？若汽轮机内蒸汽做不可逆绝热膨胀，汽轮机出口蒸汽压力不变，蒸汽比熵增加 1.0 kJ/(kg·K)，此时每千克蒸汽的做功量为多少？

【解】 (1) 若汽轮机内蒸汽进行可逆绝热膨胀，则做功前后的比熵相同。

查附表 1 得，$p_1 = 16.0$ MPa，$t_1 = 540℃$ 时，
$$h_1 = 3410.0 \text{ kJ/kg}, \quad s_1 = 6.4459 \text{ kJ/(kg·K)}$$

查附表 2 得，$p_2 = 0.006$ MPa 时，
$$s' = 0.5208 \text{ kJ/(kg·K)}, \quad h' = 151.47 \text{ kJ/kg}$$
$$s'' = 8.3283 \text{ kJ/(kg·K)}, \quad h'' = 2566.48 \text{ kJ/kg}$$

由于 $s_2 = s_1 = 6.4459$ kJ/(kg·K)，则
$$x_2 = \frac{s_2 - s'}{s'' - s'} = \frac{6.4459 - 0.5208}{8.3283 - 0.5208} = 0.759$$

$$h_2 = h' + x(h'' - h') = 151.47 + 0.759 \times (2566.48 - 151.47) = 1984.5 \text{ kJ/kg}$$

每千克蒸汽在汽轮机内进行可逆绝热膨胀的做功量为
$$w_t = h_1 - h_2 = 3410.0 - 1984.5 = 1425.5 \text{ kJ/kg}$$

(2) 若汽轮机内蒸汽进行不可逆绝热膨胀，则
$$s_2 = s_1 + \Delta s = 6.4459 + 1.0 = 7.4459 \text{ kJ/(kg·K)}$$

于是
$$x_2 = \frac{s_2 - s'}{s'' - s'} = \frac{7.4459 - 0.5208}{8.3283 - 0.5208} = 0.887$$

$$h_2 = h' + x(h'' - h') = 151.47 + 0.887 \times (2566.48 - 151.47) = 2293.6 \text{ kJ/kg}$$

每千克蒸汽在汽轮机内进行不可逆绝热膨胀的做功量为
$$w_t = h_1 - h_2 = 3410.0 - 2293.6 = 1116.4 \text{ kJ/kg}$$

思考题与习题

1. 水的临界点与三相点有什么区别？

2. 是否有 500 ℃ 的液态水？有没有 0 ℃ 或温度为负摄氏温度的水蒸气？

3. 若压力为 25 MPa，加热过程中是否存在液态水、水蒸气平衡共存的状态？为什么？

4. 在 h-s 图上，已知湿饱和蒸汽压力，如何确定该蒸汽的温度？

5. 在 h-s 图上，你能指出水和蒸汽所处部位吗？

(1) 焓为 h_1 的未饱和水；

(2) 焓为 h_2 的饱和水；

(3) 参数为 p_1、t_1 的湿饱和蒸汽；

(4) 压力为 p_1 的干饱和蒸汽；

(5) 水、汽性质相同的状态。

6. 湿蒸汽的焓的计算公式为 $h = xh'' + (1-x)h'$，仿此规律，对干度为 x 的湿蒸汽的

密度 ρ_x，写为 $\rho_x = x\rho'' + (1-x)\rho'$ 是否成立？

7. 在密闭刚性容器内，盛有 120℃、干度为 0.6 的湿饱和蒸汽，当它缓慢冷却至室温 25℃ 时，容器内的汽水发生了什么变化？

8. 试在 $p-v$、$p-t$、$T-s$ 图上表示下列过程：

(1) 过热蒸汽在定压下冷却到刚开始出现液滴；

(2) $x=0.6$ 的湿饱和蒸汽在定容下加热到 $x=1$；

(3) $x=0.6$ 的湿饱和蒸汽在 200℃ 下定温加热到体积增加 4.5 倍。

9. 当水的温度 $t=80$℃，压力分别为 0.01 MPa、0.05 MPa、0.1 MPa、0.5 MPa 及 1 MPa 时，各处于什么状态，并求出该状态下的焓值。

10. 利用水蒸气表判断下列各点状态，并确定 h、s 的值。

(1) $p=20$ MPa，$t_2=250$℃；

(2) $p=9$ MPa，$v=0.017\text{m}^3/\text{kg}$；

(3) $p=0.004$ MPa，$s=7.0909$ kJ/(kg·K)；

(4) $p=3$ MPa，$x=0.9$。

11. 压力 p 为 100 kPa、干度 x 为 0.85 的湿饱和蒸汽，在密闭刚性容器中被加热至压力为 150 kPa。求每千克工质的吸热量。如果加热热源的温度为 1000℃，求加热每千克工质孤立系统的熵增。

12. 2 kg 水储存于某活塞—气缸装置中，压力 3 MPa、温度为 200℃。对工质缓慢定压加热至温度为 350℃，求：

(1) 举起负载活塞所做的功；

(2) 外界加热的热量。

13. 某空调系统采用 $p=0.3$ MPa，$x=0.94$ 的湿蒸汽来加热空气。暖风机空气的流量为 4000 m³/h，空气通过暖风机从 20℃ 被加热至 70℃。设蒸汽流过暖风机后全部变为压力 $p=0.3$ MPa 的凝结水，求每小时需要多少千克蒸汽（视空气的比热容为定值）。

14. 某锅炉过热器将 1 kg、$p_1=18.0$ MPa、$t_1=400$℃ 的蒸汽定压加热到 $t_2=540$℃，求此定压加热过程加入的热量和比焓、比热力学能的变化量。若将此蒸汽再送入汽轮机中可逆绝热膨胀至 $p_3=0.005$ MPa，求此膨胀过程所做的功量。

15. 汽轮机的乏汽在真空度为 0.094 MPa、$x=0.90$ 的状态下进入冷凝器，被定压凝结为饱和水。试计算乏汽凝结为水时体积缩小的倍数，并求 1 kg 乏汽在冷凝器中放出的热量。已知大气压力为 0.1 MPa。

第7章 混合气体及湿空气

章前导学

空气是实际应用中常用的工质，同时也是制冷空调等专业领域研究的重要对象。前文我们已经了解到低温低压或常压的空气可以视作理想气体。对于高温高压空气，如果其状态参数不再满足理想气体状态方程，则需要用实际气体的研究方法确定其状态参数。

含有部分水蒸气的空气称为湿空气。湿空气是多种气体的混合气体，所以，我们首先将从混合气体的特点入手，了解湿空气的主要性质；然后，学习如何通过混合气体各组分的基本参数数据，计算得出理想混合气体的状态参数、相对分子质量和气体常数。为了明确湿空气热力过程的影响因素，或者更方便求解湿空气的热力问题，我们还引入了湿度、相对湿度、含湿量、饱和度等参数。此外，我们还需要学习并熟练使用一个重要工具——湿空气的焓湿图，它能够帮助我们分析、计算湿空气的基本热力过程。

自然界存在的气体通常是由不同种类气体组成的混合物。例如，空气是由氧气、氮气、水蒸气等组成的混合气体；燃料燃烧生成的烟气，是由二氧化碳、水蒸气、一氧化碳、氧气、氮气等组成的混合气体。这些混合气体中各组成气体之间不发生化学反应，是一种均匀混合物。混合物的性质取决于混合气体中各种不同气体的成分及热力性质，并且由理想气体组成的混合物，仍具有理想气体的特性，服从理想气体的各种定律。

湿空气是由水蒸气和干空气组成的一种特殊混合气体。一方面，由于湿空气中水蒸气含量很少，其分压力很低，可视为理想气体；另一方面，湿空气中水蒸气的含量及相态都可能发生变化，对大气环境与人居环境有很大的影响，因此，有必要对湿空气的相关热力性质进行学习与研究。

7.1 混合气体的性质

7.1.1 混合气体分压力和道尔顿分压力定律

分压力是假定混合气体中组成的气体单独占有与混合气体相同的体积，并且具有与混合气体相同的温度时所呈现的压力，如图 7-1(b)、(c)所示。

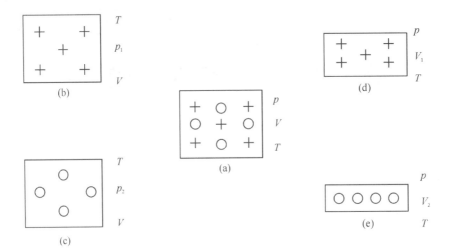

图 7 - 1 混合气体的分压力和分容积示意图

由于理想气体的各种组成气体的都是理想气体，故第 i 种气体的状态方程为

$$p_i V = n_i R_0 T$$

对于各种不同的组成气体，将上式左右两侧相加，可得到

$$\left(\sum_{i=1}^{n} p_i \right) V = \left(\sum_{i=1}^{n} n_i \right) R_0 T = n R_0 T$$

混合气体状态方程为

$$p V = n R_0 T$$

推得道尔顿分压力定律为：混合气体的总压力 p 等于各组成气体分压力 p_i 之和，即

$$p = p_1 + p_2 + p_3 + \cdots + p_n = \left(\sum_{i=1}^{n} p_i \right)_{T, V} \tag{7-1}$$

7.1.2 混合气体的分容积和阿密盖特分容积定律

分容积是假想混合气体中的组成气体具有与混合气体相同的温度和压力时，单独存在所占有的容积，如图 7 - 1(d)、(e)所示。

由于理想气体的各种组成气体都是理想气体，故第 i 种气体的状态方程为

$$p V_i = n_i R_0 T$$

对于各种不同的组成气体，将上式左右两侧相加，可得到

$$p \left(\sum_{i=1}^{n} V_i \right) = \left(\sum_{i=1}^{n} n_i \right) R_0 T = n R_0 T$$

混合气体状态方程为

$$p V = n R_0 T$$

可推得阿密盖特分容积定律为：混合气体的总容积 V 等于各组成气体分容积 V_i 之和，即

$$V = V_1 + V_2 + V_3 + \cdots + V_n = \left(\sum_{i=1}^{n} V_i \right)_{T, p} \tag{7-2}$$

7.1.3　混合气体的成分表示方法

混合气体中各组成气体的含量与混合气体总量的比值,称为混合气体的成分。要确定混合气体的性质,必须先知道混合气体的成分。按物理量的单位不同,混合气体成分有质量成分、容积成分和摩尔成分。

(1)质量成分:混合气体中某组成气体的质量 m_i 与混合气体总质量 m 的比值,称为该组成气体的质量成分,即

$$g_i = \frac{m_i}{m} \tag{7-3}$$

因为

$$m = m_1 + m_2 + \cdots + m_n$$

所以

$$g = g_1 + g_2 + \cdots + g_n = \sum_{i=1}^{n} g_i = 1 \tag{7-4}$$

(2)容积成分:混合气体中某组成气体的分容积 V_i 与混合气体总容积 V 之比值,称为该组成气体的容积成分,即

$$r_i = \frac{V_i}{V} \tag{7-5}$$

因为

$$V = V_1 + V_2 + \cdots + V_n$$

所以

$$r = r_1 + r_2 + \cdots + r_n = \sum_{i=1}^{n} r_i = 1 \tag{7-6}$$

(3)摩尔成分:混合气体中某组成气体的摩尔数 n_i 与混合气体总摩尔数 n 之比值,称为该组成气体的摩尔成分,即

$$x_i = \frac{n_i}{n} \tag{7-7}$$

因为

$$n = n_1 + n_2 + \cdots + n_n = \sum_{i=1}^{n} n_i$$

所以

$$x = x_1 + x_2 + \cdots + x_n = \sum_{i=1}^{n} x_i = 1 \tag{7-8}$$

7.1.4　混合气体的成分换算

(1)容积成分与摩尔成分数值相等:

$$r_i = \frac{V_i}{V} = \frac{n_i V_{mi}}{n V_m}$$

式中,V_{mi} 与 V_m 分别表示某组成气体与混合气体的摩尔容积。根据阿佛加得罗定律,同温

同压下，各种气体的摩尔容积相等，即 $V_{mi} = V_m$，于是得

$$r_i = \frac{n_i}{V} = x_i \qquad (7-9)$$

（2）质量成分与容积成分（或摩尔成分）的换算：

$$g_i = \frac{m_i}{m} = \frac{n_i M_i}{n M} = x_i \frac{M_i}{M} = r_i \frac{M_i}{M}$$

式中，M_i 与 M 分别表示某组成气体与混合气体的摩尔质量（即分子量）。

根据通用气体常数 $R_0 = MR = M_i R_i$，以及阿佛加得罗定律：同温同压下，气体密度与分子量成正比，于是得

$$g_i = r_i \frac{M_i}{M} = r_i \frac{R}{R_i} = r_i \frac{\rho_i}{\rho} \qquad (7-10)$$

7.1.5 混合气体的折合分子量

混合气体不能用一个化学分子式表示，因而没有真正的分子量。所谓混合气体的分子量，是各组成气体的折合分子量或称平均分子量，它取决于组成气体的种类与成分。

（1）如已知各组成气体的容积成分及各组成气体的分子量，求混合气体的折合分子量：

$$M = \frac{m}{n} = \frac{\sum_{i=1}^{n} n_i M_i}{n} = \sum_{i=1}^{n} x_i M_i = \sum_{i=1}^{n} r_i M_i \qquad (7-11)$$

即混合气体的折合分子量等于各组成气体容积成分（或摩尔成分）与其分子量乘积之总和。

（2）如已知各组成气体的质量成分与分子量，求混合气体的折合分子量：

$$n = n_1 + n_2 + \cdots + n_n$$

$$\frac{m}{M} = \frac{m_1}{M_1} + \frac{m_2}{M_2} + \cdots + \frac{m_n}{M_n}$$

整理得

$$M = \frac{1}{\dfrac{g_1}{M_1} + \dfrac{g_2}{M_2} + \cdots + \dfrac{g_n}{M_n}} = \frac{1}{\sum_{i=1}^{n} \dfrac{g_i}{M_i}} \qquad (7-12)$$

7.1.6 混合气体的气体常数

（1）若已求出混合气体的折合分子量，根据通用气体常数，即可求得混合气体的折合气体常数：

$$R = \frac{R_0}{M} = \frac{8314}{M} \qquad (7-13)$$

（2）若已知各组成气体的质量成分及气体常数，求混合气体的折合气体常数：

$$R = \frac{R_0}{M} = \frac{n R_0}{m} = \frac{\sum_{i=1}^{n} n_i R_0}{m} = \frac{\sum_{i=1}^{n} m_i \dfrac{R_0}{M_i}}{m} = \sum_{i=1}^{n} g_i R_i \qquad (7-14)$$

（3）若已知各组成气体的容积成分及气体常数，求混合气体的折合气体常数：

$$R = \frac{R_0}{M} = \frac{R_0}{r_1 M_1 + r_2 M_2 + \cdots + r_n M_n} = \frac{1}{\dfrac{r_1}{R_1} + \dfrac{r_2}{R_2} + \cdots + \dfrac{r_n}{R_n}} = \frac{1}{\displaystyle\sum_{i=1}^{n} \dfrac{r_i}{R_i}} \quad (7-15)$$

7.1.7　混合气体参数的计算

1. 分压力

分别根据某组成气体的分压力定律与分容积定律，可写出该组成气体的状态方程式如下：

$$p_i V = m_i R_i T$$
$$p V_i = m_i R_i T$$

由此可得

$$p_i = \frac{V_i}{V} p = r_i p \quad (7-16)$$

即某组成气体的分压力，等于混合气体的总压力与该组成气体容积成分的乘积。

将 $r_i = g_i \dfrac{\rho}{\rho_i}$ 代入式（7-16），得

$$p_i = g_i \frac{\rho}{\rho_i} p = g_i \frac{M}{M_i} p = g_i \frac{R_i}{R} p \quad (7-17)$$

式（7-17）是根据组成气体的质量成分确定分压力的关系式。

2. 混合气体的比热容

混合气体的比热容与它的组成气体有关，混合气体温度升高所需的热量，等于各组成气体相同温升所需热量之和。由此可以得出混合气体比热容的计算公式。

若各组成气体的质量比热容分别为 c_1、c_2、$\cdots$、c_n，质量成分分别为 g_1、g_2、$\cdots$、g_n，则混合气体的质量比热容为

$$c = g_1 c_1 + g_2 c_2 + \cdots + g_n c_n = \sum_{i=1}^{n} g_i c_i \quad (7-18)$$

同理可得混合气体的容积比热容为

$$c' = r_1 c_1' + r_2 c_2' + \cdots + r_n c_n' = \sum_{i=1}^{n} r_i c_i' \quad (7-19)$$

将混合气体的质量比热容乘以混合气体的摩尔质量 M 即得摩尔比热容；也可根据各组成气体的摩尔成分及摩尔比热容求混合气体的摩尔比热容，即

$$M_c = M \sum_{i=1}^{n} g_i c_i = \sum_{i=1}^{n} x_i M_i c_i \quad (7-20)$$

3. 混合气体的热力学能、焓和熵

热力学能、焓和熵都是具有可加性的物理量，所以混合气体的热力学能、焓和熵等于各组成气体的热力学能、焓和熵之和，即

$$U = \sum_{i=1}^{n} U_i \quad 或 \quad U = \sum_{i=1}^{n} m_i u_i \quad (7-21)$$

$$H = \sum_{i=1}^{n} H_i \quad \text{或} \quad H = \sum_{i=1}^{n} m_i h_i \qquad (7-22)$$

$$S = \sum_{i=1}^{n} S_i \quad \text{或} \quad S = \sum_{i=1}^{n} m_i s_i \qquad (7-23)$$

【例 7-1】 由 3 kg 氧气、5 kg 氮气和 12 kg 甲烷组成混合气体。试确定：

(1) 每种组成气体的质量成分；

(2) 每种组成气体的摩尔成分；

(3) 混合气体的平均分子量和气体常数。

【解】 (1) 混合气体的总质量为

$$m = m_{O_2} + m_{N_2} + m_{CH_4} = 3 + 5 + 12 = 20 \text{ kg}$$

各组成气体的质量成分为

$$g_{O_2} = \frac{m_{O_2}}{m} = \frac{2}{20} = 0.15$$

$$g_{N_2} = \frac{m_{N_2}}{m} = \frac{5}{20} = 0.25$$

$$g_{CH_4} = \frac{m_{CH_4}}{m} = \frac{12}{20} = 0.60$$

(2) 各组成气体的摩尔数为

$$n_{O_2} = \frac{m_{O_2}}{M_{O_2}} = \frac{3}{32} = 0.094 \text{ kmol}$$

$$n_{N_2} = \frac{m_{N_2}}{M_{N_2}} = \frac{5}{28} = 0.179 \text{ kmol}$$

$$n_{CH_4} = \frac{m_{CH_4}}{M_{CH_4}} = \frac{12}{16} = 0.750 \text{ kmol}$$

混合气体的总摩尔数为

$$n = n_{O_2} + n_{N_2} + n_{CH_4} = 0.094 + 0.179 + 0.750 = 1.023 \text{ kmol}$$

各组成气体的摩尔成分为

$$x_{O_2} = \frac{n_{O_2}}{n} = \frac{0.094}{1.023} = 0.092$$

$$x_{N_2} = \frac{n_{N_2}}{n} = \frac{0.179}{1.023} = 0.175$$

$$x_{CH_4} = \frac{n_{CH_4}}{n} = \frac{0.750}{1.023} = 0.733$$

(3) 混合气体的平均分子量和为

$$M = \frac{\text{混合气体质量}}{\text{摩尔数}} = \frac{20}{1.023} = 19.6 \text{ kg/kmol}$$

或者

$$M = \sum x_i M_i = x_{O_2} M_{O_2} + x_{N_2} M_{N_2} + x_{CH_4} M_{CH_4}$$
$$= 0.092 \times 32 + 0.175 \times 28 + 0.733 \times 6$$
$$= 19.6 \text{ kg/kmol}$$

气体常数按分子量的定义计算,可得

$$R = \frac{R_0}{M} = \frac{8.314}{19.6} = 0.424 \text{ kJ/(kg·K)}$$

【例 7-2】 混合气体中,各组成气体的容积成分如下:

$$r_{CO_2} = 12\%, \ r_{O_2} = 6\%, \ r_{N_2} = 75\%, \ r_{H_2O} = 7\%$$

混合气体的总压力 $p = 98.066$ kPa。求混合气体的折合分子量、气体常数及各组成气体的分压力。

【解】 混合气体的折合分子量为

$$M = \sum_{i=1}^{n} r_i M_i = 0.12 \times 44 + 0.06 \times 32 + 0.75 \times 28 + 0.07 \times 18 = 29.46 \text{ kg/kmol}$$

气体常数按分子量的定义计算,可得

$$R = \frac{8314}{29.46} = 282.2 \text{ J/(kg·K)}$$

各组成气体的分压力为

$$p_{CO_2} = r_{CO_2} p = 0.12 \times 98.066 = 11.768 \text{ kPa}$$
$$p_{O_2} = r_{O_2} p = 0.06 \times 98.066 = 5.884 \text{ kPa}$$
$$p_{N_2} = r_{N_2} p = 0.75 \times 98.066 = 73.549 \text{ kPa}$$
$$p_{H_2O} = r_{H_2O} p = 0.07 \times 98.066 = 6.685 \text{ kPa}$$

【例 7-3】 混合气体的质量成分为空气 $g_1 = 95\%$,煤气 $g_2 = 5\%$。已知空气的气体常数 $R_1 = 287$ J/(kg·K),煤气的气体常数 $R_2 = 400$ J/(kg·K)。试求混合气体的气体常数、容积成分和标准状态下的密度。

【解】 混合气体的气体常数为

$$R = \sum_{i=1}^{n} g_i R_i = 0.95 \times 287 + 0.05 \times 400 = 292.7 \text{ J/(kg·K)}$$

混合气体中各组成气体的容积成分为

$$r_1 = g_1 \frac{R_1}{R} = 0.95 \times \frac{287}{292.7} = 93.2\%$$

$$r_2 = g_2 \frac{R_2}{R} = 0.05 \times \frac{400}{292.7} = 6.8\%$$

混合气体的平均分子量为

$$M = \frac{R_0}{R} = \frac{8314}{292.7} = 28.4 \text{ kg/mol}$$

从而得到混合气体在标准状态下的密度为

$$\rho_0 = \frac{M}{22.4} = \frac{28.4}{22.4} = 1.268 \text{ kg/m}^3$$

7.2 湿空气性质

7.2.1 湿空气的成分及压力

自然界中的水因汽化进入空气中。地球上的大气是由氮、氧、氩、二氧化碳、水蒸气和极微量的其他气体所组成的一种混合气体。完全不含有水蒸气的空气,称为干空气;含有水蒸气的空气,称为湿空气。

大气中干空气的成分会随时间、地理位置、海拔、环境污染等因素而发生微小的变化。因为组分变化会影响混合气体的性质,为便于计算,将干空气标准化,不考虑微量的其他气体。表7-1列出标准化的干空气的容积成分。

表 7-1   干空气的组成表

成分	分子量	容积成分(摩尔成分)	组成气体的部分分子量
O_2	32.000	0.2095	6.704
N_2	28.016	0.7809	21.878
Ar	39.944	0.0093	0.371
CO_2	44.01	0.0003/1.0000	0.013/28.966

地球上大气的压力也随地理位置、海拔及季节等因素的影响而变化,主要是随海拔升高而减小,当地当时的大气压力可记为 B。

设湿空气的总压力为 p,该值为干空气压力 p_a 及水蒸气分压力 p_v 之和。在本章中,下标"a"表示干空气,下标"v"表示水蒸气,即

$$p = p_a + p_v$$

在通风、空调及干燥工程中,一般采用大气作为工质,这时湿空气的总压力就是当地的大气压力 B,因而上式可写成

$$B = p = p_a + p_v \tag{7-24}$$

7.2.2 饱和湿空气与未饱和湿空气

根据湿空气中水蒸气是否处于饱和状态,可将湿空气分为饱和湿空气和未饱和湿空气。

如图7-2所示,表示湿空气中水蒸气的状态参数。其状态由湿空气温度 t 与水蒸气分压力 p_v 确定。点 a 的水蒸气压力(湿空气的水蒸气分压力)p_v 低于温度 t 所对应的饱和压力(水蒸气饱和分压力)p_s,即水蒸气还未达到饱和的状态,因此,此时的湿空气称为未饱和湿空气。未饱和湿空气由干空气和过热水蒸气组成,所含水蒸气的量还可以再增加。

若湿空气中水蒸气状态处于点 b 或点 c,即处于湿饱和蒸汽线上,是不同分压力下的饱和状态,水蒸气分压力 p_v 等于温度 t 所对应的饱和压力,水蒸气已经达到饱和状态,此时的湿空气称为饱和湿空气。饱和湿空气由干空气和湿饱和蒸汽组成,所含水蒸气的量不能再增加,否则会有水滴析出。

下面分析湿空气如何从未饱和状态达到饱和状态。若在温度 t 不变的情况下,向未饱

和湿空气继续增加水蒸气量,水蒸气含量不断增多,其分压力不断增加(类似于相对干燥的海绵吸水)。水蒸气状态将沿定温线 a－b 变化,直至点 b 达到饱和状态,此时水蒸气分压力达到温度 t 下的最大值,即饱和分压力 p_s,成为饱和湿空气。如继续向饱和湿空气中加入水蒸气,则将有水滴析出,而湿空气将继续保持饱和状态。

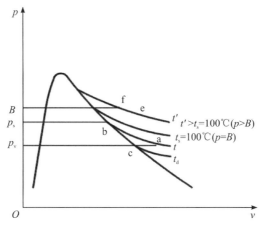

图 7 - 2　湿空气中水蒸气的 p - v 图

另一个思路即在水蒸气含量不变(分压力不变)的情况下,降低湿空气的吸水能力,即降低其对应的水蒸气分压力。由水蒸气性质可知,水蒸气饱和压力与饱和温度一一对应,通过降温可以使其饱和压力降低。对未饱和的湿空气,若在水蒸气分压力 p_v 不变的情况下对其冷却降温,此时湿空气中水蒸气的含量不变,但水蒸气的状态将按定压线 a－c 变化,直至点 c 而达到饱和状态。点 c 的温度称为露点温度,简称露点,用 t_d 表示。露点 t_d 是对应于水蒸气分压力 p_v 的饱和温度。如再进行冷却,将有水蒸气变为凝结水而析出。湿空气露点 t_d 在工程中是一个十分有用的参数,如在冬季供暖季节,房屋建筑外墙内表面的温度必须高于室内空气的露点温度,否则外墙内表面会产生蒸汽凝结现象。

可见,有两种常用途径可将未饱和湿空气变为饱和湿空气:一是定温加湿过程,如图 7 - 2 中的 a－b 过程;二是定压降温过程,如图 7 - 2 中的 a－c 过程。

7.2.3　湿空气的分子量及气体常数

湿空气中水蒸气含量很少,分压力很低,可将其视为理想气体。所以,湿空气是由干空气和水蒸气组成的理想混合气体,它们在一定的组分下有确定的折合分子量和气体常数。

湿空气的折合分子量可按混合气体的容积成分 r_i 或摩尔成分 x_i 进行计算。

$$M = r_a M_a + r_v M_v = \frac{p_a}{B} M_a + \frac{p_v}{B} M_v$$

$$= \frac{B - p_v}{B} M_a + \frac{p_v}{B} M_v = M_a - \frac{p_v}{B}(M_a - M_v)$$

$$= 28.97 - (28.97 - 18.02)\frac{p_v}{B}$$

$$= 28.97 - 10.95\frac{p_v}{B} \tag{7-25}$$

从式(7-25)可知，湿空气的折合分子量 M 将随着水蒸气分压力 p_v 的增大而减小，但始终小于干空气的分子量。这是因为水蒸气的分子量($M_v=18.02$)小于干空气的分子量($M_a=28.97$)。水蒸气分压力愈大，水蒸气相对含量愈多，湿空气的折合分子量就愈小。

湿空气的气体常数为

$$R = \frac{8314}{M} = \frac{8314}{28.97 - 10.95 \dfrac{p_v}{B}} = \frac{287}{1 - 0.378 \dfrac{p_v}{B}} \tag{7-26}$$

从式(7-26)可知，湿空气的气体常数将随水蒸气分压力的提高而增大。

7.2.4 绝对湿度与相对湿度

每 1 m^3 湿空气中所含有的水蒸气质量，称为湿空气的绝对湿度。绝对湿度也就是湿空气中水蒸气的密度 ρ_v，按理想气体状态方程，其计算式为

$$\rho_v = \frac{m_v}{V} = \frac{p_v}{R_v T} \quad (\text{kg/m}^3) \tag{7-27}$$

在温度一定时，饱和空气的绝对湿度是最大的，该值称为饱和绝对湿度 ρ_s，其计算式为

$$\rho_s = \frac{p_s}{R_v T} \quad (\text{kg/m}^3) \tag{7-28}$$

绝对湿度只能说明湿空气中实际所含的水蒸气质量的多少，而不能说明湿空气干燥或潮湿的程度及吸湿能力的大小。

湿空气的绝对湿度 ρ_v 与同温度下饱和湿空气的饱和绝对湿度 ρ_s 的比值，称为相对湿度 φ。

$$\varphi = \frac{\rho_v}{\rho_s} \tag{7-29}$$

相对湿度 φ 反映了湿空气中水蒸气含量接近饱和的程度。在某温度 t 下，φ 值小，表示空气干燥，具有较大的吸湿能力；φ 值大，表示空气潮湿，吸湿能力小。当 $\varphi=0$ 时，空气为干空气；$\varphi=1$ 时，空气为饱和湿空气；未饱和湿空气的相对湿度在 0 到 1 之间($0<\varphi<1$)。应用理想气体状态方程，相对湿度又可表示为

$$\varphi = \frac{\rho_v}{\rho_s} = \frac{p_v}{p_s} \tag{7-30}$$

7.2.5 含湿量(比湿度)

在通风、空调及干燥工程中，需要确定对湿空气加湿或减湿的数量。若对湿空气取单位体积或单位质量为基准进行计算，则会由于湿空气中包含水蒸气而造成基准发生变化，从而给计算带来麻烦。为方便起见，在湿空气中，某些参数的计算以 1 kg 干空气作为计算的基准。

在含有 1 kg 干空气的湿空气中，含有水蒸气的质量(常以克表示)称为湿空气的含湿量(或称比湿度)，用符号 d 表示。

$$d = \frac{m_v}{m_a} = \frac{\rho_v}{\rho_a} \text{ g/kg(a)} \tag{7-31}$$

式中，kg(a)表示每千克干空气。

利用理想气体状态方程 $p_aV=m_aR_aT$ 及 $p_vV=m_vR_vT$（V 表示湿空气的体积，单位为 m^3，也是干空气及水蒸气在各自分压力下所占有的体积），干空气及水蒸气的气体常数分别为 $R_a=8314/28.97=287 \text{ J/(kg·K)}$，$R_v=8314/18.02=461 \text{ J/(kg·K)}$。

故含湿量可写成

$$d=1000\frac{R_a}{R_v}\times\frac{p_v}{p_a}=1000\frac{287}{461}\times\frac{p_v}{p_a}$$

$$=622\frac{p_v}{p_a}=622\frac{p_v}{B-p_v}\quad(\text{g/kg(a)})\tag{7-32}$$

也可写成

$$d=622\frac{\varphi p_s}{B-\varphi p_s}\quad(\text{g/kg(a)})\tag{7-33}$$

7.2.6 饱和度

饱和度是表示湿空气饱和程度的另一个参数。它是湿空气的含湿量 d 与同温下饱和湿空气的含湿量 d_s 的比值，用符号 D 表示，即

$$D=\frac{d}{d_s}=\frac{622\dfrac{p_v}{B-p_v}}{622\dfrac{p_s}{B-p_s}}=\varphi\frac{B-p_s}{B-p_v}\tag{7-34}$$

由式（7-34）可知，饱和度 D 略小于相对湿度 φ，即 $D\leqslant\varphi$。如果 $p-p_v\approx p-p_s$，则 $D\approx\varphi$。

7.2.7 湿空气的比体积

湿空气的比体积是以 1 kg 干空气为基准定义的，它表示在一定温度 T 和总压力 p 下，1 kg 干空气和 0.001d 水蒸气所占有的体积，即 1 kg 干空气的湿空气比体积。它也可看作是用总压力 p 和含湿量 d 计算所得的干空气的比体积，即

$$v=\frac{V}{m_a}=v_a\quad(\text{m}^3/\text{kg(a)})\tag{7-35}$$

对体积为 V、温度为 T 的湿空气分别写出干空气和水蒸气的状态方程，即

$$p_aV=m_aR_aT$$
$$p_vV=0.001m_vR_vT$$

将以上两式相加后，利用道尔顿定律得

$$pV=T(m_aR_a+0.001m_vR_v)$$

等式两边同除以 m_a 后，经整理可得

$$v=\frac{V}{m_a}=\frac{R_aT}{p}\left(1+\frac{R_v}{R_a}\times0.001d\right)\tag{7-36}$$

$$V=\frac{R_aT}{p}(1+0.001\,606d)\quad(\text{m}^3/\text{kg(a)})\tag{7-37}$$

显然，在一定的大气压力 p 之下，湿空气的比体积与温度和含湿量有关。饱和湿空气的比体积为

$$v_s = \frac{R_a T}{p}(1 + 0.001\,606 d_s) \quad (m^3/kg(a)) \tag{7-38}$$

应当指出，由于湿空气的比体积是以 1 kg 干空气为基准定义的，因而湿空气的密度是

$$\rho = \frac{1 + 0.001 d}{v} \tag{7-39}$$

即 $\rho \cdot v = 1 + 0.001 d$，它与通常 $\rho \cdot v = 1$ 有所区别。

7.2.8　湿空气的焓

湿空气的焓也是以 1 kg 干空气为基准来表示的，它是 1 kg 干空气的焓和 $0.001 d$ kg 水蒸气的焓的总和，即

$$h = h_a + 0.001 d h_v \quad (kJ/kg(a))$$

焓的计算基准点，对干空气来说，取 0℃ 的干空气的焓为零；对水蒸气来说，取 0℃ 的水的焓为零。因此，温度为 t 的干空气，其焓值为

$$h_a = c_p t = 1.01 t \quad (kJ/kg)$$

对于水蒸气，焓可按下式计算：

$$h_v = 2501 + 1.85 t \quad (kJ/kg)$$

因为焓是状态参数，焓的变化与途径无关，所以在计算水蒸气焓 h_v 时，可以假定水在 0℃ 下汽化，其汽化潜热为 2501 kJ/kg，然后蒸汽再从 0℃ 加热到 t，取水蒸气的定压平均质量比热容 $c_{pm} = 1.85$ kJ/(kg·K)，因此，可得上述水蒸气焓的计算式。

将干空气的焓 h_a 及水蒸气的焓 h_v 的计算式代入湿空气的焓的定义式，则

$$h = 1.01 t + 0.001 d(2501 + 1.85 t) \quad (kJ/kg(a)) \tag{7-40}$$

在开口系统的通风空调工程中，由于可以不考虑动能及位能的变化，而各种热交换器又不对外做功。因此，根据稳定流动能量方程，对通风量为 V、温度为 T 的湿空气，其热交换量的计算式可写成

$$Q = m_a(h_2 - h_1)$$

式中，m_a 为湿空气中干空气的质量。如应用理想气体状态方程，则 m_a 为

$$m_a = \frac{p_a V}{R_a T} = \frac{(B - p_v)V}{R_a T} = \frac{(B - p_v)V}{287 T}$$

必须指出：在利用上式计算风量 $V(m^3)$ 中干空气的质量 m_a 时，必须用干空气的分压力 p_a，而不能用湿空气的总压力 B。

7.2.9　绝热饱和温度

工程和气象科学中经常应用的相对湿度和含湿量，并不能像温度、压力等参数一样能方便地测量。前面曾讨论过一种通过测定空气露点温度来确定相对湿度的方法，即已知露点温度，进而确定水蒸气分压力，然后由式(7-31)、式(7-33)求出 φ 和 d。这一方法虽然简单，但并不实用。

另外一种测定相对湿度和含湿量的方法，即通过绝热饱和的空气加湿过程来测定。

如图 7-3 所示，测量系统由一个包含水池和绝热的长水槽组成，有一稳态稳流的未饱和空气流通过此长水槽，其温度为 t_1，而含湿量为 d_1（未知），当空气流流经水表面时，将有部分水蒸气混入气流，由于水蒸发时所需要的汽化潜热取自空气，因此这一过程将使空气流的含湿量增加而温度降低。假定水槽有足够的长度，空气流流出时将是 $\varphi_2=100\%$、温度为 t_2 的饱和空气，这一温度称为绝热饱和温度，在 T-s 图上可以显示这一过程。

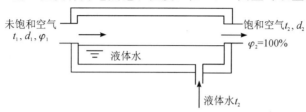

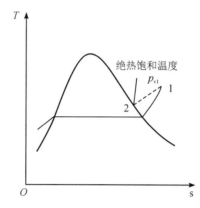

图 7-3　空气的绝热饱和

假定供给水槽的补充水保持与 t_2 温度下的水蒸发速率相等，则上述绝热饱和过程可视为稳态稳流过程分析。同时，由于过程中系统与外界没有热量和功量的作用，且空气流进出口的动能和位能变化可以忽略不计，于是可列出以下质量和能量关系式。

（1）质量平衡：绝热饱和器进口空气中的水蒸气质量＋水槽水面蒸发的水质量＝绝热饱和器出口空气中的水蒸气质量，即

$$\dot{m}_{v_1}+\dot{m}_e=\dot{m}_{v_2}$$

或

$$\dot{m}_a d_1+\dot{m}_e=\dot{m}_a d_2$$

于是

$$\dot{m}_e=\dot{m}_a(d_2-d_1)$$

（2）能量平衡：绝热饱和器进口未饱和空气的焓＋水槽水面（温度为 t_2）蒸发带入气流的液体水的焓＝绝热饱和器出口饱和空气的焓（温度为 t_2），即

$$\dot{m}_a h_1+\dot{m}_e h_{l_2}=\dot{m}_a h_2$$

或

$$\dot{m}_a h_1+\dot{m}_a(d_2-d_1)h_{l_2}=\dot{m}_a h_2$$

用 $\dot{m}_a$ 除上式各项得

$$h_1+(d_2-d_1)h_{l_2}=h_2 \tag{7-41}$$

或

$$c_p t_1 + d_1 h_{v_1} + (d_2 - d_1) h_{l_2} = c_p t_2 + d_2 h_{v_2}$$

整理后可得

$$d_1 = \frac{c_p(t_2 - t_1) + d_2(h_{v_2} - h_{l_2})}{h_{v_1} - h_{l_2}} = \frac{c_p(t_2 - t_1) + d_2 r_2}{h_{v_1} - h_{l_2}} \qquad (7-42)$$

因为绝热饱和器出口空气已是 $\varphi_2 = 100\%$ 的饱和空气，式（7-41）中的 d_2 可由式（7-33）得到

$$d_2 = 0.622 \frac{p_{s2}}{B - p_{s2}} \qquad (7-43)$$

由此可得，只要测出绝热饱和器进口和出口空气的压力和温度，就可由式（7-42）和式（7-43）确定湿空气的 d_1（或 φ_1）。

7.2.10 湿球温度

图 7-3 所示的绝热饱和空气加湿过程，提供了一种测定空气相对湿度的方法，但是为了达到出口的饱和条件，它需要一个非常长的水槽或者一个喷雾机构。在工程中有一种更接近实用的方法，如图 7-4 所示为干湿球温度计，它是用两支相同的水银温度计组合而成的，一支用来测量湿空气的温度，称为干球温度计，另一支的水银柱球部用浸在水中的湿纱布包裹起来，置于通风良好的湿空气中，测量的就是湿球温度 t_w，这种测量方法在空调工程中得到广泛应用。

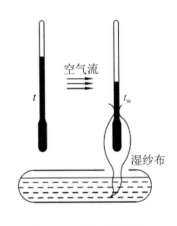

图 7-4 干湿球温度计

在干湿球温度计中，如果湿纱布中的水分不蒸发，两支温度计的读数应该是相等的。但由于空气是未饱和空气，湿球纱布表面附近水的分压力大于湿空气中水蒸气的分压力，纱布上的水分将蒸发，蒸发所需的热量来自两部分：一部分是湿纱布上的水分自身温度降低而放出热量，另一部分是由于空气温度高于湿纱布表面温度，通过对流换热空气将热量传给湿球。湿纱布上的水分不断蒸发的结果，是使湿球温度计的读数不断降低。最后，当达到热湿平衡时，湿纱布上水分蒸发的热量全部来自空气的对流换热，紧贴湿球表面的空气达到饱和，纱布上水分的温度不再降低，此时，湿球温度计的读数就是湿球温度 t_w。

从上述湿球温度的形成过程不难看出，虽然总压力保持不变，但空气含湿量不断增加，水蒸气的分压力是不断增加的，因此，通常湿球温度高于露点温度。同时，由于水分蒸发时吸热，所以湿球温度低于干球温度。

一般地讲，绝热饱和温度和湿球温度是不相同的，然而在大气压力条件下，对空气与水蒸气的混合物，湿球温度近似等于绝热饱和温度，所以可用湿球温度 t_w 替代式（7-42）中的 t_2 来确定空气的含湿量 d_1。

由于干湿球温度计受风速及测量环境的影响，在相同的空气状态下，可能会出现不同的湿球温度的数值。为此，应防止干湿球温度计与周围环境之间的辐射换热以及保证 4 m/s 以上的风速，这样测得的 t_w 值，才能非常接近绝热饱和温度 t_2 的值，否则就会产生

较大的误差。

最后,绝热饱和加湿过程的能量平衡关系式(7－41)可改写成

$$h_1 + (d_2 - d_1)c_p t_w \times 10^{-3} = h_2 \tag{7－44}$$

式中:h_1,d_1——湿空气的焓及含湿量;

h_2,d_2,t_w——湿球纱布表面饱和空气层的焓、含湿量及湿球温度。

由于湿纱布上的水分蒸发的数量只有几克(对每千克干空气所吸收的水蒸气而言),而湿球温度计的读数 t_w 又比较低,再乘以 10^{-3} 之后,式(7－44)中等号左边第二项的值是很小的,在一般的通风空调工程中可以忽略不计。因此,式(7－44)可简化为

$$h_1 = h_2 \tag{7－45}$$

由式(7－45)可知,通过湿球的湿空气在加湿过程中,湿空气的焓不变,是一个等焓过程。对这个等焓过程我们可以这样理解:湿纱布上水分的蒸发在达到热湿平衡时,水汽化所需的潜热完全来自空气,最后这部分潜热又由水蒸气带回到空气中去了,所以对湿空气来说,可以近似地认为焓不变,这是在不考虑蒸发掉的水本身焓值的情况下得出的近似结果。

因此,我们也可以给出湿球温度这样的定义:未饱和湿空气在焓值不变的情况下,空气中水蒸气达到饱和时所对应的空气温度。

【**例 7－4**】　有温度 $t = 30\,℃$、相对湿度 $\varphi = 60\%$ 的湿空气 $10\,000\ \mathrm{m^3}$,当时的大气压力 $B = 0.1\ \mathrm{MPa}$。求露点 t_d,绝对湿度 ρ_v,含湿量 d,干空气的密度 ρ_a,湿空气的比体积,干空气的比体积,湿空气的密度,湿空气总焓及湿空气的质量 m。

【**解**】　(1)计算露点。

根据水蒸气表,当 $t = 30\,℃$,查得水蒸气的饱和压力为 $p_s = 4242\ \mathrm{Pa}$,可知水蒸气分压力为

$$p_v = \varphi p_s = 0.6 \times 4242 = 2545\ \mathrm{Pa}$$

查水蒸气表可知,当 $p_v = 2545\ \mathrm{Pa}$ 时,饱和温度亦即露点为

$$t_d = 21.5\,℃$$

(2)计算绝对湿度。

由理想气体状态方程得水蒸气的绝对湿度为

$$\rho_v = \frac{p_v}{R_v T} = \frac{2545}{461 \times 303} = 0.0182\ \mathrm{kg/m^3}$$

或从水蒸气表查得,当 $t = 30\,℃$ 时,可得

$$\rho_s = \frac{1}{v''} = \frac{1}{32.929} = 0.030\,37\ \mathrm{kg/m^3}$$

$$\rho_v = \varphi \rho_s = 0.6 \times 0.030\,37 = 0.0182\ \mathrm{kg/m^3}$$

(3)计算含湿量。

应用式(7－32)可得

$$d = 622\frac{p_v}{B - p_v} = 622\frac{2545}{10^5 - 2545} = 16.24\ \mathrm{g/kg(a)}$$

(4)计算干空气的密度。

$$\rho_a = \frac{p_a}{R_a T} = \frac{B - p_v}{R_a T} = \frac{10^5 - 2545}{287 \times 303} = 1.1206\ \mathrm{kg/m^3}$$

（5）计算湿空气的比体积及干空气的比体积。

由式（7-37）可得湿空气的比体积，它也是干空气的比体积，即

$$v = v_a = \frac{R_a T}{p}(1 + 0.001\,606 \times d) = \frac{287 \times 303}{10^5}(1 + 0.001\,606 \times 16.24) = 0.89 \text{ m}^3/\text{kg}$$

其倒数 $\frac{1}{v_a}$ 为干空气的密度，即

$$\rho_a = \frac{1}{v_a} = 1.1206 \text{ kg/m}^3$$

（6）计算湿空气的密度。

$$\rho = \frac{1 + 0.001d}{v} = \frac{1 + 0.001 \times 16.24}{0.89} = 1.142 \text{ kg/m}^3$$

（7）计算湿空气的焓。

$$h = 1.01t + 0.001d(2501 + 1.85t)$$
$$= 1.01 \times 30 + 0.001 \times 16.24(2501 + 1.85 \times 30)$$
$$= 71.8 \text{ kJ/kg(a)}$$

当 $V = 10\,000$ m³ 时，干空气的质量为

$$m_a = \frac{p_a V}{R_a T} = \frac{(105 - 2545) \times 10\,000}{287 \times 303} = 11\,206 \text{ kg}$$

因此，可得 $V = 10\,000$ m³ 时，湿空气的总焓为

$$H = m_a h = 11\,206 \times 71.8 = 804\,590 \text{ kJ}$$

（8）计算湿空气的质量。

由式（7-29）得湿空气的气体常数为

$$R = \frac{287}{1 - 0.378\dfrac{p_v}{B}} = \frac{287}{1 - 0.378\dfrac{2545}{10^5}} = 289.8 \text{ J/(kg·K)}$$

应用理想气体状态方程，可得湿空气的质量为

$$m = \frac{BV}{RT} = \frac{10^5 \times 10\,000}{289.8 \times 303} = 11\,388 \text{ kg}$$

或应用下式也可得湿空气的质量为

$$m = m_a(1 + 0.001d) = 11\,206(1 + 0.016\,24) = 11\,388 \text{ kg}$$

【例7-5】 在标准大气压下，由干湿球温度计测得空气的干球和湿球温度分别为25℃和15℃。试求：（1）含湿量；（2）相对湿度；（3）空气的焓值。

【解】 （1）空气的含湿量可由式（7-42）确定，即

$$d_1 = \frac{c_p(t_2 - t_1) + d_2 \cdot r_2}{h_{v_1} - h_{l_2}}$$

式中：t_2——湿球温度；

d_2——对应湿球温度时的空气的含湿量；

$$d_2 = \frac{0.622 p_{s2}}{B - p_{s2}} = \frac{0.622 \times 1.705}{101.325 - 1.705} = 0.010\,65 \text{ kg/kg(a)}$$

p_{s2}——对应湿球温度时的饱和水蒸气的分压力，$p_{s2} = 1.705$ kPa；

　　h_{v_1}——对应干球温度时的饱和水蒸气的焓值，$h_{v1}=2546.3$ kJ/kg；

　　h_{l_2}——对应湿球温度时的饱和水的焓值，$h_{l_2}=62.95$ kJ/kg；

　　r_2——对应湿球温度时的饱和水蒸气的汽化潜热，$r_2=2465.1$ kJ/kg。

所以

$$d_1=\frac{1.005(15-25)+0.010\ 65\times2465.1}{2546.3-62.95}=0.006\ 525\ \text{kg/kg(a)}$$

　　（2）空气的相对湿度为

$$\varphi_1=\frac{d_1B}{(0.622+d_1)p_{s1}}=\frac{0.006\ 525\times101.325}{(0.622+0.006\ 525)\times3.169}=33.2\%$$

　　（3）空气的焓值为

$$h_1=h_{a_1}+d_1\cdot h_{v_1}=c_pt_1+d_1h_{v_1}=1.005\times25+0.006\ 525\times2546.3=41.74\ \text{kJ/kg(a)}$$

7.3　湿空气的焓湿图

　　在工程计算中，为使用方便，人们绘制了湿空气的焓湿图（h-d 图），详见附图 2。在焓湿图上（如图 7-5 所示），不仅可以表示湿空气的状态，确定其状态参数，而且还可以方便地表示出湿空气的状态变化过程，因而，焓湿图是空气调节工程计算的一种重要工具。下面介绍焓湿图的绘制及构成。

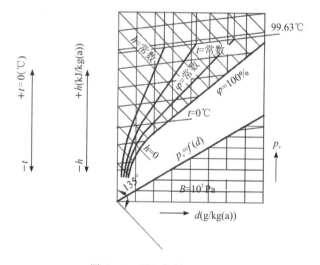

图 7-5　湿空气的 h-d 图

7.3.1　定焓线与定含湿量线

　　焓湿图是以 1 kg 干空气为基准，并在一定的大气压力 B 下，取焓 h 与含湿量 d 为坐标而绘制的。为使图面开阔清晰，h 与 d 坐标轴之间成 135°的夹角，如图 7-5 所示。在纵坐标轴上标出零点，即 $h=0$、$d=0$，故纵坐标轴即为 $d=0$ 等含湿量线，该纵坐标轴上的读数也是干空气的焓值。在确定了坐标轴的比例后，就可以绘制一系列与纵坐标轴平行的等

d 线，与纵轴成 $135°$ 的一系列等 h 线。在实际应用中，为避免图面过长，可取一水平线来代替 d 轴，如图 7-5 所示。

7.3.2 定温(干球温度)线

根据 $h=1.01t+0.001d(2501+1.85t)$ 的关系式可以看出，当 t 为定值时，h 与 d 呈线性关系，其斜率 $0.001d(2501+1.85t)$ 为正值并随 t 的升高而增大。由于各定温线的温度不同，每条定温线的斜率不等，所以各定温线不是平行的。但斜率中的 2501 远远大于 $1.85t$ 的值，所以各定温线又几乎是平行的，如图 7-5 所示。

7.3.3 定相对湿度线

根据 $d=622\dfrac{\varphi p_s}{B-\varphi p_s}$ 可知，在一定的大气压力 B 下，当 φ 值一定时，含湿量 d 与水蒸气饱和分压力 p_s 之间有一系列的对应值，而 p_s 又是温度 t 的单值函数，因此，当 φ 为某一定值时，把不同温度 t 的饱和分压力 p_s 值代入式(7-33)，就可得到相应温度 t 下的一系列 d 值。在 $h-d$ 图上可得到相应的状态点，连接这些状态点，就可得出该 φ 值的定相对湿度线。

在一定的 d 值下，相对湿度随温度的降低而增大，因此定相对湿度线随 φ 值的增大而位置下移。$\varphi=0$ 的定相对湿度线就是干空气，亦即纵坐标轴；$\varphi=100\%$ 的相对湿度线是饱和湿空气线，该线将 $h-d$ 图分为两部分，$\varphi=100\%$ 线上方与纵坐标轴之间为未饱和空气区域，$\varphi=100\%$ 线下方表示水蒸气已经开始凝结，$\varphi=100\%$ 线实际上是不同湿度 d 时露点的轨迹。又因为对于饱和湿空气而言，其干球温度、湿球温度和露点温度相同，所以 $\varphi=100\%$ 线上的温度既是露点温度，也是湿球温度和干球温度。

7.3.4 水蒸气分压力线

由 $d=622\dfrac{p_v}{B-p_v}$，可得 $p_v=\dfrac{Bd}{622+d}$。当大气压力 B 为一定值时，水蒸气分压力 p_v 与含湿量 d 有关，这说明在 B 为常数的 $h-d$ 图上，d 与 p_v 不是相互独立的两个状态参数，可以从"水蒸气含量越多，其分压力越大"的角度进行理解。因此，可以在 $h-d$ 图上给出不同 d 所对应的 p_v 的数值，p_v 值可以表示在图右下方的纵轴上，也可以表示在横坐标轴上，如附表 2 所给出的 $h-d$ 图。

7.3.5 热湿比

湿空气在热湿处理过程中，由初态点 1 变化到终态点 2。假如在过程 1—2 中，热、湿交换是同时而均匀进行的，那么在 $h-d$ 图上，热、湿交换过程 1—2 将是连接初态点 1 与终态点 2 的一条直线，这一条直线具有一定的斜率，它说明湿空气在热、湿交换过程 1—2 的方向与特点，这一条直线的斜率我们称之为热湿比，用符号 ε 来表示，其定义式是

$$\varepsilon=\frac{h_2-h_1}{\dfrac{d_2-d_1}{1000}}=1000\,\frac{h_2-h_1}{d_2-d_1}=1000\,\frac{\Delta h}{\Delta d} \tag{7-46}$$

热湿比 ε 在 h-d 图上反映了过程线 1—2 的倾斜度，因此，也称角系数。

在 h-d 图上，对于各种过程，不管其初态及终态如何，只要过程的热湿比 ε 值相同，就都是平行的直线。因此，在某些实用的图上，在图的右下方任取一点为基准点，作出一系列的热湿比 ε 值，则在 h-d 图上通过点 1 作一条平行于热湿比为 ε 的辐射线，即得到通过点 1 的过程线。当知道状态点 2 的任一参数值后，与该过程线相交，就可得到状态点 2 在 h-d 图上的位置，进而决定点 2 的其他未知参数值。因此，在 h-d 图上利用热湿比线来分析与计算问题是十分方便的。

由 $\varepsilon = 1000\dfrac{\Delta h}{\Delta d}$ 可知，在定焓过程中，$\Delta h = 0$，热湿比 $\varepsilon = 0$。在定含湿量过程中，$\Delta d = 0$，如过程吸热，则 $\varepsilon = +\infty$；如过程放热，则 $\varepsilon = -\infty$。因此，定焓线与定含湿量线将 h-d 图分成四个不同的区域，如图 7-6 所示。从两线交点 1 出发，终态点可落在四个不同的区域内，此时四个区域具有如下的特点。

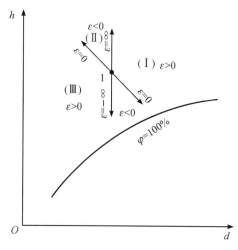

图 7-6　h-d 图四个区域的特征

第 I 区域：从初态点 1 出发，落在这一区域内的过程，$\Delta h > 0$，$\Delta d > 0$，即增焓增湿过程，$\varepsilon > 0$ 为正值。

第 II 区域：从初态点 1 出发，落在这一区域内的过程，$\Delta h > 0$，$\Delta d < 0$，即增焓减湿过程，$\varepsilon < 0$ 为负值。

第 III 区域：从初态点 1 出发，落在这一区域内的过程，$\Delta h < 0$，$\Delta d < 0$，即减焓减湿过程，$\varepsilon > 0$ 为正值。

第 IV 区域：从初态点 1 出发，落在这一区域内的过程，$\Delta h < 0$，$\Delta d > 0$，即减焓增湿过程，$\varepsilon < 0$ 为负值。

在空调工程中，对室内空气进行加热、加湿、冷却、减湿等热湿处理过程，通常都借助 h-d 图进行分析，其中非常重要的一个应用便用到了热湿比线。比如，空调在夏季的处理过程中，需要对送入室内的空气进行热湿处理，使其达到送风状态点，在该状态下，空气进入有多余热量和湿量的房间，吸收并去除热量和湿量的同时，空气沿着一定的热湿比线达到预定的室内空调设计温度，该热湿比刚好对应空调房间产生的余热量和余湿量之比。

7.3.6 露点温度在 h - d 图上的表示

在 h - d 图上可以方便地表示湿空气的热力过程,露点温度也可以清晰地表示和读取。露点温度是指水蒸气在分压力不变的情况下冷却到饱和状态的温度,也就是在含湿量不变的情况下冷却到饱和状态时的温度。如图 7 - 7 所示,从初状态点 1 向下作垂直线与 $\varphi=100\%$ 线相交得到点 2,该垂直线即对应温度和压力下的定含湿量线(定分压力线),通过点 2 的定温线的温度值就是状态点 1 的湿空气的露点温度。

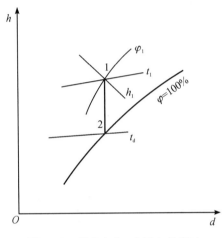

图 7 - 7　露点在 h - d 图上的表示

7.3.7 湿球温度在 h - d 图上的表示

根据式(7 - 45),将湿球热湿交换过程简化为等焓过程,在工程计算中完全可用定焓线来代替定湿球温度线。如图 7 - 8 所示,过初状态点 1 作定焓线(定湿球温度线),该定焓线与 $\varphi=100\%$ 线的交于点 2′,通过这点的定温线的温度值,就是这条定湿球温度线的湿球温度值。点 2 对应的湿球温度 t_w 则考虑了湿球热湿交换过程中水蒸气蒸发产生的极小焓增,见式(7 - 44),在空气调节技术中,通常简单地按照等焓过程处理。

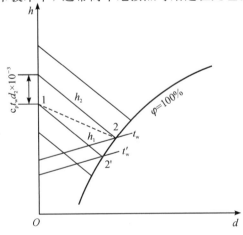

图 7 - 8　湿球温度在 h - d 图上的表示

【**例 7 - 6**】　要求房间空气的状态保持为 $t_2 = 20℃$，$\varphi_2 = 50\%$。设房间内有工作人员 10 人在轻度劳动，每人每小时散热量为 530 kJ/h，散湿量为 80 g/h。经计算，围护结构与设备进入房间的热量为 4700 kJ/h，湿量为 1.2 kg/h。实际送入房间的空气温度为 $t_1 = 12℃$。试确定送风点的状态参数，并求每小时送入室内的湿空气质量。已知当时的大气压力 $B = 101\ 300$ Pa。

【**解**】　每小时散入室内的总热量为
$$Q = 10 \times 530 + 4700 = 10\ 000\ \text{kJ/h}$$

每小时散入室内的水蒸气量为
$$W = 80 \times 10 + 1.2 \times 1000 = 2000\ \text{g/h}$$

最后可得热湿比
$$\varepsilon = 1000 \times \frac{\Delta h}{\Delta d} = 1000 \times \frac{m_a \Delta h}{m_a \Delta d} = 1000 \times \frac{Q}{W} = 1000 \times \frac{10\ 000}{2000} = 5000\ \text{kJ/kg}$$

由 $t_2 = 20℃$ 及 $\varphi_2 = 50\%$ 得出点 2，通过点 2 作一条 $\varepsilon = 5000$ kJ/kg 的热湿比线与 $t_1 = 12℃$ 的定温线相交得到点 1，如图 7 - 9 所示。

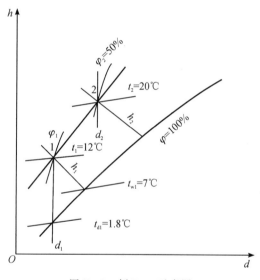

图 7 - 9　例 7 - 6 示意图

最后可得送风的状态点 1 的状态参数为
$$h_1 = 23\ \text{kJ/kg(a)}$$
$$d_1 = 4.2\ \text{g/kg(a)}, \quad t_{d1} = 1.8℃$$
$$\varphi_1 = 48\%, \quad t_{w1} = 7℃$$

点 2 的焓值为
$$h_2 = 38.5\ \text{kJ/kg(a)}$$

每小时送入室内的干空气量为
$$m_a = \frac{Q}{h_2 - h_1} = \frac{10\ 000}{38.5 - 23} = 645.16\ \text{kg/h}$$

每小时送入室内的湿空气质量为
$$m = m_a(1 + 0.001 d_1) = 645.16(1 + 0.0042) = 648.3\ \text{kg/h}$$

应该指出：例 7-4 没有利用 $h-d$ 图，全部采用公式计算，解题过程比较烦琐，而例 7-6 利用 $h-d$ 图，使分析计算十分方便，精度也足够高。

在计算湿空气质量 m 及干空气质量 m_a 时，二者相差虽然不多，但将 m_a 看作是湿空气的质量 m，或将 m 看作是干空气的质量 m_a，在概念上是错误的。

7.4 湿空气的基本热力过程

湿空气处理的目的是使湿空气达到一定的温度及湿度，其处理过程可以由一个或多个热力过程组合完成。本节将介绍几个常用的基本热力过程。

7.4.1 加热过程

在湿空气的加热过程中，空气吸入热量，温度 t 增高，但含湿量 d 不变，是一个等湿过程，又叫作干加热过程。在 $h-d$ 图上，加热过程 1—2 是一条垂直向上的直线，如图 7-10 所示。湿空气经加热后，状态参数的变化是 $t_2>t_1$，$h_2>h_1$，$\varphi_2<\varphi_1$。加热过程使空气的相对湿度减小，是干燥工程中不可缺少的组成过程之一。加热过程中，$\Delta h>0$，$\Delta d=0$，热湿比 $\varepsilon=\infty$。对每千克干空气而言，所吸收的热量为

$$q=h_2-h_1 \quad (\text{kJ/kg(a)})$$

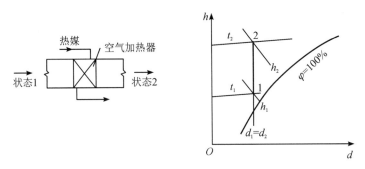

图 7-10 湿空气的加热过程

7.4.2 冷却过程

冷却过程正好与加热过程相反。在冷却过程中，湿空气降低温度而放出热量。只要冷源的温度高于湿空气的露点温度，在冷却过程中就不会产生凝结水，因而含湿量不变，是一个等 d 冷却过程，又称为干冷却过程，如图 7-11 中过程 1—2 所示。等 d 冷却的结果是 $t_2<t_1$，$h_2<h_1$，$\varphi_2>\varphi_1$。

在等 d 冷却过程中，$\Delta h<0$，$\Delta d=0$，热湿比 $\varepsilon=-\infty$，湿空气在冷却过程中所放出的热量为

$$q=h_2-h_1 \quad (\text{负值})(\text{kJ/kg(a)})$$

若冷源温度低于湿空气露点温度 t_d，湿空气中的水蒸气直接与冷却器表面接触的部分将会凝结，这时，湿空气的冷却过程如图 7-11 中的过程 1—2′所示。因此，这种冷却过程

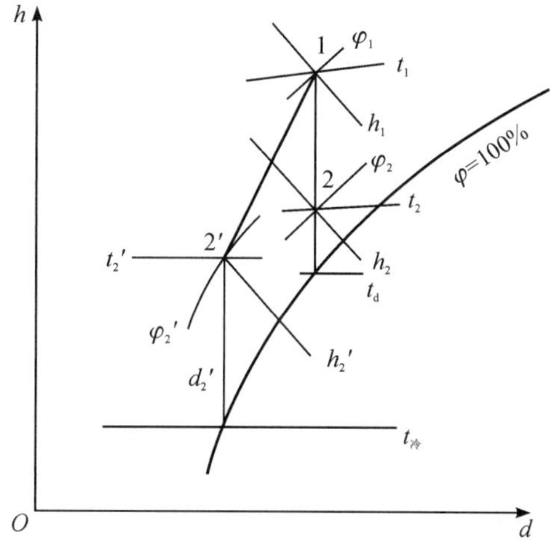

图 7 - 11　湿空气的冷却过程

称为去湿冷却(或析湿冷却)。在去湿冷却过程中，$h_{2'} < h_1$，$d_{2'} < d_1$，$t_{2'} < t_1$，在一般情况下，$\varphi_{2'} > \varphi_1$。由于 $\Delta h < 0$，$\Delta d < 0$，故热湿比 $\varepsilon > 0$。

湿空气在去湿冷却过程中放出的热量为

$$q = h_{2'} - h_1 \quad (负值)(kJ/kg(a))$$

所析出的水分为

$$\Delta d = d_{2'} - d_1 \quad (负值)(g/kg(a))$$

7.4.3　绝热加湿过程

在空气处理过程中，在绝热情况下对空气加入水分，以增加其湿度 d，称为绝热加湿过程，如在喷淋室中通过喷入循环水滴来达到绝热加湿的目的。水滴蒸发所需的汽化潜热完全来自空气，所以加湿后湿空气温度将降低。汽化后水滴变为水蒸气又回到空气中，对空气来说其焓值只增加了几克水的液体焓，因此，可以认为绝热加湿过程是一个等焓过程，如图 7 - 12 所示。在绝热加湿过程 1—2 中，$h_2 = h_1$，$d_2 > d_1$，$\varphi_2 > \varphi_1$，$t_2 < t_1$。因 $\Delta h = 0$，$\Delta d > 0$，过程 1—2 的热湿比 $\varepsilon = 0$，所以，在绝热加湿过程中对每千克干空气而言，吸收的水蒸气为

$$\Delta d = d_{2'} - d_1 \quad (g/kg(a))$$

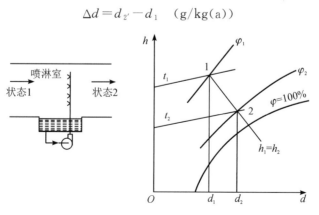

图 7 - 12　湿空气的绝热加湿过程

7.4.4 定温加湿过程

对湿空气喷入少量水蒸气使之加湿的过程称为定温加湿过程，这在小型空调机组中经常采用。此时，湿空气从状态点1变化到状态点2，如图7-13中过程1—2所示。喷蒸汽加湿的结果，使 $h_2 > h_1$，$d_2 > d_1$，$\varphi_2 > \varphi_1$，温度虽略有升高，但可近似地认为不变。

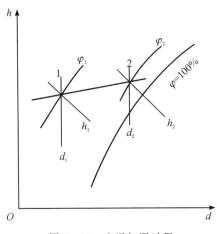

图 7-13 定温加湿过程

如喷入压力为 10^5 Pa 的饱和水蒸气，则水蒸气的焓值 $h_v = 2676$ kJ/kg，对每千克干空气而言，所吸收的热量为

$$q = h_2 - h_1 = 0.001\Delta d h_v = \frac{2676\Delta d}{1000} \quad (\text{kJ/kg(a)})$$

而含湿量增加 Δd。因此，喷饱和水蒸气加湿过程的热湿比为

$$\varepsilon = 1000 \times \frac{h_2 - h_1}{\Delta d} = 1000 \times \frac{2676\Delta d}{1000\Delta d} = 2676 \text{ kJ/kg}$$

从 $h-d$ 图上可以看出，$\varepsilon = 2676$ kJ/kg 的过程与常温下的定温线非常接近，所以我们称之为定温加湿过程。温度之所以不明显升高，是因为在 1 kg 干空气中只增加了几克水蒸气，虽然喷入的水蒸气温度接近 $100\,^\circ\!C$，但由于干空气的质量远大于喷入水蒸气的质量，因而湿空气温度升高极为有限，故在空调工程中往往简化为定温过程。但如喷入大量水蒸气，致使空气达到饱和状态，甚至部分水蒸气产生凝结而放出汽化潜热并为湿空气所吸收，此时湿空气的温度将会有较大的升高，不能当作定温过程处理。

7.4.5 湿空气的混合

空调工程中，在满足卫生条件的情况下，常使一部分空调系统中的循环空气与室外新风混合，处理后再送入空调房间，以节省冷量或热量，达到节能的目的。

设有质量为 m_1 的湿空气(其中干空气的质量为 m_{a1})，状态参数为 t_1，h_1，φ_1，d_1，与质量为 m_2 的湿空气(其中干空气质量为 m_{a2})，状态参数为 t_2，h_2，φ_2，d_2，混合后湿空气的质量为 $m_c = m_1 + m_2$(干空气的质量为 $m_{ac} = m_{a1} + m_{a2}$)，状态参数为 t_c，h_c，φ_c，d_c。混合过程如图 7-14(a)所示。

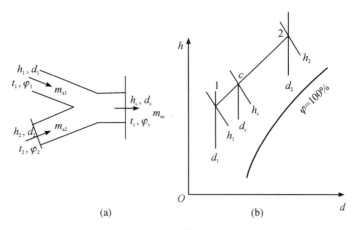

图 7 - 14　湿空气的混合过程

根据混合过程中的热湿平衡可得

$$m_{a1} h_1 + m_{a2} h_2 = (m_{a1} + m_{a2}) h_c = m_{ac} h_c$$

$$m_{a1} d_1 + m_{a2} d_2 = (m_{a1} + m_{a2}) d_c = m_{ac} d_c$$

上列二式也可合并写成

$$\frac{m_{a2}}{m_{a1}} = \frac{h_c - h_1}{h_2 - h_c} = \frac{d_c - d_1}{d_2 - d_c} \tag{7 - 47}$$

由式(7 - 47)可得

$$\frac{h_c - h_1}{d_c - d_1} = \frac{h_2 - h_c}{d_2 - d_c}$$

由上式可知，$\dfrac{h_c - h_1}{d_c - d_1}$ 是直线 $1-c$ 的斜率，$\dfrac{h_2 - h_c}{d_2 - d_c}$ 是直线 $c-2$ 的斜率，两个斜率相等并有共同点 c，所以混合后的状态点 c 必定落在一条连接点 1 与点 2 的直线上，如图 7 - 14 所示。

从式(7 - 47)还可以看出，混合状态点将直线 1—2 分为两段，线段 1—c 与线段 c—2 的长度比和干空气质量 m_{a2} 与 m_{a1} 之比相等。

为确定状态点 c 在 h - d 图上的位置，也可以通过热湿平衡关系得到 h_c 及 d_c 的值，即

$$h_c = \frac{m_{a1} h_1 + m_{a2} h_2}{m_{a1} + m_{a2}}$$

$$d_c = \frac{m_{a1} d_1 + m_{a2} d_2}{m_{a1} + m_{a2}}$$

由上列二式计算所得的 h_c 及 d_c 的点 c，必然落在直线 1—2 上，而其关系必符合式(7 - 47)。

除了利用计算方法，还可以根据混合过程线的长度比例计算混合点的焓值和含湿量。由式(7 - 47)和几何知识可得

$$\frac{m_{a2}}{m_{a1}} = \frac{h_c - h_1}{h_2 - h_c} = \frac{\overline{c1}}{\overline{2c}}$$

即 $\overline{c1}$、$\overline{2c}$ 两段线段的长度之比为 2 点的干空气质量和 1 点的干空气质量之比。通过量取线段长度即可确定 c 点位置。

在空调工程中，空气的混合过程应用也较多。为了兼顾室内空气的卫生品质和节能需求，通常将室内回风与一部分新风混合后再进行热湿处理。图 7-14 中的状态点 1 可假设为夏季空调室内设计状态（回风），状态点 2 为夏季空调室外参数，两者混合后为状态点 c。引入新风的风量与室内回风风量之比为 $\dfrac{m_{a2}}{m_{a1}} = \dfrac{\overline{c1}}{\overline{2c}}$，两者之和为总的送风量，则新风风量与总送风量之比为 $\dfrac{m_{a2}}{(m_{a2}+m_{a1})} = \dfrac{\overline{c1}}{\overline{21}}$。

值得注意的是，由于湿空气饱和曲线在图上具有向下凹的特性，联系上述结论，可能会发生一个很有意义的现象：当有两股非常接近饱和线的状态为 1 和 2 的未饱和空气流绝热混合，连接该两状态点的直线将穿过饱和曲线，其混合点 c 将落在饱和线下面，由此，在混合过程中必然会有一些水凝结出来。

7.4.6 湿空气的蒸发冷却过程

湿空气的蒸发冷却可分为直接蒸发冷却和间接蒸发冷却两种方式。当未饱和湿空气和水直接接触时，水会蒸发。水从周围湿空气中吸收汽化潜热，使水和湿空气的温度降低，这一过程称为湿空气的直接蒸发冷却过程。若将直接蒸发冷却后的湿空气通过间壁式换热器去冷却室外空气作为空调送风，则称为湿空气的间接蒸发冷却。

蒸发冷却主要是利用自然环境中湿空气的干湿球温度差获得冷却效果，干湿球温度差越大，冷却的效果越显著。由于蒸发冷却具有耗能少、节能潜力大且对环境无污染等优点，近年来在国内外受到广泛重视。

湿空气蒸发冷却过程受自然界大气湿球温度和水温的影响较大，从而使实际的热湿交换过程复杂多样。尽管如此，从过程热力特性来分析，总是可以把这些实际过程分解为前面所述基本热力过程的组合。

湿空气在直接蒸发冷却过程中有三种可能情况：

（1）湿空气与循环喷淋水接触。在这种情况下，由于水温稳定在等于进口湿空气的湿球温度，因此湿空气进行的是绝热加湿降温过程，如图 7-12 所示。

（2）进口湿空气与低于它本身湿球温度的喷淋水接触。这时，湿空气进行的是减焓、减湿、降温过程。

（3）湿空气与喷淋水接触。这时，水温介于湿空气的干、湿球温度之间（即 $t_a > t > t_w$），湿空气进行的是增焓、加湿、降温过程。

7.4.7 冷却塔中的热湿交换过程

冷却塔是将被加热的冷却水与大气进行热湿交换，使冷却水降低温度后循环使用的装置。冷却塔广泛应用在电站、空调冷冻机房和化工企业中有冷凝设备的场所。冷却塔中的热湿交换过程主要是蒸发冷却，这种冷却方式可最大限度地使冷却水的温度降到大气的湿球温度。

图 7-15 所示是冷却塔的示意图。热水由上部进入，通过喷嘴喷成小水滴沿着塑料或木条组成的网格向下流动；空气由冷却塔的底部进入，在浮升力或引风机的作用下向上流

动，与热水接触而进行热湿交换过程。过程中一部分热水蒸发而降低本身的温度，变为冷水后流入底部的水池；充分进行热湿交换的结果是使离开冷却塔的湿空气的含湿量增加至接近饱和状态。

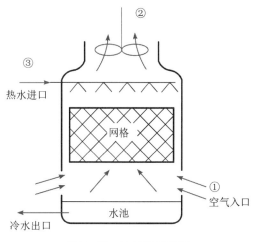

图 7-15 冷却塔示意图

在冷却塔中，无论是热水温度高于空气温度，还是水温稍低于空气温度，热湿交换过程的结果总是热量由水传给空气，使水温下降。其极限情况是水温降低到进入冷却塔空气初状态下的湿球温度。

如忽略冷却塔的散热，不考虑流动工质的动能变化及位能变化，由图 7-15 可得能量平衡关系式为

$$\dot{m}_a(h_2 - h_1) = \dot{m}_{w3}h_{w3} - \dot{m}_{w4}h_{w4}$$

质量平衡关系式为

$$\dot{m}_{w3} - \dot{m}_{w4} = \dot{m}_a(d_2 - d_1) \times 10^{-3}$$

合并上两式得

$$\dot{m}_a = \frac{\dot{m}_{w3}(h_{w3} - h_{w4})}{(h_2 - h_1) - h_{w4}(d_2 - d_1) \times 10^{-3}} \tag{7-48}$$

式中：h_1，h_2——进入及离开冷却塔的湿空气的焓，单位为 kJ/kg(a)；

d_1，d_2——进入及离开冷却塔的湿空气的含湿量，单位为 g/kg(a)；

$\dot{m}_a$——干空气的质量流量，单位为 kg(a)/h；

h_{w3}，h_{w4}——进入及离开冷却塔的热水的焓，单位为 kJ/kg(a)；

$\dot{m}_{w3}$，$\dot{m}_{w4}$——进入及离开冷却塔的热水的质量流量，单位为 kg/h。

从式(7-48)可知，进入冷却塔的湿空气的状态 1 是当地的大气状态参数，只需选定湿空气的出口状态，以及进出冷却塔的水温，就能计算所需的通风量和所需补充的冷却水量。

【例 7-7】 35℃的热水以 $\dot{m}_{w3} = 20 \times 10^3$ kg/h 的流量进入冷却塔，被冷却到 20℃后离开。进入冷却塔的空气为 $t_1 = 20$℃，$\varphi_1 = 60\%$，在 30℃的饱和状态下离开。求进入冷却塔的湿空气质量流量，离开冷却塔的湿空气质量流量及蒸发损失的水量。设当地大气压力为 101 325 Pa。

【解】 由 $t_1 = 20$℃，$\varphi_1 = 60\%$ 及 $t_2 = 30$℃，$\varphi_2 = 100\%$，从 h-d 图查得

$$h_1 = 42.4 \text{ kJ/kg(a)}, \quad d_1 = 8.6 \text{ g/kg(a)}$$

$$h_2 = 100 \text{ kJ/kg(a)}, \quad d_2 = 27.3 \text{ g/kg(a)}$$

由 $t_3 = 35℃$ 及 $t_4 = 20℃$，取水的平均定压比热容 $c_{pm} = 4.1868 \text{ kJ/(kg · K)}$，则水的焓值为

$$h_{w3} = 4.1868 \times 35 = 146.54 \text{ kJ/kg}$$

$$h_{w4} = 4.1868 \times 20 = 83.74 \text{ kJ/kg}$$

进入冷却塔的湿空气中的干空气的质量流量为

$$\dot{m}_a = \frac{\dot{m}_{w3}(h_{w3} - h_{w4})}{(h_2 - h_1) - h_{w4}(d_2 - d_1) \times 10^{-3}}$$

$$= \frac{20 \times 10^3 (146.54 - 83.74)}{(100 - 42.4) - 83.74(27.3 - 8.6) \times 10^{-3}}$$

$$= 29.1 \times 10^3 \text{ kg(a)/h}$$

进入冷却塔的湿空气的质量流量为

$$\dot{m}_1 = \dot{m}_a(1 + 0.001 d_1) = 29.1 \times 10^3 (1 + 0.001 \times 8.6) = 29.35 \times 10^3 \text{ kg/h}$$

离开冷却塔的湿空气的质量流量为

$$\dot{m}_2 = \dot{m}_a(1 + 0.001 d_2) = 29.1 \times 10^3 (1 + 0.001 \times 27.3) = 29.894 \times 10^3 \text{ kg/h}$$

蒸发损失的水量为

$$\dot{m}_w = \dot{m}_a(d_2 - d_1) \times 10^{-3} = 29.1 \times 10^3 \times (27.3 - 8.6) \times 10^{-3} = 544 \text{ kg/h}$$

或

$$\dot{m}_w = \dot{m}_2 - \dot{m}_1 = (29.8941 - 29.35) \times 10^3 = 544 \text{ kg/h}$$

思考题与习题

1. 什么叫作混合气体的折合气体常数？它比混合气体中最大的气体常数还大吗？

2. 什么叫作混合气体的折合分子量？混合气体中每个分子的质量就等于折合分子量？

3. 考察相同质量的某几种气体混合物，它们所有的质量成分相同吗？摩尔成分又怎样？

4. 理想气体混合物摩尔成分之和等于 1。这一关系对于实际气体混合物同样正确吗？

5. 有人断言，CO_2 和 N_2O 两种气体混合物的质量成分和摩尔成分是相同的，这是真的吗？为什么？

6. 混合气体中质量成分较大的组成气体，其摩尔成分是否也一定较大？

7. 对于未饱和湿空气，湿球温度、干球温度和露点温度三者哪个大？哪个小？对于饱和湿空气，它们的大小又将如何？

8. 绝对湿度的大小能否说明湿空气干燥或潮湿的程度？

9. 为什么影响人体感觉和物体受潮的因素主要是湿空气的相对湿度而不是绝对湿度？

10. 为什么在冷却塔中能将水的温度降低到比大气温度还低的程度？这是否违反热力学第二定律？

11. 在寒冷的阴天，虽然气温尚未到达 $0℃$，但晾在室外的湿衣服会结冰，这是什么原因？

12. 冬季室内供暖时，为什么感觉到空气干燥？

13. 在同一地区，阴雨天的大气压力为什么比晴朗天气的大气压力低？

14. 混合气体中各组成气体的摩尔分数为 $x_{CO_2}=0.4$，$x_{N_2}=0.2$，$x_{O_2}=0.4$，混合气体的温度 $t=50℃$，表压力 $p_g=0.04\ MPa$，气压计上水银柱高度为 $p_b=750\ mmHg$。求：

(1) 体积 $V=4\ m^3$ 混合气体的质量；

(2) 混合气体在标准状态下的体积 V_0。

15. 如果忽略空气中的稀有气体，则可认为其质量成分为 $g_{O_2}=23.2\%$，$g_{N_2}=76.8\%$，试求空气的折合分子量、气体常数、容积成分及在标准状态下的比体积和密度。

16. 一房间含有 50 kg 干空气和 0.6 kg 水蒸气，温度为 25℃，总压力为 95 kPa，则房间中空气的相对湿度是下列中的哪一个：1.2%、18.4%、56.7%、65.2%、78.0%。

17. 试求在湖面上温度为 12℃ 的干空气的摩尔成分，湖表面上的空气是饱和的，湖平面上大气压力可取 100 kPa。

18. 温度 $t=20℃$，压力 $p=0.1\ MPa$，相对湿度 $\varphi=70\%$ 的湿空气 2.5 m^3。求该湿空气的含湿量、水蒸气分压力、露点温度、水蒸气密度、干空气质量、湿空气气体常数。如该湿空气在压力不变的情况下，被冷却为 10℃ 的饱和空气，求析出的水量。

19. 当地的大气压力为 0.1 MPa，湿空气的温度为 30℃，其湿球温度为 25℃，求水蒸气分压力、露点温度、相对湿度、干空气密度、水蒸气密度、湿空气密度、湿空气气体常数及湿空气焓。

20. 压力 B 为 101 325 Pa 的湿空气，在温度 $t_1=5℃$，相对湿度 $\varphi=60\%$ 的状态下进入加热器，在 $t_2=20℃$ 下离开加热器。进入加热器的湿空气体积为 $V_1=10\ 000\ m^3$。求加热量及离开加热器时湿空气的相对湿度。

21. 有两股湿空气进行绝热混合，第一股气流的体积流量为 15 m^3/min，$t_1=20℃$，$\varphi_1=30\%$；第二股气流的体积流量为 20 m^3/min，$t_2=35℃$，$\varphi_2=30\%$。如两股气流的压力均为 101 300 Pa，试分别用图解法及计算法求混合后湿空气的焓、含湿量、温度、相对湿度。

22. 将压力 $p=0.1\ MPa$、$t_1=20℃$、$\varphi_1=60\%$ 的空气作干燥用，先将空气加热到温度 $t_2=50℃$，然后送入干燥器。空气在干燥器中与外界绝热的情况下吸收物料中的水分，离开干燥器时的相对湿度增加到 $\varphi_3=80\%$。设空气流量为 5000 kg/h，当地的大气压力 $B=0.1013\ MPa$。试求：

(1) 使物料蒸发 1 kg 水分需要多少干空气？

(2) 每小时蒸发水分多少千克？

(3) 加热器每小时向空气加入的热量及蒸发 1 kg 水分所耗费的热量。

23. 为满足某车间对空气温度、湿度的要求，需将 $p=0.1\ MPa$、$t_1=10℃$、$\varphi_1=30\%$ 的空气加热后再送入车间。设加热后空气的温度为 $t_2=21℃$，处理空气过程的热湿比（角系数）为 3500，试求空气终态及处理过程的热、湿变化。

24. $p=0.1\ MPa$、$t_1=32℃$、$\varphi_1=65\%$ 的湿空气送入空调机后，首先被冷却盘管冷却和冷凝除湿，温度降为 $t_2=10℃$，然后被电加热器加热到 $t_3=20℃$。试确定：

(1) 各过程中湿空气的初、终状态参数；

(2) 相对于单位质量干空气的湿空气的空调机中去除的水分 m_w；

(3) 相对于单位质量干空气的湿空气被冷却带走的热量 q_{12} 和从电加热器中吸收的热量 q_{23}。

第8章 动力循环

章前导学

通过一系列热力过程实现能量的转换或者热量的转移，最终工质又回到初始状态，我们称之为热力循环。可见，热力循环的目的就是实现热量传递或做功。将热能转换为机械能从而对外做功的热力循环叫作动力循环，能够实现动力循环的机械装置称为热机。

本章我们将学习生产过程中常用的几种动力循环。根据热机所用工质的不同，动力循环可分为蒸汽动力循环、燃气动力循环，以及基于上述两种循环的燃气—蒸汽轮机联合循环。本章的学习要求为：掌握常见蒸汽动力循环的构成、特点，了解热电循环、内燃机循环、燃气轮机循环及工程应用拓展。

8.1 卡诺循环

将热能转化为机械能的设备叫作热机，热机的工作循环称为动力循环。前文已提及卡诺循环是最基础的动力循环，它由法国工程师尼古拉·莱昂纳尔·萨迪·卡诺于 1824 年提出，用于分析热机的工作过程。卡诺循环包括四个步骤：等温吸热、绝热膨胀、等温放热和绝热压缩。

图 8-1(a)和(b)分别显示了卡诺循环的 $T-s$ 图和 $p-v$ 图。它包括两个等温过程 4—1、2—3 和两个绝热过程 1—2、3—4。

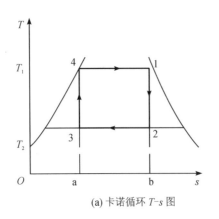

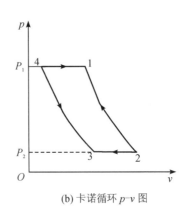

(a) 卡诺循环 $T-s$ 图

(b) 卡诺循环 $p-v$ 图

图 8-1

（1）过程 4—1：1 kg 热水在 T_1 温度下被加热形成蒸汽，继续被等温加热至干度为 x_1 的湿蒸汽，循环工质在此过程吸热，温度压力保持不变。

（2）过程 1—2：蒸汽被等熵膨胀至温度为 T_2、压力为 p_2 的状态 2 点。

（3）过程 2—3：热蒸汽在 T_2 温度、p_2 压力下保持温度、压力不变的工况向外放热，部分蒸汽冷凝为热水，热蒸汽干度变为 x_3。

（4）过程 3—4：湿蒸汽从温度为 T_3、压力为 p_3 的状态下等熵压缩至温度为 T_1、压力为 p_1 的状态点 4，完成一个循环。

过程 4—1 在 T_1 温度下吸收的热量为 T-s 图中四边形 1—4—a—b 的面积，即

$$q_1 = T_1(s_1 - s_4)$$

过程 2—3 在 T_2 温度下放出的热量为 T-s 图中四边形 2—3—a—b 的面积，即

$$q_2 = T_2(s_2 - s_3)$$

过程 1—2 和 3—4 中没有热量交换。

系统对外输出的净功量为吸收热量与放出热量的差值，即

$$w_0 = q_1 - q_2 = T_1(s_1 - s_4) - T_2(s_2 - s_3) = (T_1 - T_2)(s_2 - s_3)$$

卡诺循环的效率为

$$\eta = \frac{输出净功}{输入热量} = \frac{(T_1 - T_2)(s_2 - s_3)}{T_1(s_1 - s_4)} = \frac{T_1 - T_2}{T_1} = 1 - \frac{T_2}{T_1}$$

由热力学第二定理易证明卡诺循环是在 T_1、T_2 温度下效率最高的简单循环，但卡诺循环并未在生产中实现应用，这是因为它有四个方面的问题。

（1）实际工程中将湿空气从状态点 3 精准等熵压缩至完全饱和的状态点 4 难以实现。

（2）冷凝设备出口的状态点 3 难以精确控制。

（3）卡诺循环的效率受 T_1 影响较大，而在临界压力 22.1 MPa 时的饱和蒸汽温度为 374℃，在潮湿高温的环境下，T_1 将很难达到设计值。

（4）实际工程中等温过程难以实现。

卡诺循环并未在实际工程中应用，但其高循环效率是其他简单循环改进的方向。

8.2　朗　肯　循　环

朗肯循环（Rankine cycle）是最简单的蒸汽动力理想循环，热力发电厂各种复杂的蒸汽动力循环都是在朗肯循环基础上发展起来的，朗肯计算出的热力学循环（后称为朗肯循环）的热效率，被作为蒸汽动力发电厂性能的对比标准，所以，研究朗肯循环也是研究各种复杂动力循环的基础。

8.2.1　朗肯循环装置和流程

朗肯循环的蒸汽动力装置包括锅炉、汽轮机、凝汽器和增压泵四个主要设备。其工作原理如图 8-2 所示，具体包括以下四个过程：

（1）过程 1—2：过热水蒸气在汽轮机内可逆绝热膨胀做功，变为低温低压的乏汽；

（2）过程 2—3：乏汽在凝汽器内等压（也是等温）冷却，凝结为冷凝水；

（3）过程 3—3′：凝结水在增压泵中可逆绝热压缩，加压后送入锅炉；

（4）过程 3′—1：水在蒸汽锅炉中等压加热汽化，成为高温高压的过热蒸汽。

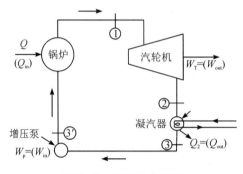

图 8-2　有机朗肯循环

8.2.2　朗肯循环的能量分析和热效率

如图 8-3、图 8-4、图 8-5 所示分别是有机朗肯循环的 $p-v$ 图、$T-s$ 图和 $h-s$ 图。

分别在锅炉、汽轮机、凝汽器和增压泵处建立稳态流动能量方程，计算 1 kg 循环工质做功时的能量变化。

（1）在锅炉（设为控制对象）中，蒸汽在定压过程中从锅炉获得的热量为

$$q_1 = h_1 - h_{3'}$$

（2）在汽轮机（设为控制对象）中，1 kg 水蒸气对外做功量为

$$w_T = h_1 - h_2$$

（3）在凝汽器中，蒸汽向外界释放的热量为

$$q_2 = h_2 - h_3$$

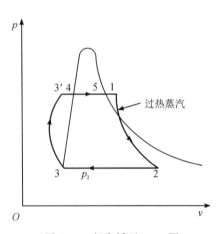

图 8-3　朗肯循环 $p-v$ 图

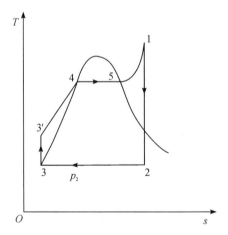

图 8-4　朗肯循环 $T-s$ 图

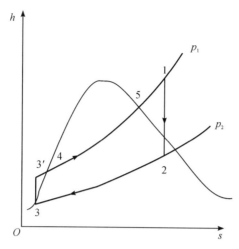

图 8-5　朗肯循环 $h-s$ 图

（4）在增压泵中，水泵压缩消耗功量为

$$w_{\mathrm{p}}=h_{3'}-h_3$$

取整个系统为研究对象，根据热力学第一定律可得

$$\oint q=\oint w$$

则

$$q_1-q_2=w_{\mathrm{T}}-w_{\mathrm{p}}=w_0$$

朗肯循环的热效率为

$$\eta_{\mathrm{t}}=\frac{\text{收获}}{\text{消耗}}=\frac{w_0}{q_1}=\frac{w_{\mathrm{T}}-w_{\mathrm{p}}}{q_1}=\frac{q_1-q_2}{q_1}=\frac{(h_1-h_{3'})-(h_2-h_3)}{(h_1-h_{3'})} \tag{8-1}$$

通常水泵消耗轴功与汽轮机做功量相比甚小，在计算时可以忽略。实际应用中，在锅炉内压力较低时，增压泵的做功为 $w_{\mathrm{p}}=h_{3'}-h_3=0$，此时朗肯循环的热效率可简化为

$$\eta_{\mathrm{t}}=\frac{h_1-h_2}{h_1-h_{3'}} \tag{8-2}$$

对比卡诺循环，朗肯循环具有以下特点：

（1）在同样的工作温度下，朗肯循环比卡诺循环的输出能力更高，因此，朗肯循环需要的工质流量更小。在相同的输出要求下，朗肯循环所需的汽轮机设备相对更小。然而，朗肯循环要求锅炉和凝汽器的传热效率更高。

（2）在朗肯循环中只有部分热量是在较高温度 T_1 下等温传热，因此，朗肯循环的效率低于卡诺循环。

（3）朗肯循环使用增压泵向锅炉输送加压液体工质，而卡诺循环使用压缩设备对湿蒸汽进行压缩，在相同的工作条件下增压泵的功耗更小。

8.2.3　提高朗肯循环热效率的途径

依据卡诺循环热效率 $\eta_{\mathrm{t,c}}=1-\dfrac{T_2}{T_1}$ 指出的方向，提高动力循环热效率的基本途径是提高工质的吸热温度与降低工质的放热温度。但是，朗肯循环工质吸热温度是变化的。为了便于理解，引用平均吸热温度的概念，以一个等效的卡诺循环代替朗肯循环。如图 8-6 所示，引入等效吸热温度 T_{m1}，使其在该温度下的等温吸热量等于 3—4—5—1 的定压吸热量，$T-s$ 图上的面积 67896 与 1673451 围成的面积相等，由此构建出 T_{m1} 与 T_2 两个热源温度间的卡诺循环。

吸热量为

$$q_1 = \int_3^1 T \mathrm{d}s = T_{m1}(s_6 - s_7)$$

平均吸热温度为

$$T_{m1} = \frac{\int_3^1 T \mathrm{d}s}{(s_6 - s_7)}$$

等效卡诺循环热效率为

$$\eta_t = 1 - \frac{T_2}{T_{m1}}$$

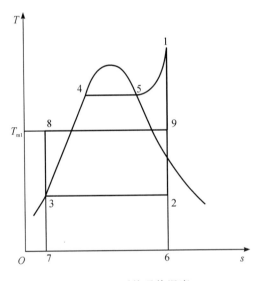

图 8-6 平均吸热温度

由此可见，提高朗肯循环效率的基本途径便是提高等效卡诺循环的平均吸热温度或者降低排气温度。等效卡诺循环的平均吸热温度可以通过提高锅炉压力和增加过热度实现，降低排气温度可以通过降低冷凝压力实现。

（1）提高锅炉压力。如图 8-7 所示，保持锅炉出口的初始温度 t_1 和冷凝压力 p_2 不变，仅将锅炉压力 p_1 提高至 $p_{1'}$，水蒸气在锅炉内的定压吸热过程线上移。可以看出，锅炉压力提高后的新循环平均吸热温度升高，热效率得以提升，同时汽轮机出口乏汽的比体积变小（$2'$ 与 2 比较），设备尺寸可以减小。然而，随着初压的提高，乏汽的干度将由 x_2 降至 $x_{2'}$，使乏汽中水蒸气湿度加大，这会对汽轮机末级叶片造成侵蚀，对汽轮机的安全运行极为不利。工程上一般要求乏汽干度不低于 $86\% \sim 88\%$。

图 8-8 所示为在某温度下朗肯循环热效率随压力变化的实验结果。在锅炉压力约为 166 bar 时，热效率趋于上升并达到最大值。

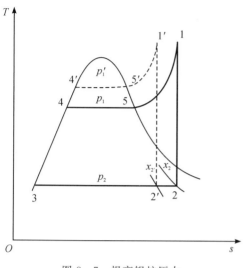

图 8-7 提高锅炉压力

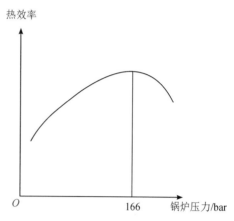

图 8-8 热效率随锅炉压力变化关系

（2）提高过热度。图 8-9 表明其他条件不变的情况下，增大蒸汽的过热度也可以提高效率。因为提高过热度之后，湿空气中悬浮小水滴的数量减少，这可以有效避免高速旋转的小水滴侵蚀叶片，因此增加过热度也可以延长涡轮叶片的使用寿命。图 8-10 表明了热效率随着过热度变化而变化的关系。

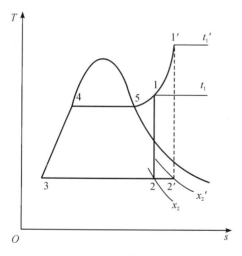

图 8-9 提高过热度

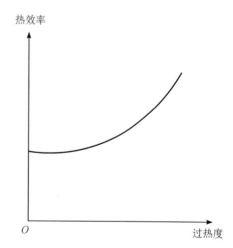

图 8-10 热效率随过热度变化而变化的关系

（3）降低冷凝压力。通过降低凝汽器内的冷凝压力可以充分提高循环效率，在凝汽器内设置高真空环境时，效率有显著提升，但凝汽器的制造成本也随之提高。

【**例 8-1**】 表 8-1 为一个蒸汽发电厂的朗肯循环数据。图 8-11 所示为朗肯循环流程图。

表 8－1 蒸汽发电厂的朗肯循环数据

序号	位　置	压力	质量/温度	速度
1	汽轮机入口	5 MPa	400℃	
2	汽轮机出口至凝汽器入口	10 kPa	干度 0.9	200 m/s
3	凝汽器出口至增压泵入口	9 kPa	饱和液体	
4	增压泵出口至锅炉入口	7 MPa		
5	锅炉出口工质流量：10 000 kg/h	6 MPa	450℃	

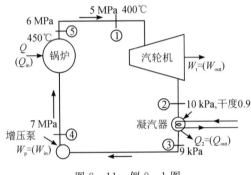

图 8－11 例 8－1 图

试计算：

(1) 汽轮机的输出功率；

(2) 锅炉和凝汽器内每小时的传热量；

(3) 凝汽器中每小时循环的冷却水质量，凝汽器进出口冷却水的温度分别设置为 20℃和 30℃。

【解】 (1) 汽轮机的输出功率。

从水蒸气参数表中可查到，汽轮机入口 5 MPa、400℃的新蒸汽，其焓值为

$$h_1 = 3194.9 \text{ kJ/kg}$$

汽轮机出口处 10 kPa、干度 0.9 的湿饱和蒸汽焓值需要利用同压力下的饱和参数计算求得。

压力为 10 kPa 时，饱和水的焓值为 $h' = 191.76$ kJ/kg，干饱和蒸汽的焓值为 $h'' = 2583.7$ kJ/kg。则

$$h_2 = xh'' + (1-x)h'$$
$$h_2 = 0.9 \times 2583.7 + (1-0.9) \times 191.76 = 2344.51 \text{ kJ/kg}$$

汽轮机的输出功率为

$$w_t = \dot{m}(h_1 - h_2) = \frac{10\,000}{3600} \times (3194.9 - 2344.51) = 2362.19 \text{ kW}$$

(2) 锅炉和凝汽器内每小时的传热量。

增压泵出口、锅炉入口的饱和水在 7 MPa 状态下的焓值为

$$h_4 = 1266.9 \text{ kJ/kg}$$

锅炉出口蒸汽在 6 MPa、450℃状态下的焓值为

$$h_5 = 3300.7 \text{ kJ/kg}$$

锅炉内每小时的传热量为

$$Q_1 = \dot{m}(h_5 - h_4) = 10000 \times (3300.7 - 1266.9) = 2.03 \times 10^7 \text{ kJ/h}$$

凝汽器出口为 9 kPa 的饱和水状态，查水蒸气参数表得

$$h_3 = 183.36 \text{ kJ/kg}$$

凝汽器内每小时的传热量为

$$Q_2 = \dot{m}(h_2 - h_3) = 10\,000 \times (2344.51 - 183.36) = 2.16 \times 10^7 \text{ kJ/h}$$

（3）根据能量守恒原理，蒸汽中的热量损失等于冷却水中的吸收热量，即

$$Q_2 = \dot{m}_w c_p \Delta t$$

凝汽器内每小时循环的冷却水的质量为

$$\dot{m}_w = \frac{Q_2}{c_p \Delta t} = \frac{2.16 \times 10^7}{4.18 \times (30 - 20)} = 5.17 \times 10^5 \text{ kg/h}$$

8.3　回热循环和再热循环

平均吸热温度不高是朗肯循环热效率不高的主要原因，这是由于金属材料的耐高温、耐高压能力有限，并且，冷凝后的水经水泵加压后，未饱和水温度很低，造成工质的平均吸热温度不高。为了提高朗肯循环的平均吸热温度，提出了基于朗肯循环的回热循环。从原理上说，回热就是把本来要放给冷源的热量用于加热工质，以减少工质从外界吸收的热量。回热循环根据其工作原理主要分为极限回热循环和抽气回热循环。

8.3.1　极限回热循环

为了便于和卡诺循环对比分析，取朗肯循环汽轮机进口蒸汽初态为干饱和状态，如图 8-12 所示。

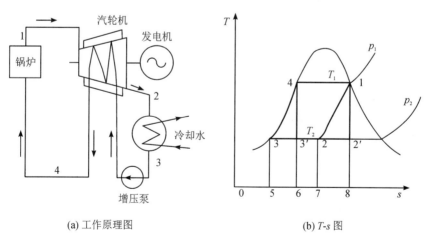

(a) 工作原理图　　　　　　　(b) T-s 图

图 8-12　极限回热循环

与基础的朗肯循环不同的是，凝汽器出口的低温凝结水不是直接送回锅炉，而是首先进入汽轮机壳的夹层中，由汽轮机的排气端向进气端流动，并依次被汽轮机内的蒸汽所加

热。蒸汽在汽轮机内膨胀做功的同时，通过机壳不断向凝结水放热，即膨胀过程将沿曲线 1—2 进行。假设传热过程是可逆的，即在机壳的每一点上，蒸汽与凝结水之间的温差为无限小，蒸汽释放的热量全部被凝结水吸收。因此，放热过程曲线 1—2 与吸热过程曲线 3—4 平行，蒸汽通过机壳释放的热量（面积 12 781）等于凝结水吸收的热量（面积 34 653）。凝结水最终被加热到初压下的饱和温度 T_4（完全预热，使凝结水达到可以升温的极限），然后再送入锅炉中加热至干饱和蒸汽状态。

由于面积 122′1 等于面积 433′4，所以面积 12341 与面积 12′3′41 相等。于是该回热循环 1—2—3—4—1 与相同热源温度 T_1、T_2 下的卡诺循环 1—2′—3′—4—1 等效，即它们具有相同的热效率。利用汽轮机蒸汽放热量将凝结水在进入锅炉前进行完全预热的循环称为极限回热循环。

极限回热循环与同温度范围内的卡诺循环热效率相等，表明极限回热循环的热效率在该温度范围内是最高的。极限回热循环比朗肯循环热效率高的原因是消除了水从外界吸热的预热阶段，通过循环内部的传热使水温从 T_3 增高到该压力下的饱和温度 T_4，锅炉内吸热过程的平均吸热温度提高到 T_1。

显然，极限回热循环实际上是无法实现的，因为蒸汽流过汽轮机时的速度很高，要在短时间内使蒸汽通过机壳迅速将水温升高是不可能的，传热温差为零的可逆假设更是无法实现。另外，放热膨胀做功后的蒸汽干度很低，影响汽轮机的正常工作。

8.3.2　抽气回热循环

通过 8.3.1 节的分析可知，极限回热循环是无法实现的，但利用回热办法提高循环热效率的途径是可以肯定的。目前采用的切实可行的方法是，将汽轮机中抽出的少量的、未完全膨胀的、压力仍不太低的蒸汽，用于加热低温的冷凝水。这部分抽出的蒸汽的潜热没有放给冷源，而是用于加热工质，达到了回热的目的，提高了吸热温度。这种循环称为抽气回热循环。抽气回热循环一般分级进行，又可分为一次抽气回热循环和多次抽气回热循环。图 8-13 所示为一次抽气回热循环原理图及 T-s 图。

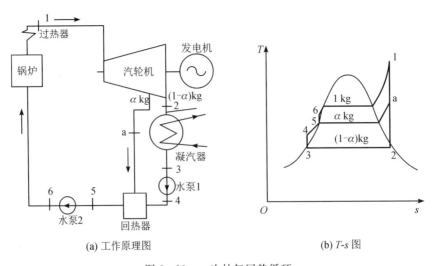

(a) 工作原理图　　　　　　　　　(b) T-s 图

图 8-13　一次抽气回热循环

1 kg 过热的新蒸汽进入汽轮机做功，膨胀过程蒸汽的压力会逐渐下降，当蒸汽压力降低到 P_a 时，从汽轮机内抽出 α kg 蒸汽并送入回热器用于加热低温段冷凝水，汽轮机中剩余的 $(1-\alpha)$ kg 蒸汽继续膨胀做功，压力降低至乏汽压力时进入凝汽器，被冷却凝结成冷凝水，经凝结水泵进入回热器。$(1-\alpha)$ kg 的凝结水在回热器中被抽出的 α kg 蒸汽加热，温度升高至饱和水。最后，1 kg 饱和水经水泵加压进入锅炉重新被加热、汽化、过热形成新蒸汽，完成一个循环。

需要指出的是，回热循环中由于不同阶段工质的质量会有所变化，所以，$T\text{-}s$ 图上的面积并不能直接代表功与热量，而只是表征状态变化和流程。下面进行抽气回热循环的热力分析。

假定低温段热水被加热的最终温度为该混合抽气压力下的饱和温度。由质量守恒和能量平衡原则可以计算回热抽气率。取图 8-13(a)中的回热器为控制体。其质量守恒关系为

$$\alpha + (1-\alpha) = 1 \text{ kg}$$

根据热力学第一定律，能量守恒关系为

$$\alpha h_a + (1-\alpha)h_4 = h_5$$

从而得到抽气率 α 为

$$\alpha = \frac{h_5 - h_4}{h_a - h_4} \tag{8-3}$$

循环吸热量为

$$q_1 = h_1 - h_6$$

若忽略水泵耗功，循环吸热量为

$$q_1 = h_1 - h_5 \tag{8-4}$$

循环所做的净功(忽略水泵耗功)为

$$w_0 = \alpha(h_1 - h_a) + (1-\alpha)(h_1 - h_2) = (h_1 - h_a) + (1-\alpha)(h_a - h_2) \tag{8-5}$$

则循环热效率为

$$\eta_t = \frac{w_0}{q_1} = \frac{(h_1 - h_a) + (1-\alpha)(h_a - h_2)}{h_1 - h_5} \tag{8-6}$$

与朗肯循环相比，抽气回热循环的优势如下：

(1) 锅炉内的加热过程更趋近于可逆过程；

(2) 由于锅炉内温度变化范围缩小，设备所承受的热应力减小；

(3) 由于从循环中抽取蒸汽加热低温段热水，系统整体平均温度升高，从而提高了热效率；

(4) 抽出的热蒸汽使得汽轮机内蒸汽总量减少，因此叶片的高度减小；

(5) 从汽轮机中抽取蒸汽使得汽轮机内凝结水减少，因此减小了水滴对设备的侵蚀；

(6) 从汽轮机出来的低压蒸汽量减少，降低了凝汽器的负荷，因此凝汽器设备的体积减小，节省了凝汽器换热面的金属材料。

然而，抽气循环也有不利的一面。单位质量流量的工作蒸汽的膨胀做功量减少了，使得发电装置输出单位功量所耗费的蒸汽量(称为汽耗率)增加了。

在实际工程中，电厂大多采用表面式回热器(即蒸汽不与凝结水混合的间接式换热)，这种抽气回热的效果与上述混合式抽气回热效果相同。

需要指出的是，虽然理论上抽气回热次数愈多，最佳给水温度愈高，从而平均吸热温度愈高，热效率也愈高。但实际上，级数愈多，设备和管路愈复杂，而每增加一级抽气的获益愈少。因此，回热抽气次数不宜过多，通常电厂回热级数为 $3\sim8$ 级。

8.3.3 再热循环

由前文可知，如果只提高压缩机入口的蒸汽压力，而不同时提高蒸汽温度，将会引起乏汽干度下降。为了克服汽轮机尾部蒸汽湿度过大而造成的危害，将汽轮机高压段中膨胀到一定压力的蒸汽重新引入锅炉的中间加热器（又叫再热器）加热升温，然后再送入汽轮机使之继续膨胀做功。这种循环称为再热循环。图 8-14 所示为再热循环原理图及 $T-s$ 图。

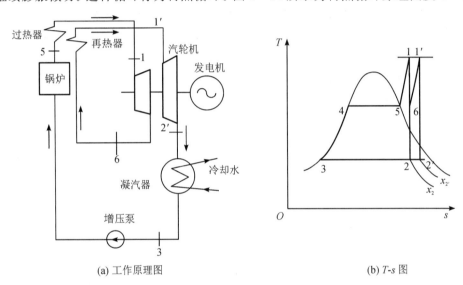

(a) 工作原理图　　　　　　　　　(b) $T\text{-}s$ 图

图 8-14　再热循环

由图 8-14 可知，再热部分相当于在原来朗肯循环的基础上增加了一个新的循环 6—$1'$—$2'$—2—6。众多试验经验表明，再热压力为 $(0.2\sim0.3)p_1$ 时对系统最有利，只要再热过程的平均吸热温度高于原来朗肯循环的平均吸热温度，再热循环的热效率就可以高于原来循环的热效率。因此，现代大型蒸汽动力循环采用再热的目的不只局限于解决膨胀终态湿度太大的问题，而且也作为提高循环热效率的途径之一。一般而言，采用一次再热循环以后，循环效率可提高 $2\%\sim4\%$。若增加再热次数，尽管可能提高热效率，但因管道系统过于复杂，投资加大，运行管理不方便，故实际应用的再热次数一般不超过 2 次。

如图 8-14 所示的工质在整个循环中获得的总热量为

$$q_1=(h_1-h_3)+(h_{1'}-h_6)$$

对外界的放热量为

$$q_2=h_{2'}-h_3$$

于是整个循环的热效率为

$$\eta_t=\frac{q_1-q_2}{q_1}=\frac{(h_1-h_3)+(h_{1'}-h_6)-(h_{2'}-h_3)}{(h_1-h_3)+(h_{1'}-h_6)}$$

$$\eta_t=\frac{(h_1-h_6)+(h_{1'}-h_{2'})}{(h_1-h_3)+(h_{1'}-h_6)} \tag{8-7}$$

目前超高压以上(如蒸汽初压为 13 MPa、24 MPa 或更高)的大型发电厂大多采用再热循环。我国制造的超临界压力 100 万 kW 的汽轮机发电机组即为一次中间再热式的,进气初参数为 27.46 MPa、605℃,再热参数为 5.94 MPa、603℃。

8.4　热电联产循环

即使采用了超高蒸汽参数、回热、再热等措施,现代蒸汽动力厂循环的热效率仍不超过 50%,也就是说,给水从锅炉中吸收的大部分热量没有得到利用,其中通过凝汽器冷却水带走而排放到大气中的能量约占总能量的 50% 以上。这部分热能虽然数量很大,但因温度不高(例如,排气压力 4 kPa 时,其饱和温度仅有 29℃)以致在发电领域难以利用。所以,普通的火力发电厂都将这些热量作为"废热"随大量的冷却水丢弃了。另一方面,为了满足生活及大量生产过程的供热需要,又常常需要耗费大量燃料产生温度不太高的热能。比如,厂矿企业常常需要压力为 1.3 MPa 以下的生产用汽,房屋采暖和生活用热常常需要 0.35 MPa 以下的蒸汽作为热源。因此,如果能将发电厂中做了一定数量功的蒸汽作为供热热源,就可大大提高能量的利用率。在生产电能的同时将做过功的蒸汽一部分或全部引出,向热用户提供热能的循环叫作热电联产循环,它是目前我国发展集中供热的方向之一。

为了供热,热电厂需装设背压式汽轮机或调节抽气式汽轮机,因此,热电联产循环大致分为背压式热电联产循环和调节抽气式热电循环两种类型。

8.4.1　背压式热电联产循环

背压式汽轮机是指排气压力高于大气压力 0.1 MPa 的汽轮机。背压式热电循环原理如图 8-15(a)所示,它与前文所述的凝汽式动力循环原理几乎相同,但是,这种系统没有凝汽器,排气不通过凝汽器向环境放热,而是直接供给热用户,作为热源放热后全部或部分凝结水再回到热电厂。因用户要求,蒸汽在汽轮机内做功后需保持一定的背压。

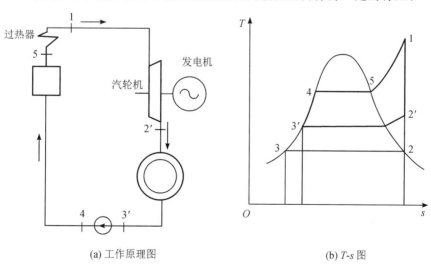

(a) 工作原理图　　　　　　　　　(b) T-s 图

图 8-15　背压式热电循环

如图 8-15(b)所示，由于提高了汽轮机的排气压力，蒸汽中用于做功（发电）的热能相应减少，所以背压式热电循环 1—2'—3'—4—5—1 的循环热效率比单纯供电的凝汽式朗肯循环 1—2—3—4—5—1 有所降低。尽管如此，由于热电循环中乏汽的热量得到了利用，所以从总的经济效果看，热电循环要比简单的朗肯循环优越。

单纯用热效率作为经济指标显然欠合理，为了全面地评价热电厂的经济性，引入热能利用率 K。K 的定义为所利用的能量与工质从外热源得到的总能量的比值，因此也叫作能量利用系数。从图 8-15(b)可以看出，蒸汽从热源吸取的热量 q_1 可用面积 3'451233' 表示，其中一部分转变为循环净功 w_0，其数量等于面积 12'3'451；另一部分热量 q_2 供应热用户，其数量等于面积 2'3'322'。如不考虑动力装置及管路等的热损失，背压式热电循环的热能利用率为

$$K = \frac{w_0 + q_2}{q_1} = \frac{q_1}{q_1} = 1$$

理论上，背压式热电循环的热能利用率可以达到 1，但实际上要考虑热负荷和电负荷不能完全配合，生产运输过程中存在各种损失，所以 K 值约为 0.65~0.7。

8.4.2　调节抽气式热电循环

背压式热电循环的热能利用率很高，而且不需要凝汽器，使设备简化。但是背压式循环有一个很大的缺点，就是供热与供电互相牵制，不能随意调节热、电比例。为了解决这个矛盾，热电厂常采用调节抽气式汽轮机。

调节抽气式热电循环其实就是利用汽轮机中间抽气来供热，其系统原理如图 8-16所示。

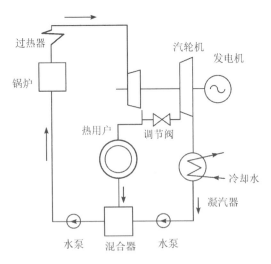

图 8-16　调节抽气式热电循环

蒸汽在调节抽气式汽轮机中膨胀至一定压力时，被抽出一部分送给热用户，其余蒸汽则经过调节阀继续在汽轮内膨胀做功，乏汽进入凝汽器。凝结水由水泵送入混合器，然后与来自热用户的回水一起送回锅炉。

这种热电循环的主要优点是能自动调节热电出力，保证供汽量和供汽参数，从而可以

较好地满足用户对热、电负荷的不同要求。

从图 8-16 可以看出，通过汽轮机高压段及通往热用户的一部分蒸汽实质是进行了背压式热电循环，热能利用率等于 1；通过凝汽器的另一部分蒸汽则进行了普通的朗肯循环。所以，就整个调节抽气式热电循环而言，其热能利用率介于背压式热电循环和普通朗肯循环之间。

需要特别注意的是，机械能和热能二者的品质不是等价的，即使两个循环的 K 相同，热经济性也不一定相同。因此，同时用热能利用率和循环热效率来衡量热电循环的经济性才比较全面。

8.4.3　冷热电三联供系统

在热电联供的基础上，可考虑进一步提高能源利用率的方法。比如，将供热用户使用后的低品位的热能再次回收利用；将热量作为吸收式制冷的供给热源，构成冷热电三联供系统。冷热电三联供系统是一种建立在能量的梯级利用概念基础上，以天然气或煤炭为一次能源，产生热、电、冷的联产联供系统，如图 8-17 所示。冷热电三联供系统主要以天然气为燃料，利用小型燃气轮机、燃气内燃机、微燃机等设备将天然气燃烧后获得的高温烟气首先用于发电，然后利用余热在冬季供暖，在夏季通过驱动吸收式制冷机供冷，同时，充分利用排气热量，将其用以提供生活热水。冷热电三联供系统让一次能源利用率可提高到 80% 左右，大量节省了一次能源。冷热电三联供系统广泛应用于直接面向用户，按用户的需求就地生产并供应能量的分布式能源系统，比如针对各种工业、商业或科技园区等较大的区域所建设的冷热电能源供应中心，或者具有特定功能的建筑物，如写字楼、商厦、医院及综合性建筑所建设的冷热电供应系统。

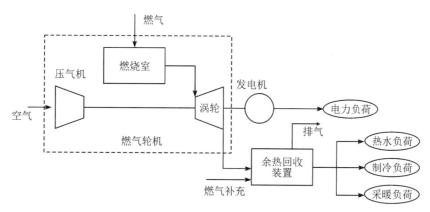

图 8-17　冷热电三联供系统

8.5　内 燃 机 循 环

燃气动力循环（又称气体动力循环）按热机的工作原理分类，可分为内燃机循环和燃气轮机循环两类。内燃机的燃烧过程在热机的气缸中进行，燃气轮机的燃烧过程在热机之外的燃烧室中进行，本节将简要介绍内燃机循环过程。

内燃机使用气体或液体燃料，以燃料在气缸中燃烧时生成的高温烟气作为工质。活塞式内燃机按燃烧方式的不同，可分为点燃式内燃机（或称汽油机）和压燃式内燃机（或称柴油机）。

内燃机的理论循环分为三种：定容加热循环、定压加热循环和混合加热循环。

8.5.1 定容加热循环

定容加热循环是由德国工程师奥托构想出来的，所以又称奥托循环。在这个循环中，汽油、天然气和许多类型的石油都可以作为输入燃料。

内燃机的实际工作循环可通过装在气缸上的示功器将活塞在气缸中的位置与工质压力的关系曲线描绘下来，即示功图。图 8-18 所示就是一个四冲程汽油机的实际工作循环的示功图。

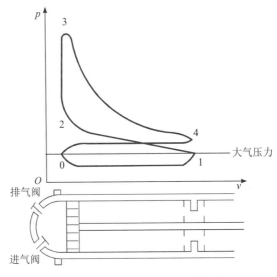

图 8-18　四冲程汽油机定容加热

活塞由上止点向下（图中自左向右）移动时，将燃料与空气的混合物经进气阀吸入气缸中，活塞的这一行程叫作吸气冲程，在示功图上以 0—1 表示。点 1 状态为气缸中充满空气，容积为 V_1，压力为 p_1，绝对温度为 T_1。

吸气过程中，由于气阀的节流作用，使气缸中压力略低于大气压力。吸气过程中，缸内气体质量增加，而其热力学状态几乎没有变化。活塞到达下止点时，进气阀关闭，进气停止，活塞随即反向移动，气缸中的可燃气体被压缩升温，这一行程称为压缩冲程（示功图中以 1—2 表示）。理论上过程线 1—2 表示气体的绝热压缩，缸内气体状态由 p_1、V_1 和 T_1 分别变为 p_2、V_2 和 T_2。

当活塞接近上止点时，点火装置将可燃气体点燃，气缸内瞬时生成高温高压燃烧产物。因燃烧反应进行极快，在燃烧的瞬间活塞移动极小，近似认为工质在定容情况下燃烧而升压升温（图中 2—3）。过程线 2—3 显示对气体定容加热，使 p_2 和 T_2 变为 p_3 和 T_3（V_3 与 V_2 相同）。

活塞到达上止点、工质升温升压后开始膨胀，推动活塞做功（图中 3—4），这一行程称为工作冲程。理论上，过程 3—4 为绝热膨胀，在膨胀过程中，p_3、V_3 和 T_3 分别变为 p_4、V_4 或 V_1 和 T_4。

膨胀终了时，排气阀门打开，废气开始排出。活塞从下止点返回时，继续将废气排出缸外，这一行程称为排气冲程(图中 4—0)。由于排气阀的阻力，排气压力略高于大气压力。过程 4—1 是定容放热过程，直到达到原始状态(点 1)，这样就完成了一个实际工作循环。

由上述过程分析可知，内燃机是一个开口系统，每一次活塞往复做功过程都要从外界吸入工质、做功结束时又将废气排于外界。同时，活塞在移动过程时与气缸壁不断发生摩擦，高温工质也会通过气缸壁向外界少量放热。因此，实际的汽油机循环并不是闭合循环，更不是可逆循环。但是，为了便于从热力学角度对实际工作过程进行分析，需要加以合理的抽象和简化，使之成为闭口的、可逆的理想循环。

因此，这里用性质与燃气相近的空气作为工质。假定有 1 kg 空气(可视为定比热容理想气体)在一个闭口系统中进行可逆循环，也就是说，假设系统不进行吸气与排气，没有燃烧过程，而用工质定容加热和定容放热过程来代替燃烧及排气过程；同时，假设气体膨胀、压缩时没有摩擦，与外界没有热量交换。这种理想循环如图 8-19(a)、(b)所示，工质首先被可逆绝热压缩(过程 1—2)，接着从热源定容吸热(过程 2—3)，然后进行可逆绝热膨胀做功(过程 3—4)，最后向冷源定容放热(过程 4—1)，完成一个可逆循环。经过上述抽象和理想化，汽油机的实际循环被理想化为定容加热循环。

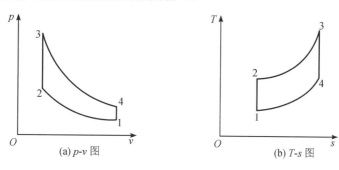

(a) *p-v* 图　　　　(b) *T-s* 图

图 8-19　定容加热理想循环

8.5.2　定压加热循环

由于定容燃烧汽油机压缩比的提高受到限制，因而限制了其热效率的提高。为了提高压缩比，发展了空气和燃料分别压缩的压燃式内燃机。这种内燃机以柴油为燃料，所以又称柴油机。定压加热理想循环是柴油机实际工作循环的理想化，常称狄塞尔(Diesel)循环，其示功图如图 8-20(a)所示。

活塞自上止点向下移动，将空气吸入气缸，为吸气冲程 0—1；活塞从下止点返回，此时进气阀关闭，空气被绝热压缩到燃料的着火点以上，为压缩冲程 1—2；随着活塞反行，装在气缸顶部的喷嘴将燃料雾化喷入气缸，燃料的微粒遇到高温空气着火燃烧；随着活塞的移动，气缸与活塞围成的容积不断加大，而燃料不断喷入燃烧，使得这一燃烧过程 2—3 的压力基本保持不变；燃料喷射停止后，燃烧随即结束，这时活塞靠高温高压燃烧产物的绝热膨胀继续被推向右方做功，形成工作过程 3—4；接着排气阀门打开，废气迅速排出，最后活塞反向移动，继续将废气排出气缸，为排气过程 4—0，从而完成一个实际循环。

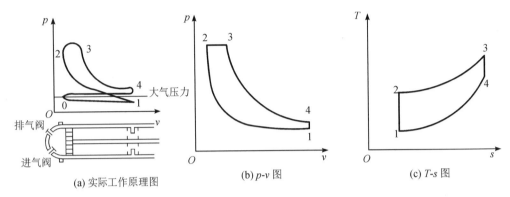

(a) 实际工作原理图   (b) p-v 图   (c) T-s 图

图 8-20　柴油机定压加热循环

为了便于分析，将这一实际循环理想化为 1 kg 空气在一个闭口系统中进行可逆循环，如图 8-20(b)、(c)所示。该循环包括以下四个热力过程：

(1) 过程 1—2：绝热压缩；

(2) 过程 2—3：等压加热；

(3) 过程 3—4：绝热膨胀；

(4) 过程 4—1：等容散热。

8.5.3　混合加热循环

现代高速柴油机并非单纯按定压加热循环工作，而是按照一种既有定压加热又有定容加热的所谓混合加热循环工作。这种混合加热循环是奥托循环和柴油循环的组合，在某种程度上，热量部分以恒体积和部分以恒压增加，其优点是有更多的时间用于燃料（在压缩冲程结束前注入发动机气缸）燃烧。由于燃料的滞后特性，这种循环总是用于柴油和热电点火发动机。图 8-21 所示是这种循环的 p-v 图和 T-s 图。

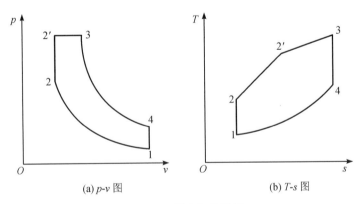

(a) p-v 图   (b) T-s 图

图 8-21　混合加热循环

图 8-21 中的过程 1—2 是工质的可逆绝热压缩过程，在活塞到达上止点之前，柴油被喷入气缸，并被压缩升温的空气预热；活塞到达上止点时，柴油已被预热到着火点并开始燃烧，气缸内温度、压力迅速升高，形成一个定容加热过程 2—2′；随着燃料的不断喷入和燃烧的延续，活塞离开上止点下行，于是又出现了一个定压加热过程 2′—3；随后喷油停

止,燃烧停止,活塞靠高温燃烧产物的绝热膨胀而继续向下移动做功,直到下止点(过程3—4);最后在定容过程中放热(过程4—1)。

8.6 燃气轮机循环

8.6.1 理想布雷顿循环

布雷顿循环(Brayton cycle)是一个气体的完美等压循环,它也被称为焦耳循环(Joule cycle),该循环的传热过程是在可逆等压热交换器中实现的。为简化分析,假设循环工质为理想气体。理想布雷顿循环如图 8 - 22(a)所示,它的 $p-v$ 和 $T-s$ 图如图 8 - 22(b)和8 - 22(c)所示。

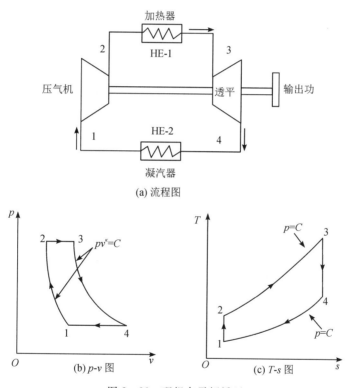

(a) 流程图

(b) p-v 图   (c) T-s 图

图 8 - 22 理想布雷顿循环

理想布雷顿循环包括以下四个热物理过程:

(1)过程1—2:气体从 p_1 压力等熵压缩到压力 p_2,温度从 T_1 上升到 T_2,该过程无热量交换。

(2)过程2—3:系统从外界等压吸热,体积从 V_2 膨胀到 V_3,温度从 T_2 增加到 T_3。

(3)过程3—4:气体从 p_2 向 p_1 等熵膨胀,温度从 T_3 下降到 T_4,该过程无热量交换。

(4)过程4—1:系统向外等压放热,气体体积从 V_4 压缩到 V_1,温度从 T_4 下降到 T_1。

8.6.2 开式循环燃气轮机

如图 8-23 所示，简单的燃气轮机机组是在开路循环上运行的，其中，压气机和燃气轮机的旋转轴是一个公共轴。空气被吸入压气机，经压缩后进入燃烧室。通过向循环工质气流中喷射燃料而在燃烧室中产生热量，而由此产生的热气体通过燃气轮机膨胀到大气中。为了实现机组的净功输出，燃气轮机必须产生比驱动压缩机所需更大的总功率输出，并克服驱动过程中的机械损失。从燃气轮机流出的燃烧产物被耗尽排放到大气中，此时需匹配设计供料系统，保证空气和燃料持续供应。

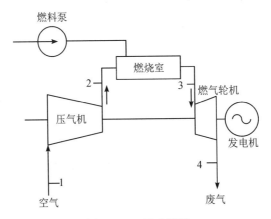

图 8-23　开式循环

从理论上讲，燃气轮机中的工质可以完全膨胀。燃气轮机高速转动，具有体积小、功率大、结构紧凑、运行平稳的优点，而且工作过程是连续的，没有活塞式内燃机那样的往复运动机构以及由此引起的不平衡惯性力。但是，燃气轮机的叶片长期在高温下工作，要求用耐高温和耐高强度的材料，对燃气及烟气的洁净要求高，以及消耗于压气机的功率很大等则是其缺点。目前，小型燃气轮机装置主要用于为机车、飞机、舰船提供动力，大型燃气轮机装置则用于火力发电厂，由于其具有系统热效率高、启动快、污染物排放少等优点，主要用于调峰电厂、分布式能源系统等领域，是未来清洁能源系统的主要发展方向之一。

随着温度的变化，真实气体的比热容会随之发生变化。而且在开式循环中，因为添加了燃料并且发生了化学变化，燃烧室和燃气轮机中的气体比热与压气机内不同。在工程中可以只用 c_p 随温度和空燃比变化的曲线来查找 c_p 值，计算时通常采用变化过程的 c_p 和 γ 的平均值。在开式循环燃气轮机机组中，燃气轮机内的气体质量流量大于压缩机内的气体流量，但由于空燃比较大，可以忽略燃料质量。

8.6.3 具有回热的燃气轮机循环

来自燃气轮机的废气携带着大量的热量，因为废气温度远高于环境温度，可以用来加热来自压气机的空气，从而减少在燃烧室中供应的燃料量。如图 8-24 所示显示了一个带有再生器的燃气轮机装置。燃气轮机排气温度 T_4 往往高于压气机的出口温度 T_2，通过增设回热器，用做功后的高温烟气加热压缩空气。采用回热装置能够有效降低燃气轮机的排气温度，提高工质的平均吸热温度，进而提高燃气轮机循环的热效率。

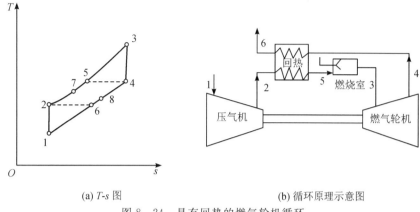

(a) T-s 图　　　　　　　　(b) 循环原理示意图

图 8 - 24　具有回热的燃气轮机循环

理想情况下，燃气轮机的排气温度可以降低到 $T_6=T_2$，而压缩空气温度可以提高到 $T_5=T_4$，这种理想情况称为极限回热。这样，工质自外热源吸收的热量减少到 $q_1=h_3-h_5$，而向外界环境释放的热量减少到 $q_2=h_6-h_1$，而单位质量工质做出的净功量 w_{net} 仍然是 T-s 图中 1—2—3—4 所围成的面积。根据热力学第一定律可知，采用回热装置后的燃气轮机循环热效率 $\eta=\dfrac{w_{net}}{q_1}$ 得到了提高。另外，采用回热器后的平均吸热温度比未采用回热器的要高，而平均放热温度降低了，因此从平均吸热温度和平均放热温度角度来看，采用回热装置后的燃气轮机循环热效率有所提高。

由于回热器中燃气轮机排气向空气传热过程中具有一定的温差，因此极限回热实际上是无法实现的。排气离开回热器的温度 T_8 一定高于 $T_6=T_2$，压缩空气被加热后的温度 T_7 一定低于 $T_5=T_4$。一般用回热度 σ 来表示实际利用的热量与理论上极限情况可利用的热量之比，即

$$\sigma=\frac{h_7-h_2}{h_5-h_2}$$

通常 $\sigma=0.5\sim0.7$。

8.6.4　具有回热的多级压缩、中间冷却、多级膨胀、中间再热的燃气轮机循环

燃气轮机循环所做的净功等于燃气轮机输出的功与输入压气机的功之差。如果增大燃气轮机输出的功、减少输入压气机的功，就可以增大燃气轮机输出的净功。由压气机工作过程的分析可知，在相同的压力范围内，多级压缩、中间冷却过程能够减少压气机耗功，降低压气机出口工质的温度；如果分级次数越多，则压缩过程越接近于定温压缩。同样，在相同压力范围内，多级膨胀、中间再热过程能够增加燃气轮机输出的功，增大燃气轮机出口工质的温度；若分级次数越多，则膨胀过程越接近于定温膨胀。

图 8 - 25 所示为具有两级压缩、中间冷却的压气机和两级膨胀、中间再热的燃气轮机循环装置示意图及其 T-s 图。在具有理想回热装置的情况下，燃气轮机排气从 T_9 降低到

T_{10}，而压气机出口的空气温度从 T_4 增加到 T_5，则整个循环的平均吸热温度在 T_5 和 T_6 之间，平均放热温度在 T_1 和 T_{10} 之间。与同样具有理想回热装置的 1—4′—6—9′ 循环相比，平均吸热温度提高了，而平均放热温度降低了。因此，具有两级压缩、中间冷却的压气机和两级膨胀、中间再热的燃气轮机循环效率提高了。理想情况下，如果分级级数趋向于无穷，则转变为定温膨胀和定温压缩，若在两个温度之间的两个定压过程 a—6 和 b—1 进行极限回热，此时的循环称为埃尔逊(Ericsson)循环，其循环热效率与同温度范围内的卡诺循环热效率相等。

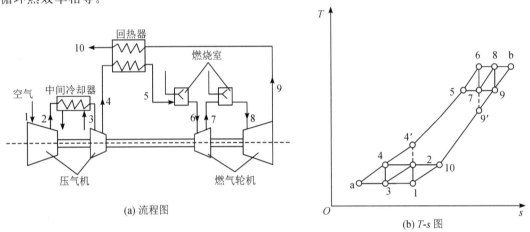

图 8-25 两级压缩、膨胀、加热燃气轮机循环

需要注意，只有在回热的基础上进行多级压缩、中间冷却、多级膨胀、中间再热的燃气轮机循环，其热效率才能够得到明显提高。否则，平均吸热温度将在 T_4 和 T_6 之间，而平均放热温度在 T_1 和 T_9 之间，循环的热效率将降低。

从实际工程应用角度来看，燃气轮机的排气温度升高以及压缩机排出的空气温度降低，使循环可以在较大的温度范围内进行回热，改善了回热效果。但如果分级级数越多，则每次分级对循环效率的贡献越小，且系统越来越复杂，故一般燃气轮机循环仅分两级或三级。

8.7　燃气—蒸汽联合循环

随着科学技术的发展，以及日益紧张的能源供应，高效节能型的新型动力循环，如蒸汽—燃气联合循环、整体煤气化燃气—蒸汽联合循环(简称 IGCC)等得到大力发展。

由于一般燃气轮机的排气温度为 450～640℃，高于一般蒸汽动力循环的主蒸汽温度 540～566℃，且大功率燃气轮机的排气量足够多，故可以将在燃气轮机中做功后的废气引入余热锅炉，利用废气的余热把余热锅炉中的水加热成蒸汽，再把蒸汽送到汽轮机中做功。这种通过余热利用设备将燃气动力循环和蒸汽动力循环联合在一起的循环，称为燃气—蒸汽联合循环。燃气－蒸汽联合循环有多种组合方式，图 8-26 所示为其中的一种组合方式，即通过余热锅炉将燃气循环和蒸汽循环联合在一起，图 8-27 所示为燃气－蒸汽联合循环的 $T-s$ 图。

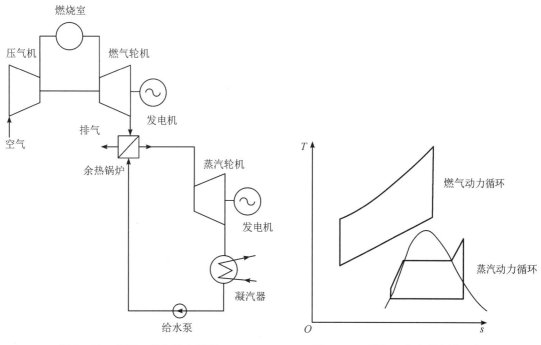

图 8-26　燃气－蒸汽联合循环　　　　　　图 8-27　燃气－蒸汽联合循环的 $T-s$ 图

　　由于燃气－蒸汽联合循环的高温热源温度（透平初温）远高于一般蒸汽循环的主蒸汽温度，而联合循环的冷源温度（凝汽器温度）远低于一般燃气循环的排气温度，故其热效率高于单纯的燃气动力循环及蒸汽动力循环的热效率。

　　上述燃气－蒸汽联合循环是以燃用天然气和液体燃料为前提的。为了使联合循环能够高效、清洁地利用固体燃料煤（包括石油焦等），人们进一步开发出了整体煤气化联合循环（integrated gasification combined cycle，IGCC），如图 8-28 所示。IGCC 将洁净的煤气化技术和燃气－蒸汽联合循环发电技术结合起来，该系统由两部分组成，即煤的汽化与净化部分和燃气－蒸汽联合循环发电部分。第一部分的主要设备有汽化炉、空分装置、煤气净化设备（包括硫的回收装置）；第二部分的主要设备有燃气轮机发电系统、余热锅炉、蒸汽轮机发电系统。其工艺过程如下：煤经汽化成为中低热值煤气，经过净化，除去煤气中的硫化物、氮化物、粉尘等污染物，变为清洁的气体燃料，然后送入燃气轮机的燃烧室燃烧，加热气体工质以驱动燃气透平做功，燃气轮机排气进入余热锅炉给水加热，产生过热蒸汽驱动蒸汽轮机做功。

　　整体煤气化联合循环不仅可以提高循环效率，而且环保性能好，如 SO_2、NO_x、CO_2 以及粉尘的排放量低，并且可实现煤化工综合利用，生产硫、硫酸、甲醇、尿素等，因此具有很大的发展潜力。

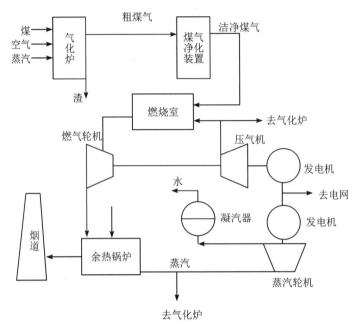

图 8-28 整体煤气化燃气－蒸汽联合循环

思考题与习题

1. 蒸汽动力循环中是如何体现热力学第一定律和热力学第二定律的？

2. 为什么回热能够提高循环的热效率？能否将汽轮机中的蒸汽逐级全部抽出来用于回热，而取消凝汽器？

3. 卡诺循环效率比同温限下其他循环效率高，为什么蒸汽动力循环不采用卡诺循环？

4. 蒸汽中间再过热的目的是什么？是否总能通过再热提高循环热效率？

5. 提高燃气轮机循环热效率的措施有哪些？

6. 各种实际循环，如蒸汽动力循环、内燃机循环、燃气轮机循环等，其热效率都与工质有关。这是否违反了卡诺定理？

7. 抽气回热循环，由于抽出蒸汽，减少了做功，为什么还能提高循环热效率？

8. 蒸汽朗肯循环的初参数为 16.5 MPa、550℃，试计算在不同的背压 $p_2 = 4$ kPa、6 kPa、8 kPa、10 kPa 及 12 kPa 时的热效率。

9. 假定某朗肯循环的蒸汽参数为：$t_1 = 600℃$，$p_2 = 4$ kPa，试计算当 p_1 分别为 14 kPa、30 MPa 时：

(1) 初态焓值及循环的加热量；

(2) 凝结水泵耗功量及进出口水的温差；

(3) 汽轮机做功量及循环净功；

(4) 汽轮机的排气干度；

(5) 循环热效率。

10. 一理想朗肯循环，以水作为工质，在循环最高压力为 14 MPa、循环最高温度 540℃和循环最低压力 5 kPa 下运行。若忽略水泵耗功，试求：

（1）平均加热温度；

（2）平均放热温度；

（3）利用平均加热温度和平均放热温度计算循环热效率。

11. 一理想再热循环，以水作为工质，在汽轮机入口处水蒸气的状态为 14 MPa、540℃，再热状态为 3 MPa、540℃和排气压力 5 kPa 下运行。若忽略水泵耗功，试求：

（1）平均加热温度；

（2）平均放热温度；

（3）利用平均加热温度和平均放热温度计算循环热效率。

12. 某蒸汽动力装置采用一次抽气回热循环，新汽参数 $p_1 = 2.4$ MPa，$t_1 = 390℃$，抽气压力 $p_a = 0.12$ MPa，乏汽压力 $p_2 = 5$ kPa。试计算其热效率、汽耗率。

13. 某回热循环，新汽压力为 15 MPa，温度为 550℃，凝汽压力 $p_2 = 5$ kPa，凝结水在混合式回热器中被 3 MPa 的抽气加热到抽气压力下的饱和温度后，经过给水泵回到锅炉。不考虑水泵消耗的功及其他损失，计算循环热效率及每千克工质做出的轴功。

14. 某厂的热电站功率为 12 MW，使用背压式汽轮机，$p_1 = 3.5$ MPa，$t_1 = 435℃$，$p_2 = 0.8$ MPa，排气全部用于供热。假设煤的发热值为 20 000 kJ/kg，计算电厂的循环热效率及耗煤量。设锅炉效率为 85%。如果热、电分开生产，电能由 $p_2 = 7$ kPa 的凝汽式汽轮机生产，热能（0.8 MPa，230℃的蒸汽）由单独的锅炉供应，其他条件同上，试比较其耗煤量。设锅炉效率同上。

第 9 章 制 冷 循 环

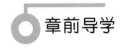章前导学

热功转换装置中，除使热能转变为机械能的动力装置外，还有一类是将热能从温度较低物体转移到温度较高物体的装置，这种装置称为制冷机或热泵。对物体进行冷却，使其温度低于周围环境的温度，并维持这个低温的过程称为制冷。为了使制冷装置能够连续运转，必须把热量不断排向外部热源（通常指大气环境），因此制冷装置是一部逆向工作的热机。

第 5 章中已提到逆卡诺循环是在一定温度范围内最有效的制冷循环，即逆卡诺循环的制冷系数最大。实际的制冷循环不能按逆卡诺循环工作，而是按所用制冷工质的性质采用不同的循环。

本章要求掌握空气压缩制冷循环、蒸气压缩制冷循环和热泵循环的系统构成及热工参数计算；了解蒸汽喷射制冷循环、吸收式制冷循环及气体液化的热工原理。

9.1 空气压缩制冷循环

众所周知，将常温下较高压力的空气进行绝热膨胀，会获得低温低压的空气。空气压缩式制冷就是利用这一原理获得所需低温的。空气压缩制冷系统的主要装置包括换热器、压缩机（压气机）、冷却器和膨胀机。制冷系统的工作原理如图 9-1(a)所示。

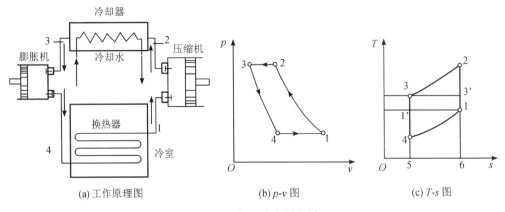

图 9-1 空气压缩式制冷循环

9.1.1　制冷循环

低温低压的空气(制冷剂)在冷室的盘管中定压吸热升温后进入压缩机,被绝热压缩提高压力,同时温度也升高,然后进入冷却器,被大气或水冷却到接近常温(即大气环境温度)后再进入膨胀机。压缩空气在膨胀机内进行绝热膨胀,压力降低的同时温度也降低,将低温空气引入冷室的换热器,在换热器盘管内定压吸热,从而降低冷室的温度,空气吸热升温后又被吸入压缩机进行新的循环。

上述空气制冷装置的理想循环又称为布雷顿制冷循环,它的 $p-v$ 图及 $T-s$ 图如图 $9-1(b)$ 和图 $9-1(c)$ 所示,图上各状态点与图 $9-1(a)$ 相对应。其中,1—2 过程是空气在压缩机内定熵压缩过程;2—3 过程是空气在冷却器中定压放热过程;3—4 过程是空气在膨胀机中定熵膨胀过程;4—1 过程是空气在冷室换热器中定压吸热过程。

9.1.2　制冷系数

假定空气是理想气体,其比热容按照定值计算,则每千克空气排向冷却水的热量 q_1($T-s$ 图上以面积 23562 表示)为

$$q_1 = h_2 - h_3 = c_p(T_2 - T_3)$$

空气自冷室吸取的热量(即制冷量)q_2(在 $T-s$ 图上以面积 41654 表示)为

$$q_2 = h_1 - h_4 = c_p(T_1 - T_4)$$

循环所消耗的净功 w_0 为

$$w_0 = q_1 - q_2 = c_p(T_2 - T_3) - c_p(T_1 - T_4)$$

循环的制冷系数 ε_1 为

$$\varepsilon_1 = \frac{q_2}{w_0} = \frac{T_1 - T_4}{(T_2 - T_3) - (T_1 - T_4)}$$

$$\varepsilon_1 = \frac{1}{\dfrac{T_2 - T_3}{T_1 - T_4} - 1}$$

因过程 1—2 与 3—4 为定熵过程,满足理想气体定熵过程初、终状态关系式:

$$\frac{T_2}{T_1} = \left(\frac{P_2}{P_1}\right)^{\frac{\kappa-1}{\kappa}} , \quad \frac{T_3}{T_4} = \left(\frac{P_3}{P_4}\right)^{\frac{\kappa-1}{\kappa}}$$

而过程 2—3 与 4—1 为定压过程,即

$$P_2 = P_3 , \quad P_1 = P_4$$

因此

$$\frac{T_2}{T_1} = \frac{T_3}{T_4} = \frac{T_2 - T_3}{T_1 - T_4}$$

于是制冷系数为

$$\varepsilon_1 = \frac{1}{\dfrac{T_2}{T_1} - 1} = \frac{1}{\left(\dfrac{p_2}{p_1}\right)^{\frac{\kappa-1}{\kappa}} - 1} \tag{9-1}$$

或

$$\varepsilon_1 = \frac{T_1}{T_2 - T_1} \tag{9-2}$$

相同温度范围内的逆向卡诺循环如图 9-1(c) 中循环 1—3′—3—1′—1 所示。此处，相同温度范围是指冷室温度 T_1（即制冷剂在换热器盘管出口的温度）和冷却水温度 T_3（即制冷剂在冷却器出口能够达到的大气环境温度）之间，该逆向卡诺循环的制冷系数为

$$\varepsilon_{1,c} = \frac{T_1}{T_3 - T_1} \tag{9-3}$$

比较上述两种制冷循环在相同温度范围内的制冷系数，由图 9-1(c) 可见，$T_3 < T_2$。所以，空气压缩制冷循环的制冷系数要比逆向卡诺循环的制冷系数小。从图 9-1(c) 还可看出，空气压缩制冷循环 1—2—3—4—1 所消耗的功量（面积 12341）大于逆向卡诺循环所消耗的功量（面积 13′31′1），但其制冷量却比后者少（二者相差面积 411′4），所以前者的制冷系数小于后者。

空气压缩制冷循环不易实现定温吸热和放热，同时空气的比热容值较低，且它在冷室中的温升 $(T_1 - T_4)$ 不宜太大。从图 9-1(c) 可知，若要使 $(T_1 - T_4)$ 增大，压力比 $\dfrac{p_2}{p_1}$ 就要大，而偏离 ε_1 越远则 $\varepsilon_{1,c}$ 愈大，所以空气压缩制冷循环中单位工质的制冷能力较低。为达到一定的制冷量，就需要空气的流量大，从而需要大幅增大制冷装置的体积，实际中这样处理显然是不经济的。因此，在常规制冷范围内（冷库温度不低于 $-50℃$），除了飞机空调等特殊用途以外，现今很少应用空气压缩制冷。但近年来通过采用低压力比、大流量的叶轮压气机，利用双级压缩设计或增设回热措施的装置，空气压缩制冷循环又有了应用前景，例如，空气压缩制冷在一定低温范围内其制冷系数与蒸气压缩制冷相差不大，在食品冷藏和冷链物流领域，可通过空气压缩制冷实现低温宽温度范围的长时间制冷效果。

9.1.3 空气回热压缩制冷循环

图 9-2(a) 是实际的空气回热压缩制冷循环的流程图。空气（制冷剂）从冷藏室的盘管中定压吸热升温到 T_1（T_1 为冷室应保持的低温，即冷源温度），首先进入回热器被加热升温到 $T_{1'}$（即大气环境温度），然后进入叶轮式压气机进行绝热压缩，升压升温到 $p_{2'}$、$T_{2'}$，再进入冷却器，定压放热降温到 T_5（$T_5 = T_3 = T_{sur}$），随后进入回热器进一步定压冷却降温到 $T_{3'}$，再经叶轮式膨胀机定熵膨胀，降压降温到 p_4、T_4，最后进入冷藏室实现定压吸热升温到 T_1，于是完成了一个理想的回热循环 1′—2′—5—3′—4—1—1′。

在理想情况下，空气在回热器中的放热量（过程 5—3′）恰好等于被预热空气的吸热量（过程 1—1′），如图 9-2(b) 所示，面积 53′675 = 面积 11′981。它与没有回热的空气压缩制冷循环相比，最显著的优点是在单位质量工质的制冷量和向环境放热量都相同的情况下，循环的压力比从原来的 $\dfrac{p_2}{p_1}$ 降到 $\dfrac{p_{2'}}{p_1}$，这一压力比的降低提供了采用低压力比、大流量叶轮式压气机和膨胀机的条件，从而使总制冷量得以提高。

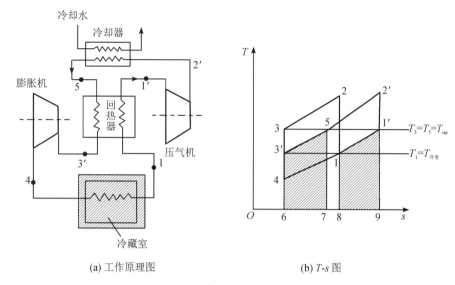

(a) 工作原理图　　　　　　　　(b) T-s 图

图 9 - 2　空气加热压缩制冷循环

【例 9 - 1】　空气压缩式制冷装置吸入的空气 $p_1 = 0.1$ MPa，$t_1 = 27$℃，定熵压缩至 $p_2 = 0.5$ MPa，经冷却后温度降为 32℃。试计算该制冷循环的制冷量，压缩机所消耗的功和制冷系数、系统图可参考图 9 - 1(c)。

【解】　计算压缩终了温度，即

$$T_2 = T_1 \left(\frac{p_2}{p_1}\right)^{\frac{\kappa-1}{\kappa}} = (273+32) \times \left(\frac{0.5 \times 10^6}{0.1 \times 10^6}\right)^{\frac{1.4-1}{1.4}} = 475 \text{ K}$$

膨胀终了的温度为

$$T_4 = T_3 \left(\frac{p_4}{p_1}\right)^{\frac{\kappa-1}{\kappa}} = (273+32) \times \left(\frac{0.1 \times 10^6}{0.5 \times 10^6}\right)^{0.286} = 192.5 \text{ K}$$

制冷量为

$$q_2 = h_1 - h_4 = c_p(T_1 - T_4)$$

设空气的定压比热容为定值，且 $c_p = 1.01$ kJ/(kg·K)，则

$$q_2 = 1.01 \times (300-192.5) = 108.6 \text{ kJ/kg}$$

所消耗的压缩功为

$$w_{12} = h_2 - h_1 = c_p(T_2 - T_1) = 1.01 \times (475-300) = 176.8 \text{ kJ/kg}$$

制冷剂的膨胀功为

$$w_{34} = h_3 - h_4 = c_p(T_3 - T_4) = 1.01 \times (305-192.5) = 113.6 \text{ kJ/kg}$$

制冷系数为

$$\varepsilon_1 = \frac{q_2}{w_0} = \frac{q_2}{w_{12} - w_{34}} = \frac{108.6}{176.8 - 113.6} = 1.718$$

9.2　蒸气压缩制冷循环

如 9.1 节所述，空气的热物性决定了空气压缩制冷循环的制冷系数低和单位质量工质

的制冷能力小。如果采用低沸点的物质作为工质，利用该种工质在定温定压下液化和汽化的相变性质，可以实现定温定压吸热或放热过程（在湿蒸气区），即蒸气压缩制冷系统。该系统主要由压缩机、冷凝器、膨胀阀及蒸发器组成，其装置原理图如图 9-3(a) 所示。蒸气压缩制冷循环原则上可实现逆卡诺循环 $1'$—3—4—8—$1'$，如图 9-3(b) 所示。

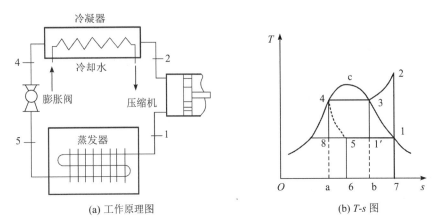

(a) 工作原理图　　　　　　　　(b) $T\text{-}s$ 图

图 9-3　蒸气压缩式制冷循环图

图中 $1'$—3 是制冷剂在压缩机中定熵压缩，3—4 是制冷剂在冷凝器中定压定温冷凝放热，4—8 是制冷剂在膨胀机中定熵膨胀，8—$1'$ 是通过蒸发器从冷库中定压定温汽化吸热。与空气压缩所不同的是，蒸气压缩在冷源中的吸热和在环境中的放热过程都伴随着制冷剂的相态变化，而不仅仅是空气的湿热温差变化。由于制冷剂蒸发过程中汽化潜热较大，因而单位质量工质的制冷能力也大。

9.2.1　蒸气压缩制冷循环理论

理想的蒸气压缩制冷循环是可逆循环，忽略了工质循环流动过程中的摩擦阻力、涡流阻力以及工作过程中与外界的热交换等，同时在换热设备中也无法实现理想循环的定温无温差换热。因此，实际采用的蒸气压缩循环是以理想循环为基础，在工作原理和设备上都有所变化的制冷循环，其理论基础为蒸气压缩式制冷循环理论，其循环过程是图 9-3(b) 中的 1—2—3—4—5—1。

蒸气压缩制冷
循环理论

由蒸发器出来的干饱和蒸气被吸入压缩机，绝热压缩后成为过热蒸气（过程 1—2），因压缩前后都是气态而不是气液混合物，使压缩机设计制造较方便，压缩效率也高，纯气态的压缩工质对于压缩机的使用寿命更加友好。蒸气进入冷凝器后，其冷凝放热过程是定压过程，而不是理想循环的定温过程。制冷剂在定压下冷却（过程 2—3），并进一步在定压定温下凝结成饱和液体（过程 3—4）。饱和液体继而通过一个膨胀阀（又称节流阀或减压阀）经绝热节流降压降温而变成低干度的湿蒸气。绝热节流是不可逆过程，节流前后制冷剂的焓值相同，在图 9-3(b) 中用虚线 4—5 表示。湿蒸气被引进冷室的蒸发器，在定压定温下吸热汽化成为干饱和蒸气（过程 5—1），从而完成一个循环。这里用节流阀取代了膨胀机，从热力学的观点来看，将可逆绝热膨胀改换为不可逆的绝热节流，会损失一部分原可回收的膨胀功，但从实用观点来看，膨胀机所获得的膨胀功功量较小且较难加以利用，利用膨胀机并不经济。以节流阀代替结构复杂的膨胀机，既简化了设备，又易于调节温度。

9.2.2　制冷剂的压焓图(lg$p$ – h 图)

在对蒸气压缩制冷循环进行热力计算时,可利用有关工质的 T – s 图对循环过程进行热力分析。除此以外,为了更方便地通过查图方式确定工质的状态参数,人们制成了压焓图,即 lg$p$ – h 图,如图 9 – 4 所示。

lg$p$ – h 图以制冷剂的焓 h 作为横坐标,以压力 p 作为纵坐标,但为了缩小整个图面的纵向长度,压力采用对数分格(需要注意,从图上读取的仍是压力值,而不是压力的对数值)。图上共绘出制冷剂的六种状态参数线簇,即定焓(h)线、定压力(p)线、定温度(T)线、定比体积(v)线、定熵(s)线及定干度(x)线。与水蒸气的图表类似,在 lg$p$ – h 图上也绘有饱和液体($x=0$)线和干饱和蒸气($x=1$)线,二者汇合于临界点 C。饱和液体线与饱和蒸气线将图面划分成三个区域:下界线($x=0$)以左为过冷液体(或未饱和液体)区,上界线($x=1$)右侧是过热蒸气区,下界线($x=0$)与上界线($x=1$)之间是湿蒸气区。

对各种制冷剂都可绘出类似的温熵图与压焓图,进行制冷设计时应对照系统相应制冷剂图表进行热力计算。各种制冷剂压焓图的图形形状、线簇的位置和斜率大致相似,只是状态参数数值会根据制冷剂自身性质有所不同,应用时需根据采用的制冷剂类型查找对应的 lg$p$ – h 图,附图 3、4、5 分别为氨、R134a、R22 的 lg$p$ – h 图。

蒸气压缩式制冷理论循环的热力过程在 lg$p$ – h 图上的表示见图 9 – 5。

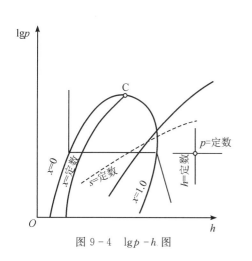

图 9 – 4　lg$p$ – h 图

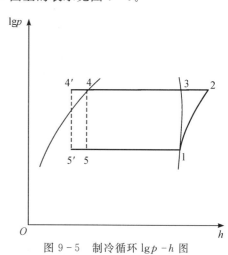

图 9 – 5　制冷循环 lg$p$ – h 图

图中 1—2 表示压缩机中的绝热压缩过程。因是可逆绝热过程,所以点 1、2 位于同一条定熵线上。2—3—4 是冷凝器中的定压冷却过程,制冷剂首先被冷却成干饱和蒸气(点 3),进而冷凝为饱和液体(点 4)。4—5 为膨胀阀中的绝热节流过程。节流前后制冷剂的焓值不变,故点 4、5 在同一条垂直的定焓线上,其间以虚线连接。5—1 表示蒸发器内的定压蒸发过程。在湿蒸气区,饱和温度与饱和压力一一对应,定压过程也是定温过程,因温度不变,该过程在图上为一水平线。如果饱和液体受到过冷,在过冷器中进行的过程为定压冷却过程 4—4',此时节流过程以虚线 4'—5' 表示,蒸发过程则为 5'—5—1。

在 lg$p$ – h 图上绘制制冷过程的一般步骤为:首先根据制冷循环的蒸发压力(或蒸发温度)、冷凝压力(或冷凝温度)确定蒸发过程和冷凝过程在湿蒸气区的水平线。蒸发过程线与干饱和蒸气线的交点即蒸发结束，制冷剂进入压缩机入口的状态（点1）；冷凝过程线与饱和液体线的交点即冷凝结束，制冷剂开始进入膨胀阀的状态（点4）。如需液体过冷，可根据过冷温度的等温线与冷凝过程的水平定压线相交，交点即过冷后的状态（点4′）。然后，过点1绘制该点的等熵线与冷凝压力线相交，交点即等熵压缩结束，压缩机出口的状态点（点2）。最后，过点4或点4′绘制一条竖直向下的等焓线（用虚线表示），与蒸发过程线相交，交点即制冷剂进入蒸发器的入口状态（点5或点5′）。需要提及的是，点1和点4的状态参数可以通过制冷剂状态参数表很方便地查得，所得数据相比在$\lg p - h$图读取会更加准确。

9.2.3 制冷循环能量分析及制冷系数

进行理论蒸气压缩制冷循环整个装置的能量分析时，其制冷系数为

$$\varepsilon_1 = \frac{收获}{消耗} = \frac{q_2}{w_0}$$

从$\lg p - h$图上可以很方便地获得下列数据：

制冷量为

$$q_2 = h_1 - h_5$$

消耗的循环净功为

$$w_0 = h_2 - h_1$$

冷凝放热量为

$$q_1 = h_2 - h_4$$

于是可得

$$\varepsilon_1 = \frac{h_1 - h_5}{h_2 - h_1} \tag{9-4}$$

制冷剂质量流量为

$$\dot{m} = \frac{Q_2}{q_2} \tag{9-5}$$

式中：Q_2——制冷装置冷负荷，单位为 kJ/h。

压缩机所需功率为

$$\dot{W} = \frac{\dot{m} w_0}{3600} \tag{9-6}$$

冷凝器热负荷为

$$Q_1 = \dot{m} q_1 = \dot{m}(h_2 - h_4) \tag{9-7}$$

【例9-2】 某制冷机以氨（NH_3）为制冷剂，冷凝温度为38℃，蒸发温度为-10℃，冷负荷为100×10^4 kJ/h，试求制冷剂流量、压缩机功率、制冷系数及冷凝器热负荷。

【解】 先在$\lg p - h$图上确定各主要状态点的参数，并绘出过程线。假设压缩机吸入的是干饱和氨蒸气，并假定没有采用过冷器，根据题中的给定条件，先在氨的$\lg p - h$图上定出状态点1，然后分别查得对应于图9-5上的各点参数为

$$p_1 = 0.29 \text{ MPa}, \quad h_1 = 1450 \text{ kJ/kg}$$

$$p_2 = 1.5 \text{ MPa}, \quad h_2 = 1690 \text{ kJ/kg}$$

$$h_4 = 370 \text{ kJ/kg}, \quad h_5 = h_4 = 370 \text{ kJ/kg}$$

（1）计算制冷剂流量。

1 kg 制冷剂的制冷能力（制冷量）为

$$q_2 = h_1 - h_5 = 1080 \text{ kJ/kg}$$

制冷剂流量为

$$\dot{m} = \frac{Q_2}{q_2} = \frac{100 \times 10^4}{1080} = 925.93 \text{ kg/h} = 0.2572 \text{ kg/s}$$

（2）计算压缩机所需功率。

1 kg 制冷剂所需压缩功为

$$\omega_0 = h_2 - h_1 = 1690 - 1450 = 240 \text{ kJ/kg}$$

压缩机功率为

$$\dot{W} = \frac{\dot{m}\omega_0}{3600} = \frac{925.93 \times 240}{3600} = 61.73 \text{ kW}$$

（3）计算制冷系数，即

$$\varepsilon_1 = \frac{q_2}{\omega_0} = \frac{1080}{240} = 4.5$$

（4）计算冷凝器热负荷，即

$$Q_1 = \dot{m}(h_2 - h_4) = 925.3 \times (1690 - 370) = 122.2 \times 10^4 \text{ kJ/h} = 339.51 \text{ kW}$$

9.2.4　影响制冷系数的主要因素

从式（5-2）可以看出，使制冷系数增高的途径包括降低制冷剂的冷凝温度（即热源温度），提高蒸发温度（冷源温度）。

1. 降低冷凝温度

如图 9-6 所示，1—2—3—4—5—1 为原有蒸气压缩制冷循环，当冷凝温度由 T_4 降低至 $T_{4'}$ 时，形成了新的循环 1—2′—3′—4′—5′—1。可以看出，新循环中不仅压缩机所消耗的功减少了（$h_2 - h_{2'}$），同时制冷量增加了（$h_5 - h_{5'}$），因而制冷系数得到了提高。需要指出的是，冷凝温度的高低完全取决于冷却介质（一般为水或空气）的温度，而冷却介质的温度不能任意降低，它受到环境温度的限制，这点在选择冷却介质时应予以注意。

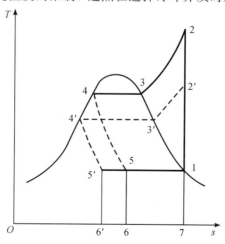

图 9-6　冷凝温度对制冷系数的影响

2. 提高蒸发温度

如图 9-7 所示,将制冷循环 1—2—3—4—5—1 的蒸发温度由 T_5 升高到 $T_{5'}$ 时,由于压缩功减少了 $(h_1-h_{1'})$,制冷量增加了 $(h_{1'}-h_{5'})-(h_1-h_5)$,因而也提高了制冷系数。

蒸发温度主要由制冷的要求确定,因此应在能够满足需要的条件下,尽可能采取较高的蒸发温度,而不应不必要地降低蒸发温度。

除上述冷凝温度与蒸发温度是影响制冷系数的主要因素外,制冷剂的过冷温度对于制冷系数也有直接的影响。实际制冷循环中,不仅使制冷剂蒸气通过冷凝器变为饱和液体,而且将其进一步冷却,使制冷剂的温度降得更低,成为状态 $4'$ 的过冷液体,如图 9-8 所示,压缩机消耗的功量 (h_2-h_1) 未变,但制冷量增大了 $(h_5-h_{5'})$,因而也提高了制冷系数。

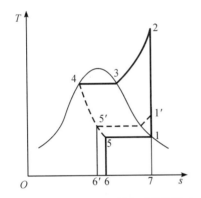
图 9-7 蒸发温度对制冷系数的影响

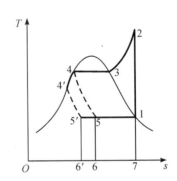
图 9-8 过冷温度对制冷系数的影响

显然,过冷温度愈低,制冷系数愈高。但是过冷温度并不能无限地任意降低,因为它同样取决于冷却介质的温度。液体的过冷过程 $(4—4')$ 一般是在冷凝器与膨胀阀之间装设的过冷器中进行的。

9.3 蒸气喷射制冷循环

蒸气喷射制冷循环的主要特点是用引射器代替压缩机来压缩制冷剂,它以消耗蒸气的热能作为补偿来实现制冷的目的。蒸气喷射制冷装置主要由锅炉、引射器(或喷射器)、冷凝器、节流阀、蒸发器和水泵等组成,其工作原理图及 T-s 图如图 9-9 所示,而作为压缩机替代物的喷射器由喷管、混合室和扩压管三部分组成。

由锅炉出来的工作蒸气(状态 $1'$)在喷射器的喷管中膨胀增速(状态 $2'$),在喷管出口的混合室内形成低压,将冷室蒸发器内的制冷蒸气(状态 1)不断吸入混合室。工作蒸气与制冷蒸气混合成一股气流变成状态 2,经过扩压管减速增压至状态 3(相当于压缩机的压缩过程 2—3),然后在冷凝器中定压放热而凝结(过程 3—4),由冷凝器流出的饱和液体分成两路:一路经水泵提高压力后(状态 $5'$)送入蒸气锅炉再加热汽化变成较高压力的工作蒸气(状态 $1'$),从而完成了工作蒸气的循环 $1'—2'—2—3—4—5'—1'$;另一路作为制冷工质经节流阀降压、降温(过程 4—5),然后在冷室蒸发器中吸热汽化变成低温低压的蒸气(状态 1),从而完成了制冷循环 1—2—3—4—5—1。

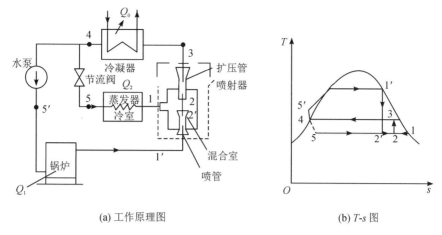

(a) 工作原理图　　　　　　　　　(b) *T-s* 图

图 9 - 9　蒸气喷射制冷循环

　　循环中的工作蒸气在锅炉中吸热,而在冷凝器中放热给冷却水,以花费燃料的热能为补偿实现制冷循环。

　　蒸气喷射制冷循环的经济性用热能利用系数 ξ 来衡量,即

$$\xi = \frac{收益}{代价} = \frac{Q_2}{Q_1} \qquad (9-8)$$

式中: Q_1——工作蒸气在锅炉中吸收的热量,单位为 kJ/h;

　　　Q_2——从冷室吸取的热量,单位为 kJ/h。

　　蒸气喷射制冷装置的优点是:不是消耗机械功,而是直接消耗热能来实现制冷;喷射器简单紧凑,容许通过较大的容积流量,可以利用低压水蒸气作为制冷剂。其缺点是:由于混合过程的不可逆损失很大,因而热能利用系数较低;制冷温度只能在 0℃ 以上,只适合在空调工程中作为冷源。

9.4　吸收式制冷循环

　　吸收式制冷也是利用液态制冷剂汽化吸热实现制冷的,它直接利用热能驱动,以消耗热能为补偿,将热量从低温物体转移到环境中去。吸收式制冷装置由冷凝器、蒸发器、膨胀阀、吸收器、发生器、溶液循环泵、减压阀等部件组成。吸收式制冷采用的工质是两种沸点相差较大的物质,其中沸点低的物质为制冷剂,沸点高的物质为吸收剂,制冷剂和吸收剂组成的二元溶液通常称为工质对。常用的工质对有氨/水溶液和水/溴化锂溶液。

　　图 9 - 10 为吸收式制冷循环的工作原理图。这里以氨吸收式制冷循环为例进行说明。氨吸收式制冷循环的工质是氨/水溶液,其中氨用作制冷剂,水为吸收剂。冷凝器、膨胀阀和蒸发器与蒸气压缩制冷完全相同,而明显的区别是用吸收器、发生器、溶液泵及减压阀取代了蒸气压缩制冷的压缩机。吸收式制冷循环是利用溶液在不同温度下具有不同溶解度的特性,使制冷剂(氨)在较低温度下在吸收器中被吸收剂(水)大量吸收,并在加热达到沸点时在发生器内蒸发起到升压的作用。而吸收剂(水)因为具有比制冷剂(氨)高得多的沸点,不会被蒸发离开发生器。因此,吸收器相当于压缩机的低压吸气侧,而发生器则相当于

压缩机的高压排气侧，其中吸收剂（水）充当了将制冷剂（氨）从低压侧输运到高压侧的运载液体的角色。所以，吸收式制冷机中为实现制冷目的的工质进行了两个循环，即制冷剂循环和溶液循环。

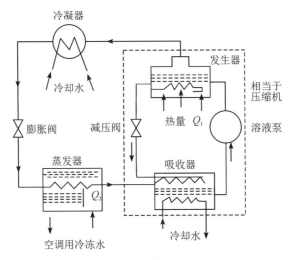

图 9 - 10　吸收式制冷循环

制冷剂循环：由发生器蒸发出来的制冷剂（氨）高压蒸气在冷凝器中被冷凝放热而形成高压饱和液体，再经膨胀阀节流到蒸发压力后进入蒸发器中，在蒸发器中吸热汽化变成低压制冷剂（氨）蒸气，达到了制冷的目的。制冷剂（氨）蒸气进入吸收器，被吸收剂（水）吸收形成浓度比较高的溶液。

溶液循环：从蒸发器引来的低压制冷剂（氨）蒸气在吸收器中被稀氨水在喷淋过程中吸收而成为浓氨水（溶液浓度以制冷剂含量为准）。这一吸收过程有放热效应。为使吸收过程能够持续有效地进行，需要不断从吸收器中取走热量。吸收器中的浓氨水用溶液泵加压送入发生器。在发生器中，利用工作热源（如水蒸气、热水及燃气等）在发生器中对溶液加热，使之沸腾，产生氨蒸气，所产生的氨蒸气进入冷凝器冷凝，而发生器中剩余的稀氨水通过减压阀降压后返回吸收器再次用来吸收低压氨蒸气。从而实现了将低压氨蒸气转变为高压氨蒸气的压缩升压过程。

除氨/水溶液外，工程上还常用到水/溴化锂溶液。这两种二元溶液的制冷温度范围不同，前者在（+1～−45）℃范围内，多用作工艺生产过程的冷源；而后者是以水为制冷剂、溴化锂为吸收剂，其制冷温度只能在0℃以上，所以它被广泛应用在空调工程中。

吸收式制冷循环的效率也用热能利用系数表示，即

$$\xi = \frac{Q_2}{Q_1} \qquad (9-9)$$

式中：Q_2——制冷量，单位为 kJ/h；

Q_1——发生器消耗的热量，单位为 kJ/h。

为了对利用热能直接制冷的系统进行评价，假设有一台理想的吸收式制冷机，所有热量传递都是可逆的定温过程，制冷机从温度为 T_2 的蒸发器吸热 Q_2，从温度为 T_1 的发生器吸热 Q_1，并在吸收器及冷凝器向温度为 T_s 的外界分别放出热量 Q_a、Q_c，另外还消耗泵

功 W_p，则对于每一循环，由热力学第一定律可得

$$Q_1 + Q_2 + W_p - Q_s = 0$$

而

$$Q_s = Q_a + Q_c$$

由于泵消耗的功相对其他项很小，可忽略不计，即有

$$Q_s = Q_1 + Q_2$$

根据热力学第二定律，将循环工质和环境作为一个孤立系统，则对于该系统，有

$$\Delta s_{sys} + (\Delta s)_{sur} \geqslant 0$$

对于循环工作的工质，存在

$$\Delta s_{sys} = 0$$

则有

$$(\Delta s)_{sur} = (\Delta s)_{T_1} + (\Delta s)_{T_2} + (\Delta s)_{T_s} \geqslant 0$$

即

$$-\frac{Q_1}{T_1} - \frac{Q_2}{T_2} + \frac{Q_s}{T_s} \geqslant 0$$

或

$$-\frac{Q_1}{T_1} - \frac{Q_2}{T_2} + \frac{Q_1 + Q_2}{T_s} \geqslant 0$$

整理后可得

$$\frac{Q_2}{Q_1} \leqslant \frac{T_2}{T_s - T_2} \cdot \frac{T_1 - T_s}{T_1}$$

式中，$T_1 > T_s > T_2$。

对于可逆的吸收式制冷机，有

$$\xi_{max} = \frac{Q_2}{Q_1} = \frac{T_2}{T_s - T_2} \cdot \frac{T_1 - T_s}{T_1} = \varepsilon_{1,c} \eta_c \qquad (9-10)$$

式中：$\varepsilon_{1,c}$——工作在 T_s、T_2 之间的逆卡诺循环制冷系数；

η_c——工作在 T_s、T_1 之间的卡诺循环热效率。

上述表明，最大的热能利用系数是工作在 T_1 和 T_s 两热源间的卡诺热机效率与工作在 T_s 和 T_2 两个热源间的逆卡诺循环制冷系数的乘积。

或者可以理解为，将工作在 T_1 和 T_s 两热源间的卡诺热机产生的功量作为动力驱动 T_s 和 T_2 两个热源间的逆卡诺制冷循环。吸收式制冷的制冷系数是两个循环效率的乘积。单纯比较制冷系数，吸收式制冷系统要远远低于蒸气压缩制冷系统；但从总的能量利用率角度来讲，吸收式制冷系统仍然是节能的。另外，吸收式制冷装置的优点是可利用较低温度的热能，如低压蒸气、热水、烟气的余热或太阳能等，对热能的回收利用和新能源开发具有积极意义。

9.5　热　　泵

热泵实质上是一种能源提升装置，它以消耗一部分高位能（机械能、电能或高温热能

等)为补偿,通过热力循环,把环境介质(水、空气、土壤)中贮存的不能直接利用的低位能转换为可以利用的高位能。它的工作原理与制冷机相同,都按逆循环工作,所不同的是它们工作的温度范围和要求的效果不同。制冷装置是将低温物体的热量传给自然环境,以营造低温环境;热泵则是从自然环境中吸取热量,并将它输送到人们所需要的温度较高的物体或空间。

图 9-11 所示为热泵装置的工作原理图和 $T-s$ 图。

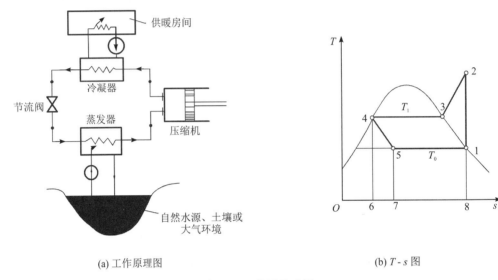

(a) 工作原理图   (b) $T-s$ 图

图 9-11 热泵示意图

在蒸发器中,制冷剂蒸发吸取自然水源、土壤或环境大气中的热能,经压缩后的制冷剂在冷凝器中放出热量,加热供热系统的回水,然后由循环泵送到用户处用作采暖或热水供应等;在冷凝器中,制冷剂凝结成饱和液体,经节流降压降温进入蒸发器,蒸发吸热,汽化为干饱和蒸气,从而完成一个循环。热泵循环的经济性以消耗单位功量所得到的热量来衡量,称为供热系数 ε_2(或 COP_H),它是一个无因次量,表示热泵的供热量与消耗功的比值,即

$$\varepsilon_2 = \frac{q_1}{w_0} \tag{9-11}$$

式中:q_1——热泵的供热量,单位为 kJ/kg;

w_0——热泵消耗的功量,单位为 kJ/kg。

热泵循环向供暖房间(高温热源)供热量 q_1 为

$$q_1 = q_2 + w_0 = h_2 - h_4 = 面积\,234682$$

因为 $q_1 > w_0$,故 ε_2 总是 >1。

供热系数 ε_2 与制冷系数 ε_1 的关系:

由于制冷系数

$$\varepsilon_1 = \frac{q_2}{w_0}$$

故

$$\varepsilon_2 = \frac{q_1}{w_0} = \frac{q_2 + w_0}{w_0} = \varepsilon_1 + 1$$

由此可见，循环制冷系数越高，供热系数也越高。

如上所述，热泵以花费一部分高位能为代价（作为一种补偿条件）从自然环境中获取能量，并连同所花费的高位能一起向用户供热，节约了高位能而有效地利用了低水平的热能。因此，热泵是一种比较合理的供热装置。与用电直接供暖相比，它总是优于电采暖的。经过合理设计，使系统可在不同的温差范围内运行，这样热泵又可成为制冷装置。因此，用户可使用同一套装置在夏季作为制冷机用于空调，冬季作为热泵用来供热。

热泵的种类很多，通常分为以下几种类型，按低位热源种类分，有：空气源热泵、水源热泵、土壤源热泵、太阳能热泵；按热泵系统低温端与高温端所使用的载热介质分，有：空气/空气热泵、空气/水热泵、水/空气热泵、水/水热泵、土壤/水热泵和土壤/空气热泵等；按热泵的驱动方式分，有：机械压缩式热泵和吸收式热泵等。

热泵系统虽然初投资费用相对要高一些，但长期运行节能省钱，已被人们认识和接受，目前热泵系统已得到广泛采用，使用得最普遍的是空气/空气热泵系统。空气源热泵在室外空气相对湿度大于 70%、气温降到低于 $3 \sim 5 ℃$ 时，机组蒸发器盘管表面会严重结霜从而使传热过程恶化，虽然可以采用逆向循环进行除霜，但结果将降低整个系统的供热系数 ε_2（或 COP_H）。水源热泵系统通常利用的是温度范围为 $5 \sim 18 ℃$、距地面深 $80 \ \text{m}$ 的井水，所以它们没有结霜的问题。水源热泵有较高的供热系数，但系统较复杂，且要求有容易取得地下水源的条件。土壤源热泵系统同样要求将很长的管子深埋在土壤温度相对恒定的土层中，热泵的供热系数 ε_2 一般在 $1.5 \sim 4$ 之间，它取决于不同的系统和热源的温度。近年开发的采用变速电动机驱动的新型热泵，其供热系数比它原先的系统至少大两倍。水源热泵空调系统可以随意进行房间的供暖或供冷的调节和同时满足供冷供暖要求，使建筑物热回收利用合理。因此，对于同时有供热供冷要求的建筑物，热泵具有明显的优点。

【例 9 - 3】　一台热泵功率为 $10 \ \text{kW}$，从温度为 $-13 ℃$ 的周围环境向用户供热，用户要求供热温度为 $95 ℃$。如热泵按逆卡诺循环工作，求供热量。

【解】　设热泵按逆卡诺循环运行，根据题意，有 $t_1 = 95 ℃$，$t_2 = -13 ℃$，于是由式 (5 - 3) 知，供热系数为

$$\varepsilon_2 = \frac{T_1}{T_1 - T_2} = \frac{273 + 95}{(273 + 95) - (273 - 13)} = 3.41$$

根据式 (9 - 11)，供热量为

$$Q_1 = \varepsilon_2 W_0 = 3.41 \times 10 = 34.1 \ \text{kW}$$

热泵从周围环境中取得的热量为

$$Q_2 = Q_1 - W_0 = 34.1 - 10 = 24.1 \ \text{kW}$$

供热量中有 $24.1 \div 34.1 = 70\%$ 是热泵从周围环境中所提取的，可见这种供热方式是经济的。

思考题与习题

1. 对逆卡诺循环而言，冷、热源温度相差越大，制冷系数是越大还是越小？为什么？

2. 实际采用的各种制冷装置与逆卡诺循环的主要差异是什么?

3. 为什么有的制冷循环采用膨胀机,有的则采用节流阀?空气压缩制冷能否采用节流阀?

4. 热泵循环与制冷循环相比,其异同点是什么?

5. 考查两个蒸气压缩制冷循环,其中一个循环制冷剂进入节流阀是 30℃ 的饱和液体,而另一个循环是 30℃ 的过冷液体,而蒸发压力对两个循环是相同的,那么哪一个循环的制冷系数比较高?

6. 蒸气压缩制冷循环与空气压缩制冷循环相比有哪些优点?为什么有时候还要使用空气压缩制冷循环?

7. 一台制冷机工作在 245 K 和 300 K 之间,吸热量为 9 kW,制冷系数是同温限逆卡诺循环制冷系数的 75%。试计算:

(1) 放热量;

(2) 耗功量;

(3) 制冷量。

8. 一台卡诺热泵提供 250 kW 热量给房间,以便维持该房间温度在 22℃。热量取自处于 0℃ 的室外空气。试计算:

(1) 供热系数;

(2) 循环耗功量;

(3) 从室外空气中吸收的热量。

9. 空气压缩制冷装置的制冷系数为 2.5,制冷量为 84 600 kJ/h,压缩机吸入空气的压力为 0.1 MPa,温度为 −10℃,空气进入膨胀机的温度为 20℃。试求:

(1) 压缩机出口压力;

(2) 制冷剂的质量流量;

(3) 压缩机的功率;

(4) 循环的净功率。

10. 蒸气压缩制冷循环,采用氟利昂 R134a 作为工质,压缩机进口状态为干饱和蒸气,蒸发温度为 −20℃,冷凝器出口为饱和液体,冷凝温度为 40℃,制冷工质定熵压缩终了时的焓值为 430 kJ/kg,制冷剂质量流量为 100 kg/h。试求:

(1) 制冷系数;

(2) 每小时的制冷量;

(3) 所需的理论功率。

11. 一台氨制冷装置,其制冷量 $Q_0 = 4 \times 10^5$ kJ/h,蒸发温度为 −15℃,冷凝温度为 30℃,过冷温度为 25℃,从蒸发器出口的蒸气为干饱和状态。求:

(1) 理论循环的制冷系数;

(2) 制冷剂的质量流量;

(3) 所消耗的功率。

附　　录

附录1　部分习题参考答案

第　2　章

8. (1) 1.6 MPa　(2) 90 kPa　(3) 20 kPa　(4) 1.9 MPa

9. 1466.3 Pa

10. $t' = 0.55t/℃ + 20$

11. 200 kJ

12. 138.4 kJ

13. 31.6%

14. 3.97, 74 811 kJ

15. 4.50 kW

第　3　章

8. (1) 0.2629 m³/kg　(2) 3.804 kg/ m³

9. (1) 259.81 J/(kg·K)　(2) 0.402 m³/kg

10. (1) 303 K　(2) 1.846×10⁵ Pa

11. 12.02 g

12. 6.4 kg

13. 1191.4 kJ/kg(平均), 994.71 kJ/kg(定值)

第　4　章

8.

过程	Q/kJ	W/kJ	ΔE
1—2	1100	0	1100
2—3	0	100	−100
3—4	−950	0	−950
4—5	0	50	−50

9. 100 kPa, 27℃

10. (1) 276 t/d　(2) 0.46 kg/(kW·h)

11. (1) 0 kJ　(2) 20 kJ　(3) 0 kJ

12. 221.16 kJ, 309.63 kJ

13. (1) 196.5 kJ/kg　(2) 252 kJ/kg　(3) 42 kW

14. 309℃

15. 20.05℃

第 5 章

7. (1) 64.14% (2) 64.14 kW (3) 35.86 kJ/s

8. (1) 2.64×10^4 kJ/h (2) 19.53

9. (1) 0.898×10^5 kJ/h (2) 2.84 kW

10. 69.4 J/(kg·K)

11. 不能

12. 0.44 kJ/(kg·K)

13. 19.89 J/K

14. (1) 66% (2) 40 kJ

15. (1) 0.1789 kJ/(kg·K) (2) 49.73 kJ

16. (1) −19.14 kJ/K, 19.14 kJ/K, 0 (2) −19.14 kJ/K, 25.53 kJ/K, 6.39 kJ/K
    (3) −19.14 kJ/K, 30.63 kJ/K, 11.49 kJ/K

17. (1) 190.88 kJ/kg (2) 0 kJ/kg, 159.6 kJ/kg (3) 159.6 kJ/kg
    (4) 31.28 kJ/kg (5) 0.836

第 6 章

9. (1) 过热蒸气, 2649.3 kJ/kg (2) 未饱和水, 340.57 kJ/kg
    (3) 未饱和水, 335.0 kJ/kg (4) 未饱和水, 335.3 kJ/kg (5) 未饱和水, 335.7 kJ/kg

10. (1) 未饱和水, 1 086.3 kJ/kg, 2.7575 kJ/(kg·K)
    (2) 湿蒸汽, 2491.5 kJ/kg, 5.2430 kJ/(kg·K)
    (3) 湿蒸汽, 2123.5 kJ/kg
    (4) 湿蒸汽, 2622.55 kJ/kg, 5.829 kJ/(kg·K)

11. 590 kJ/kg, 0.84 kJ/(kg·K)

12. (1) 534.5 kJ (2) 4519.8 kJ

13. 306.5 kg

14. 2047.04 kJ/kg, 2047.04 kJ/kg, 1743.47 kJ/kg, 1444.68 kJ/kg

15. 21 232 倍, 2174 kJ/kg

第 7 章

14. (1) 7.507 kg (2) 4.671 m³

15. 28.86, 0.288 kJ/(kg·K), $r_{O_2} = 20.9\%$, $r_{N_2} = 79.1\%$, 0.766 m³/kg, 1.29 kg/m³

16. 56.7%

17. 0.986

18. (1) 10.34 g/kg(a) (2) 1636 Pa (3) 14.6℃ (4) 0.012 kg/m³ (5) 2.924 kg(a)
    (6) 288.78 J/(kg·K) (7) 7.64 g

19. (1) 2861 Pa (2) 23.7℃ (3) 67.5% (4) 0.012 kg/m³ (5) 0.0205 kg/m³
    (6) 1.1375 kg/m³ (7) 290.1 J/(kg·K) (8) 77.137 kJ/kg(a)

20. 195 873 kJ, 23%

21. 图解法: 74 kJ/kg(a), 17.7 kJ/kg(a), 28.5℃, 72%
    计算法: 75.18 kJ/kg(a), 18.13 kJ/kg(a), 28.59℃, 73%

22. (1) 106.38 kg(a) (2) 47 kg/h (3) 151 000 kJ/h, 3212.68 kJ/kg

23. $d_2 = 13.8$ g/kg(a)，$h_2 = 55.5$ kJ/kg(a)，$\Delta h = 40$ kJ/kg(a)，$\Delta d = 11.6$ g/kg(a)

24. (1) $d_1 = 0.0194$ kg/kg(a)，$h_1 = 82$ kJ/kg(a)

   $d_2 = 0.0076$ kg/kg(a)，$h_2 = 30$ kJ/kg(a)

   $d_3 = d_2 = 0.0076$ kg/kg(a)，$h_3 = 40$ kJ/kg(a)

 (2) $m_w = 0.011\ 8$ kg/kg(a)

 (3) $q_{12} = 51.5$ kJ/kg(a)，$q_{23} = 10$ kJ/kg(a)

第 8 章

8. 43.78%，42.69%，42.19%，42.03%，41.46%

9. 14 MPa 时：(1) 3589.8 kJ/kg，3468.4 kJ/kg　(2) 14 kJ/kg，0

 (3) 1566.7 kJ/kg，1552.7 kJ/kg　(4) 0.78　(5) 44.77%

 30 MPa 时：(1) 3444.2 kJ/kg，3322.79 kJ/kg　(2) 30 kJ/kg　0

 (3) 1 566.7 kJ/kg，1536.7 kJ/kg　(4) 0.722　(5) 46.25%

10. (1) 544.5 K　(2) 305.9 K　(3) 43.82%

11. (1) 561.2 K　(2) 305.9 K　(3) 45.49%

12. 36.94%，3.51 kg/(kW·h)

13. 46.89%，1140.12 kJ/kg

14. (1) 15.23%，16.69 t/h　(2) 21.26 t/h

第 9 章

7. (1) 11.69 kW　(2) 2.69 kW　(3) 2.33 冷吨

8. (1) 13.4　(2) 18.7 kW　(3) 231.3 kW

9. (1) 0.325 MPa　(2) 0.44 kg/s　(3) 46.43 kW　(4) 9.4 kW

10. (1) 2.93　(2) 12 900 kJ/h　(3) 1.22 kW

11. (1) 4.33　(2) 355.56 kg/h　(3) 25.66 kW

附录 2　热力学性质表

附表 1　未饱和水与过热蒸汽热力性质表

p	0.001 MPa(t_s=6.949℃)			0.005 MPa(t_s=32.879℃)		
饱和 参数	v'	h'	s'	v'	h'	s'
	0.001 001 m³/kg	29.21 kJ/kg	0.105 6 kJ/(kg·K)	0.001 005 3 m³/kg	137.72 kJ/kg	0.476 1 kJ/(kg·K)
	v''	h''	s''	v''	h''	s''
	129.185 m³/kg	2513.3 kJ/kg	8.973 5 kJ/(kg·K)	28.191 m³/kg	2560.6 kJ/kg	8.393 0 kJ/(kg·K)
t/℃	v/(m³/kg)	h/(kJ/kg)	s/(kJ/(kg·K))	v/(m³/kg)	h/(kJ/kg)	s/(kJ/(kg·K))
0	0.001 002	−0.05	−0.000 2	0.001 000 2	−0.05	−0.000 2
10	130.598①	2519.0	8.993 8	0.001 000 3	42.01	0.151 0
20	135.226	2537.7	9.058 8	0.001 001 8	83.87	0.296 3
40	144.475	2575.2	9.182 3	28.854	2574.0	8.436 6
60	153.717	2612.7	9.298 4	30.712	2611.8	8.553 7
80	162.956	2650.3	9.408 0	32.566	2649.7	8.663 9
100	172.192	2688.0	9.512 0	34.418	2687.5	8.768 2
120	181.426	2725.9	9.610 9	36.269	2725.5	8.867 4
140	190.660	2764.0	9.705 4	38.118	2763.7	8.962 0
160	199.893	2802.3	9.795 9	39.967	2802.0	9.052 6
180	209.126	2840.7	9.882 7	41.815	2840.5	9.139 6
200	218.358	2879.4	9.966 2	43.662	2879.2	9.223 2
220	227.590	2918.3	10.046 8	45.510	2918.2	9.303 8
240	236.821	2957.5	10.124 6	47.357	2957.3	9.381 6
260	246.053	2996.8	10.199 8	49.204	2996.7	9.456 9
280	255.284	3036.4	10.272 7	51.051	3036.3	9.529 8
300	264.515	3076.2	10.343 4	52.898	3076.1	9.600 5
350	287.592	3176.8	10.511 7	57.514	3176.7	9.768 8
400	310.669	3278.9	10.669 2	62.131	3278.8	9.926 4
450	333.746	3382.4	10.817 6	66.747	3382.4	10.074 7
500	356.823	3487.5	10.958 1	71.362	3487.5	10.215 3
550	379.900	3594.4	11.092 1	75.978	3594.4	10.349 3
600	402.976	3703.4	11.220 6	80.594	3703.4	10.477 8

p	0.01 MPa(t_s=45.799℃)			0.1 MPa(t_s=99.634℃)		
饱和参数	v'	h'	s'	v'	h'	s'
	0.001 010 3 m³/kg	191.76 kJ/kg	0.649 0 kJ/(kg·K)	0.001 043 1 m³/kg	417.52 kJ/kg	1.302 8 kJ/(kg·K)
	v''	h''	s''	v''	h''	s''
	14.673 m³/kg	2583.7 kJ/kg	8.148 1 kJ/(kg·K)	1.694 3 m³/kg	2675.1 kJ/kg	7.358 9 kJ/(kg·K)
t/℃	v/(m³/kg)	h/(kJ/kg)	s/(kJ/(kg·K))	v/(m³/kg)	h/(kJ/kg)	s/(kJ/(kg·K))
0	0.001 000 2	−0.04	−0.000 2	0.001 000 2	0.05	−0.0002
10	0.001 000 3	42.01	0.151 0	0.001 000 3	42.10	0.151 0
20	0.001 001 8	83.87	0.296 3	0.001 001 8	83.96	0.296 3
40	0.001 007 9	167.51	0.572 3	0.001 007 8	167.59	0.572 3
60	15.336	2610.8	8.231 3	0.001 017 1	251.22	0.831 2
80	16.268	2648.9	8.342 2	0.001 029 0	334.97	1.075 3
100	17.196	2686.9	8.447 1	1.696 1	2675.9	7.360 9
120	18.124	2725.1	8.546 6	1.793 1	2716.3	7.466 5
140	19.050	2763.3	8.641 4	1.888 9	2756.2	7.565 4
160	19.976	2801.7	8.732 2	1.983 8	2795.8	7.659 0
180	20.901	2840.2	8.819 2	2.078 3	2835.3	7.748 2
200	21.826	2879.0	8.902 9	2.172 3	2874.8	7.833 4
220	22.750	2918.0	8.983 5	2.265 9	2914.3	7.915 2
240	23.674	2957.1	9.061 4	2.359 4	2953.9	7.994 0
260	24.598	2996.5	9.136 7	2.452 7	2993.7	8.070 1
280	25.522	3036.2	9.209 7	2.545 8	3033.6	8.143 6
300	26.446	3076.0	9.280 5	2.638 8	3073.8	8.214 8
350	28.755	3176.6	9.448 8	2.870 9	3174.9	8.384 0
400	31.063	3278.7	9.606 4	3.102 7	3277.3	8.542 2
450	33.372	3382.3	9.754 8	3.334 2	3381.2	8.690 9
500	35.680	3487.4	9.895 3	3.565 6	3486.5	8.831 7
550	37.988	3594.3	10.029 3	3.796 8	3593.5	8.965 9
600	40.296	3703.4	10.157 9	4.027 9	3702.7	9.094 6

续表二

p	0.5 MPa(t_s=151.867℃)			1 MPa(t_s= 179.916℃)		
饱和参数	v'	h'	s'	v'	h'	s'
	0.001 092 5 m³/kg	640.35 kJ/kg	1.861 0 kJ/(kg·K)	0.001 127 2 m³/kg	762.84 kJ/kg	2.138 8 kJ/(kg·K)
	v''	h''	s''	v''	h''	s''
	0.374 86 m³/kg	2748.6 kJ/kg	6.821 4 kJ/(kg·K)	0.019 438 m³/kg	2777.7 kJ/kg	6.585 9 kJ/(kg·K)
t/℃	v/(m³/kg)	h/(kJ/kg)	s/(kJ/(kg·K))	v/(m³/kg)	h/(kJ/kg)	s/(kJ/(kg·K))
0	0.001 000 0	0.46	−0.000 1	0.000 999 7	0.97	−0.000 1
10	0.001 000 1	42.49	0.151 0	0.000 999 9	42.98	0.150 9
20	0.001 001 6	84.33	0.296 2	0.001 001 4	84.80	0.296 1
40	0.001 007 7	167.94	0.572 1	0.001 007 4	168.38	0.571 9
60	0.001 016 9	251.56	0.831 0	0.001 016 7	251.98	0.830 7
80	0.001 028 8	335.29	1.075 0	0.001 028 6	335.69	1.074 7
100	0.001 043 2	419.36	1.306 6	0.001 043 0	419.74	1.306 2
120	0.001 060 1	503.97	1.527 5	0.001 059 9	504.32	1.527 0
140	0.001 079 6	589.30	1.739 2	0.001 078 3	589.62	1.738 6
160	0.383 58	2767.2	6.864 7	0.001 101 7	675.84	1.942 4
180	0.404 50	2811.7	6.965 1	0.194 43	2777.9	6.586 4
200	0.424 87	2854.9	7.058 5	0.205 90	2827.3	6.693 1
220	0.444 85	2897.3	7.146 2	0.216 86	2874.2	6.790 3
240	0.464 55	2939.2	7.229 5	0.227 45	2919.6	6.880 4
260	0.484 04	2980.8	7.309 1	0.237 79	2963.8	6.965 0
280	0.503 36	3022.2	7.385 3	0.247 93	3007.3	7.045 1
300	0.522 55	3063.6	7.458 8	0.257 93	3050.4	7.121 6
350	0.570 12	3167.0	7.631 9	0.282 47	3157.0	7.299 9
400	0.617 29	3271.1	7.792 4	0.306 58	3263.1	7.463 8
420	0.636 08	3312.9	7.853 7	0.316 15	3305.6	7.526 0
440	0.654 83	3354.9	7.913 5	0.325 68	3348.2	7.586 6
450	0.664 20	3376.0	7.942 8	0.330 43	3369.6	7.616 3
460	0.673 56	3397.2	7.971 9	0.335 18	3390.9	7.645 6
480	0.692 26	3439.6	8.028 9	0.344 65	3433.8	7.703 3
500	0.710 94	3482.2	8.084 8	0.354 10	3476.8	7.759 7
550	0.757 55	3589.9	8.219 8	0.377 64	3585.4	7.895 8
600	0.804 08	3699.6	8.349 1	0.401 09	3695.7	8.025 9

续表三

p	\multicolumn{3}{c}{3 MPa(t_s＝233.893℃)}	\multicolumn{3}{c}{5 MPa(t_s＝263.980℃)}
饱和参数	v'	h'	s'	v'	h'	s'
	0.001 216 6 m³/kg	1008.2 kJ/kg	2.645 4 kJ/(kg·K)	0.001 286 1 m³/kg	1154.2 kJ/kg	2.920 0 kJ/(kg·K)
	v''	h''	s''	v''	h''	s''
	0.066 700 m³/kg	2803.2 kJ/kg	6.185 4 kJ/(kg·K)	0.039 400 m³/kg	2793.6 kJ/kg	5.972 4 kJ/(kg·K)
t/℃	v/(m³/kg)	h/(kJ/kg)	s/(kJ/(kg·K))	v/(m³/kg)	h/(kJ/kg)	s/(kJ/(kg·K))
0	0.000 99 87	3.01	0.000 0	0.000 997 7	5.04	0.000 2
10	0.000 998 9	44.92	0.150 7	0.000 997 9	46.87	0.150 6
20	0.001 000 5	86.68	0.295 7	0.000 999 6	88.55	0.295 2
40	0.001 006 6	170.15	0.571 1	0.001 005 7	171.92	0.570 4
60	0.001 015 8	253.66	0.829 6	0.001 014 9	255.34	0.828 6
80	0.001 027 6	377.28	1.073 4	0.001 026 7	338.87	1.072 1
100	0.001 042 0	421.24	1.304 7	0.001 041 0	422.75	1.303 1
120	0.001 058 7	505.73	1.525 2	0.001 057 6	507.14	1.523 4
140	0.001 078 1	590.92	1.736 6	0.001 076 8	592.23	1.734 5
160	0.001 100 2	677.01	1.940 0	0.001 098 8	678.19	1.937 7
180	0.001 125 6	764.23	2.136 9	0.001 124 0	765.25	2.134 2
200	0.001 154 9	852.93	2.328 4	0.001 152 9	853.75	2.325 3
220	0.001 189 1	943.65	2.516 2	0.001 186 7	944.21	2.512 5
240	0.068 184	2823.4	6.225 0	0.001 226 6	1037.3	2.697 6
260	0.072 828	2884.4	6.341 7	0.001 275 1	1134.3	2.882 9
280	0.077 101	2940.1	6.444 3	0.042 228	2855.8	6.086 4
300	0.084 191	2992.4	6.537 1	0.045 301	2923.3	6.206 4
350	0.090 520	3114.4	6.741 4	0.051 932	3067.4	6.447 7
400	0.099 352	3230.1	6.919 9	0.057 804	3194.9	6.644 6
420	0.102 787	3275.4	6.986 4	0.060 033	3243.6	6.715 9
440	0.106 180	3320.5	7.050 5	0.062 216	3291.5	6.784 0
450	0.107 864	3343.0	7.081 7	0.063 291	3315.2	6.817 0
460	0.109 540	3365.4	7.112 5	0.064 358	3338.8	6.849 4
480	0.112 870	3410.1	7.172 8	0.066 469	3385.6	6.912 5
500	0.116 174	3454.9	7.231 4	0.068 552	3432.2	6.973 5
550	0.124 349	3566.9	7.371 8	0.073 664	3548.0	7.118 7
600	0.132 427	3679.9	7.505 1	0.078 675	3663.9	7.255 3

p	7 MPa(t_s=285.869℃)			10 MPa(t_s=311.037℃)		
饱和参数	v'	h'	s'	v'	h'	s'
	0.001 351 5 m³/kg	1266.9 kJ/kg	3.121 0 kJ/(kg·K)	0.001 452 2 m³/kg	1407.2 kJ/kg	3.359 1 kJ/(kg·K)
	v''	h''	s''	v''	h''	s''
	0.027 400 m³/kg	2771.7 kJ/kg	5.812 9 kJ/(kg·K)	0.018 026 m³/kg	2724.5 kJ/kg	5.613 9 kJ/(kg·K)
t/℃	v/(m³/kg)	h/(kJ/kg)	s/(kJ/(kg·K))	v/(m³/kg)	h/(kJ/kg)	s/(kJ/(kg·K))
0	0.000 996 7	7.07	0.000 3	0.000 995 2	10.09	0.000 4
10	0.000 997 0	48.80	0.150 4	0.000 995 6	51.70	0.150 0
20	0.000 998 6	90.42	0.294 8	0.000 997 3	93.22	0.294 2
40	0.001 004 8	173.69	0.569 6	0.001 003 5	176.34	0.568 4
60	0.001 014 0	257.01	0.827 5	0.001 012 7	259.53	0.825 9
80	0.001 025 8	340.46	1.070 8	0.001 024 4	342.85	1.068 8
100	0.001 039 9	424.25	1.301 6	0.001 038 5	426.51	1.299 3
120	0.001 056 5	508.55	1.521 6	0.001 054 9	510.68	1.519 0
140	0.001 075 6	593.54	1.732 5	0.001 073 8	595.50	1.729 4
160	0.001 097 4	679.37	1.935 3	0.001 095 3	681.16	1.931 9
180	0.001 122 3	766.28	2.131 5	0.001 119 9	767.84	2.127 5
200	0.001 151 0	854.59	2.322 2	0.001 148 1	855.88	2.317 6
220	0.001 184 2	944.79	2.508 9	0.001 180 7	945.71	2.503 6
240	0.001 223 5	1037.6	2.693 3	0.001 219 0	1038.0	2.687 0
260	0.001 271 0	1134.0	2.877 6	0.001 265 0	1133.6	2.869 8
280	0.001 330 7	1235.7	3.064 8	0.001 322 2	1234.2	3.054 9
300	0.029 457	2837.5	5.929 1	0.001 397 5	1342.3	3.246 9
350	0.035 225	3014.8	6.226 5	0.022 415	2922.1	5.942 3
400	0.039 917	3157.3	6.446 5	0.026 402	3095.8	6.210 9
450	0.044 143	3286.2	6.631 4	0.029 735	3240.5	6.418 4
500	0.048 110	3408.9	6.795 4	0.032 750	3372.8	6.595 4
520	0.049 649	3457.0	6.856 9	0.033 900	3423.8	6.660 5
540	0.051 166	3504.8	6.916 4	0.035 027	3474.1	6.723 2
550	0.051 917	3528.7	6.945 6	0.035 582	3499.1	6.753 7
560	0.052 664	3552.4	6.974 3	0.036 133	3523.9	6.783 7
580	0.054 147	3600.0	7.030 6	0.037 222	3573.3	6.842 3
600	0.055 617	3647.5	7.085 7	0.038 297	3622.5	6.899 2

p	14.0 MPa($t_s=$ 336.707℃)			16.0 MPa($t_s=$ 347.396℃)		
饱和参数	v'	h'	s'	v'	h'	s'
	0.001 609 7 m³/kg	1570.4 kJ/kg	3.622 0 kJ/(kg·K)	0.001 709 9 m³/kg	1649.4 kJ/kg	3.745 1kJ/(kg·K)
	v''	h''	s''	v''	h''	s''
	0.011 500 m³/kg	2637.1 kJ/kg	5.371 1 kJ/(kg·K)	0.009 310 8 m³/kg	2580.2 kJ/kg	5.245 0 kJ/(kg·K)
$t/℃$	$v/(m^3/kg)$	$h/(kJ/kg)$	$s/(kJ/(kg·K))$	$v/(m^3/kg)$	$h/(kJ/kg)$	$s/(kJ/(kg·K))$
0	0.000 993 3	14.10	0.000 5	0.000 992 3	16.10	0.000 6
10	0.000 993 8	55.55	0.149 6	0.000 992 9	57.47	0.149 3
20	0.000 995 5	96.95	0.293 2	0.000 994 6	98.80	0.292 8
40	0.001 001 8	179.86	0.566 9	0.001 000 9	181.62	0.566 1
60	0.001 010 9	262.88	0.823 9	0.001 010 1	264.55	0.822 8
80	0.001 022 6	346.04	1.066 3	0.001 021 7	347.63	1.065 0
100	0.001 036 5	429.53	1.296 2	0.001 035 5	431.04	1.294 7
120	0.001 052 7	513.52	1.515 5	0.001 051 7	514.94	1.513 7
140	0.001 071 4	598.14	1.725 4	0.001 070 2	599.47	1.723 4
160	0.001 092 6	683.56	1.927 3	0.001 091 2	684.77	1.925 1
180	0.001 116 7	769.96	2.122 3	0.001 115 2	771.03	2.119 7
200	0.001 144 3	857.63	2.311 6	0.001 142 5	858.53	2.308 7
220	0.001 176 1	947.00	2.496 6	0.001 173 9	947.67	2.493 2
240	0.001 213 2	1038.6	2.678 8	0.001 210 4	1039.0	2.674 8
260	0.001 257 4	1133.4	2.859 9	0.001 253 8	1133.3	2.855 1
280	0.001 311 7	1232.5	3.042 4	0.001 306 7	1231.8	3.036 4
300	0.001 381 4	1338.2	3.230 0	0.001 374 0	1336.4	3.222 1
350	0.013 218	2751.2	5.556 4	0.009 755 3	2615.2	5.301 2
400	0.017 218	3001.1	5.943 6	0.014 265 0	2946.7	5.816 1
450	0.020 074	3174.2	6.191 9	0.017 022 0	3138.3	6.091 2
500	0.022 512	3322.3	6.390 0	0.019 293 7	3295.5	6.301 5
520	0.023 418	3377.9	6.461 0	0.020 128 2	3353.6	6.375 7
540	0.024295	3432.1	6.5285	0.0209326	3410.0	6.4459
550	0.024 724	3458.7	6.561 1	0.021 325 1	3437.6	6.479 7
560	0.025 147	3485.2	6.593 1	0.021 711 9	3465.0	6.512 8
580	0.025 978	3537.5	6.655 1	0.022 469 6	3519.0	6.576 8
600	0.026 792	3589.1	6.714 9	0.023 208 8	3572.1	6.638 3

注：①粗水平线之上为未饱和水，粗水平线之下为过热蒸汽。

附表 2　饱和水与饱和蒸汽热力性质表(按温度排列)

温度 t_s /℃	饱和压力 p_s /MPa	比体积(比容)		比 焓		汽化潜热 r /(kJ/kg)	比 熵	
		饱和水	饱和蒸汽	饱和水	饱和蒸汽		饱和水	饱和蒸汽
		v' /(m³/kg)	v'' /(m³/kg)	h' /(kJ/kg)	h'' /(kJ/kg)		s' /(kJ/(kg·K))	s'' /(kJ/(kg·K))
0.00	0.000 611 2	0.001 000 22	206.154	−0.05	2500.51	2500.6	−0.000 2	9.154 4
0.01	0.000 611 7	0.001 000 21	206.012	0.00①	2500.53	2500.5	0.000 0	9.154 1
1	0.000 657 1	0.001 000 18	192.464	4.18	2502.35	2498.2	0.015 3	9.127 8
2	0.000 705 9	0.001 000 13	179.787	8.39	2504.19	2495.8	0.030 6	9.101 4
3	0.000 758 0	0.001 000 09	168.041	12.61	2506.03	2493.4	0.045 9	9.075 2
4	0.000 813 5	0.001 000 08	157.151	16.82	2507.87	2491.1	0.061 1	9.049 3
5	0.000 872 5	0.001 000 08	147.048	21.02	2509.71	2488.7	0.076 3	9.023 6
6	0.000 925 2	0.001 000 10	137.670	25.22	2511.55	2486.3	0.091 3	8.998 2
7	0.001 001 9	0.001 000 14	128.961	29.42	2513.39	2484.0	0.106 3	8.973 0
8	0.001 072 8	0.001 000 19	120.868	33.62	2515.23	2481.6	0.121 3	8.948 0
9	0.001 148 0	0.001 000 26	113.342	37.81	2517.06	2479.3	0.136 2	8.923 3
10	0.001 227 9	0.001 000 34	106.341	42.00	2518.90	2476.9	0.151 0	8.898 8
11	0.001 312 6	0.001 000 43	99.825	46.19	2520.74	2474.5	0.165 8	8.874 5
12	0.001 402 5	0.001 000 54	93.756	50.38	2522.57	2472.2	0.180 5	8.850 4
13	0.001 497 7	0.001 000 66	88.101	54.57	2524.41	2469.8	0.195 2	8.826 5
14	0.001 598 5	0.001 000 80	82.828	58.76	2526.24	2467.5	0.209 8	8.802 9
15	0.001 705 3	0.001 000 94	77.910	62.95	2528.07	2465.1	0.224 3	8.779 4
16	0.001 818 3	0.001 001 10	73.320	67.13	2529.90	2462.8	0.238 8	8.756 2
17	0.001 937 7	0.001 001 27	69.034	71.32	2531.72	2460.4	0.253 3	8.733 1
18	0.002 064 0	0.001 001 45	65.029	75.50	2533.55	2458.1	0.267 7	8.710 3
19	0.002 197 5	0.001 001 65	61.287	79.68	2535.37	2455.7	0.282 0	8.687 7
20	0.002 338 5	0.001 001 85	57.786	83.86	2537.20	2453.3	0.296 3	8.665 2
22	0.002 644 4	0.001 002 29	51.445	92.23	2540.84	2448.6	0.324 7	8.621 0
24	0.002 984 6	0.001 002 76	45.884	100.59	2544.47	2443.9	0.353 0	8.577 4
26	0.003 362 5	0.001 003 28	40.997	108.95	2548.10	2439.2	0.381 0	8.534 7
28	0.003 781 4	0.001 003 83	36.694	117.32	2551.73	2434.4	0.408 9	8.492 7
30	0.004 245 1	0.001 004 42	32.899	125.68	2555.35	2429.7	0.436 6	8.451 4
35	0.005 626 3	0.001 006 05	25.222	146.59	2564.38	2417.8	0.505 0	8.351 1
40	0.007 381 1	0.001 007 89	19.529	167.50	2573.36	2405.9	0.572 3	8.255 1
45	0.009 589 7	0.001 009 93	15.263 6	188.42	2582.30	2393.9	0.638 6	8.163 0
50	0.012 344 6	0.001 012 16	12.036 5	209.33	2591.19	2381.9	0.703 8	8.074 5

温度 t_s /℃	饱和压力 p_s /MPa	比体积(比容)		比 焓		汽化潜热 r /(kJ/kg)	比 熵	
		饱和水	饱和蒸汽	饱和水	饱和蒸汽		饱和水	饱和蒸汽
		v' /(m³/kg)	v'' /(m³/kg)	h' /(kJ/kg)	h'' /(kJ/kg)		s' /(kJ/(kg·K))	s'' /(kJ/(kg·K))
55	0.015 752	0.001 014 55	9.572 3	230.24	2600.02	2369.8	0.768 0	7.989 6
60	0.019 933	0.001 017 13	7.674 0	251.15	2608.79	2357.6	0.831 2	7.908 0
65	0.025 024	0.001 019 86	6.199 2	272.08	2617.48	2345.4	0.893 5	7.829 5
70	0.031 178	0.001 022 76	5.044 3	293.01	2626.10	2333.1	0.955 0	7.754 0
75	0.038 565	0.001 025 82	4.133 0	313.96	2634.63	2320.7	1.015 6	7.681 2
80	0.047 376	0.001 029 03	3.408 6	334.93	2643.06	2308.1	1.075 3	7.611 2
85	0.057 818	0.001 032 40	2.828 8	355.92	2651.40	2295.5	1.134 3	7.543 6
90	0.070 121	0.001 035 93	2.361 6	376.94	2659.63	2282.7	1.192 6	7.478 3
95	0.084 533	0.001 039 61	1.982 7	397.98	2667.73	2269.7	1.250 1	7.415 4
100	0.101 325	0.001 043 44	1.673 6	419.06	2675.71	2256.6	1.306 9	7.354 5
110	0.143 243	0.001 051 56	1.210 6	461.33	2691.26	2229.9	1.418 6	7.238 6
120	0.198 483	0.001 060 31	0.892 19	503.76	2706.18	2202.4	1.527 7	7.129 7
130	0.270 018	0.001 069 68	0.668 73	546.38	2720.39	2174.0	1.634 6	7.027 2
140	0.361 190	0.001 079 72	0.509 00	589.21	2733.81	2144.6	1.739 3	6.930 2
150	0.475 71	0.001 090 46	0.392 86	632.28	2746.35	2114.1	1.842 0	6.838 1
160	0.617 66	0.001 101 93	0.307 09	675.62	2757.92	2082.3	1.942 9	6.750 2
170	0.791 47	0.001 114 20	0.242 83	719.25	2768.42	2049.2	2.042 0	6.666 1
180	1.001 93	0.001 127 32	0.194 03	763.22	2777.74	2014.5	2.139 6	6.585 2
190	1.254 17	0.001 141 36	0.156 50	807.56	2785.80	1978.2	2.235 8	6.507 1
200	1.553 66	0.001 156 41	0.127 32	852.34	2792.47	1940.1	2.330 7	6.431 2
210	1.906 17	0.001 172 58	0.104 38	897.62	2797.65	1900.0	2.424 5	6.357 1
220	2.317 83	0.001 190 00	0.086 157	943.46	2801.20	1857.7	2.517 5	6.284 6
230	2.795 05	0.001 208 82	0.071 553	989.95	2803.00	1813.0	2.609 6	6.213 0
240	3.344 59	0.001 229 22	0.059 743	1037.2	2802.88	1765.6	2.701 3	6.142 2
250	3.973 51	0.001 251 45	0.050 112	1085.3	2800.66	1715.4	2.792 6	6.071 6
260	4.689 23	0.001 275 79	0.042 195	1134.3	2796.14	1661.8	2.883 7	6.000 7
270	5.499 56	0.001 302 62	0.035 637	1184.5	2789.05	1604.5	2.975 1	5.929 2
280	6.412 73	0.001 332 42	0.030 165	1236.0	2779.08	1543.1	3.066 8	5.856 4
290	7.437 46	0.001 365 82	0.025 565	1289.1	2765.81	1476.7	3.159 4	5.781 7
300	8.583 08	0.001 403 69	0.021 669	1344.0	2748.71	1404.7	3.253 3	5.704 2
310	9.8597	0.001 447 28	0.018 343	1401.2	2727.01	1325.9	3.349 0	5.622 6

温度 t_s /℃	饱和压力 p_s /MPa	比体积(比容)		比焓		汽化潜热 r /(kJ/kg)	比熵	
		饱和水	饱和蒸汽	饱和水	饱和蒸汽		饱和水	饱和蒸汽
		v' /(m³/kg)	v'' /(m³/kg)	h' /(kJ/kg)	h'' /(kJ/kg)		s' /(kJ/(kg·K))	s'' /(kJ/(kg·K))
320	11.278	0.001 498 44	0.015 479	1461.2	2699.72	1238.5	3.4475	5.535 6
330	12.851	0.001 560 08	0.012 987	1524.9	2665.30	1140.4	3.550 0	5.440 8
340	14.593	0.001 637 28	0.010 790	1593.7	2621.32	1027.6	3.658 6	5.334 5
350	16.521	0.001 740 08	0.008 812	1670.3	2563.39	893.0	3.777 3	5.210 4
360	18.657	0.001 894 23	0.006 958	1761.1	2481.68	720.6	3.915 5	5.053 6
370	21.033	0.002 214 80	0.004 982	1891.7	2338.79	447.1	4.112 5	4.807 6
371	21.286	0.002 365 30	0.004 735	1911.8	2314.11	402.3	4.142 9	4.767 4
372	21.542	0.002 365 30	0.004 451	1936.1	2282.99	346.9	4.179 6	4.717 3
373	21.802	0.002 496 00	0.004 087	1968.8	2237.98	269.2	4.229 2	4.645 8
② 373.99	22.064	0.003106	0.003106	2085.9	2085.9	0.0	4.409 2	4.409 2

注:① 精确值应为 0.000612 kJ/kg;② 这一行数据为临界参数值。

附表3 饱和水与饱和蒸汽热力性质表(按压力排列)

压力 p_s /MPa	饱和温度 t_s /℃	比体积(比容)		比焓		汽化潜热 r /(kJ/kg)	比熵	
		饱和水	饱和蒸汽	饱和水	饱和蒸汽		饱和水	饱和蒸汽
		v' /(m³/kg)	v'' /(m³/kg)	h' /(kJ/kg)	h'' /(kJ/kg)		s' /(kJ/(kg·K))	s'' /(kJ/(kg·K))
0.001 0	6.949 1	0.001 000 1	129.185	29.21	2513.29	2484.1	0.105 6	8.973 5
0.002 0	17.540 3	0.001 001 4	67.008	73.58	2532.71	2459.1	0.261 1	8.722 0
0.003 0	24.114 2	0.001 002 8	45.666	101.07	2544.68	2443.6	0.354 6	8.575 8
0.004 0	28.953 3	0.001 004 1	34.796	121.30	2553.45	2432.2	0.422 1	8.472 5
0.0050	32.879 3	0.001 005 3	28.191	137.72	2560.55	2422.8	0.476 1	8.393 0
0.0060	36.166 3	0.001 006 5	23.738	151.47	2566.48	2415.0	0.520 8	8.328 5
0.0070	38.996 7	0.001 007 5	20.528	163.31	2571.56	2408.3	0.558 9	8.273 7
0.0080	41.507 5	0.001 008 5	18.102	173.81	2576.06	2402.3	0.592 4	8.226 6
0.0090	43.790 1	0.001 009 4	16.204	183.36	2580.15	2396.8	0.622 6	8.185 4
0.010	45.798 8	0.001 010 3	14.673	191.76	2583.72	2392.0	0.649 0	8.148 1
0.015	53.970 5	0.001 014 0	10.022	225.93	2598.21	2372.3	0.754 5	8.006 5
0.020	60.065 0	0.001 017 2	7.649 7	251.43	2608.90	2357.5	0.832 0	7.906 8
0.025	64.972 6	0.001 019 8	6.204 7	271.96	2617.43	2345.5	0.893 2	7.829 8
0.030	69.104 1	0.001 022 2	5.229 6	289.26	2624.56	2335.3	0.944 0	7.7671

续表一

压力 p_s /MPa	饱和温度 t_s /℃	比体积(比容)		比 焓		汽化潜热 r /(kJ/kg)	比 熵	
		饱和水	饱和蒸汽	饱和水	饱和蒸汽		饱和水	饱和蒸汽
		v' /(m³/kg)	v'' /(m³/kg)	h' /(kJ/kg)	h'' /(kJ/kg)		s' /(kJ/(kg·K))	s'' /(kJ/(kg·K))
0.040	75.872 0	0.001 026 4	3.993 9	317.61	2636.10	2318.5	1.026 0	7.668 8
0.050	81.338 8	0.001 029 9	3.240 9	340.55	2645.31	2304.8	1.091 2	7.592 8
0.060	85.949 6	0.001 033 1	2.732 4	359.91	2652.97	2293.1	1.145 4	7.531 0
0.070	89.955 6	0.001 035 9	2.365 4	376.75	2659.55	2282.8	1.192 1	7.478 9
0.080	93.510 7	0.001 038 5	2.087 6	391.71	2665.33	2273.6	1.233 0	7.433 9
0.090	96.712 1	0.001 040 9	1.869 8	405.20	2670.48	2265.3	1.269 6	7.394 3
0.10	99.634	0.001 043 2	1.694 3	417.52	2675.14	2257.6	1.302 8	7.358 9
0.12	104.810	0.001 047 3	1.428 7	439.37	2683.26	2243.9	1.360 9	7.297 8
0.14	109.318	0.001 051 0	1.236 8	458.44	2690.22	2231.8	1.411 0	7.246 2
0.16	113.326	0.001 054 4	1.091 59	475.42	2696.29	2220.9	1.455 2	7.201 6
0.18	116.941	0.001 057 6	0.977 67	490.76	2701.69	2210.9	1.494 6	7.162 3
0.20	120.240	0.001 060 5	0.885 85	504.78	2706.53	2201.7	1.530 3	7.127 2
0.25	127.444	0.001 067 2	0.718 79	535.47	2716.83	2181.4	1.607 5	7.052 8
0.30	133.556	0.001 073 2	0.605 87	561.58	2725.26	2163.7	1.672 1	6.992 1
0.35	138.891	0.001 078 6	0.524 27	584.45	2732.37	2147.9 ;	1.727 8	6.940 7
0.40	143.642	0.001 083 5	0.462 46	604.87	2738.49	2133.6	1.776 9	6.896 1
0.50	151.867	0.001 092 5	0.374 86	640.35	2748.59	2108.2	1.861 0	6.821 4
0.60	158.863	0.001 100 6	0.315 63	670.67	2756.66	2086.0	1.931 5	6.760 0
0.70	164.983	0.001 107 9	0.272 81	697.32	2763.29	2066.0	1.992 5	6.707 9
0.80	170.444	0.001 114 8	0.240 37	721.20	2768.86	2047.7	2.046 4	6.622 5
0.90	175.389	0.001 121 2	0.214 91	742.90	2773.59	2030.7	2.094 8	6.622 2
1.00	179.916	0.001 127 2	0.194 38	762.84	2777.67	2014.8	2.138 8	6.585 9
1.10	184.100	0.001 133 0	0.177 47	781.35	2781.21	1999.9	2.179 2	6.552 9
1.20	187.995	0.001 138 5	0.163 28	798.64	2784.29	1985.7	2.216 6	6.522 5
1.30	191.644	0.001 143 8	0.151 20	814.89	2786.99	1972.1	2.251 5	6.494 4
1.40	195.078	0.001 148 9	0.140 79	830.24	2789.37	1959.1	2.284 1	6.468 3
1.50	198.327	0.001 153 8	0.131 72	844.82	2791.46	1946.6	2.314 9	6.443 7
1.60	201.410	0.001 158 6	0.123 75	858.69	2793.29	1934.6	2.344 0	6.420 6
1.70	204.346	0.001 163 3	0.116 68	871.96	2794.91	1923.0	2.371 6	6.398 8
1.80	207.151	0.001 167 9	0.110 37	884.67	2796.33	1911.7	2.397 9	6.378 1

压力 p_s /MPa	饱和温度 t_s /℃	比体积(比容)		比焓		汽化潜热 r /(kJ/kg)	比熵	
		饱和水	饱和蒸汽	饱和水	饱和蒸汽		饱和水	饱和蒸汽
		v' /(m³/kg)	v'' /(m³/kg)	h' /(kJ/kg)	h'' /(kJ/kg)		s' /(kJ/(kg·K))	s'' /(kJ/(kg·K))
1.90	209.838	0.001 172 3	0.104 707	896.88	2797.58	1900.7	2.423 0	6.358 3
2.00	212.417	0.001 176 7	0.099 588	908.64	2798.66	1890.0	2.447 1	6.339 5
2.20	217.289	0.001 185 1	0.090 700	930.97	2800.41	1869.4	2.492 4	6.304 1
2.40	221.829	0.001 193 3	0.083 244	951.91	2801.67	1849.8	2.534 4	6.271 4
2.60	226.085	0.001 201 3	0.076 898	971.67	2802.51	1830.8	2.573 6	6.240 9
2.80	230.096	0.001 209 0	0.071 427	990.41	2803.01	1812.6	2.610 5	6.212 3
3.00	233.893	0.001 216 6	0.066 662	1008.2	2803.19	1794.9	2.645 4	6.185 4
3.50	242.597	0.001 234 8	0.057 054	1049.6	2802.51	1752.9	2.725 0	6.123 8
4.00	250.394	0.001 252 4	0.049 771	1087.2	2800.53	1713.4	2.796 2	6.068 8
5.00	263.980	0.001 286 2	0.039 439	1154.2	2793.64	1639.5	2.920 1	5.972 4
6.00	275.625	0.001 319 0	0.032 440	1213.3	2783.82	1570.5	3.026 6	5.888 5
7.00	285.869	0.001 351 5	0.027 371	1266.9	2771.72	1504.8	3.121 0	5.812 9
8.00	295.048	0.001 384 3	0.023 520	1316.5	2757.70	1441.2	3.206 6	5.743 0
9.00	303.385	0.001 417 7	0.020 485	1363.1	2741.92	1378.9	3.285 4	5.677 1
10.0	311.037	0.001 452 2	0.018 026	1407.2	2724.46	1317.2	3.359 1	5.613 9
11.0	318.118	0.001 488 1	0.015 987	1449.6	2705.34	1255.7	3.428 7	5.552 5
12.0	324.715	0.001 526 0	0.014 263	1490.7	2684.50	1193.8	3.495 2	5.492 0
13.0	330.894	0.001 566 2	0.012 780	1530.8	2661.80	1131.0	3.559 4	5.431 8
14.0	336.707	0.001 609 7	0.011 486	1570.4	2637.07	1066.7	3.622 0	5.371 1
15.0	342.196	0.001 657 1	0.010 340	1609.8	2610.01	1000.2	3.683 6	5.309 1
16.0	347.396	0.001 709 9	0.009 311	1649.4	2580.21	930.8	3.745 1	5.245 0
17.0	352.334	0.001 770 1	0.008 373	1690.0	2547.01	857.1	3.807 3	5.177 6
18.0	357.034	0.001 840 2	0.007 503	1732.0	2509.45	777.4	3.871 5	5.105 1
19.0	361.514	0.001 925 8	0.006 679	1776.9	2465.87	688.9	3.939 5	5.025 0
20.0	365.789	0.002 037 9	0.005 870	1827.2	2413.05	585.9	4.015 3	4.932 2
21.0	369.868	0.002 207 3	0.005 012	1889.2	2341.67	452.4	4.108 8	4.812 4
22.0	373.752	0.002 704 0	0.003 684	2013.0	2084.02	71.0	4.296 9	4.406 6
22.064	373.99	0.003 106	0.003 106	2085.9	2085.9	0.0	4.409 2	4.409 2

附表 4 R134a (CF₃CH₂F)饱和液与饱和蒸汽热力性质表(按温度排列)

温度 t /℃	饱和压力 p_s /kPa	比体积(比容)		比 焓		汽化潜热 r /(kJ/kg)	比 熵	
		饱和水	饱和蒸汽	饱和水	饱和蒸汽		饱和水	饱和蒸汽
		v'/(m³/kg×10⁻³)	v''/(m³/kg×10⁻³)	h'/(kJ/kg)	h''/(kJ/kg)		s'/(kJ/(kg·K))	s''/(kJ/(kg·K))
−85.00	2.56	0.648 84	5899.997	94.12	345.37	251.25	0.534 8	1.870 2
−80.00	3.87	0.655 01	4045.366	99.89	348.41	248.52	0.566 8	1.853 5
−75.00	5.72	0.661 06	2816.477	105.68	351.48	245.80	0.597 4	1.837 9
−70.00	8.27	0.667 19	2004.070	111.46	354.57	243.11	0.627 2	1.823 9
−65.00	11.72	0.673 27	1442.296	117.38	357.68	240.30	0.656 6	1.810 7
−60.00	16.29	0.679 47	1055.363	123.37	360.81	237.44	0.684 7	1.798 7
−55.00	22.24	0.685 83	785.161	129.42	363.95	234.53	0.712 7	1.787 8
−50.00	29.90	0.692 38	593.412	135.54	367.10	231.56	0.740 5	1.778 2
−45.00	39.58	0.699 16	454.926	141.72	370.25	228.53	0.767 7	1.769 5
−40.00	51.69	0.706 19	353.529	147.96	373.40	225.44	0.794 9	1.761 8
−35.00	66.63	0.71348	278.087	154.26	376.54	222.28	0.821 6	1.754 9
−30.00	84.85	0.721 05	221.302	160.62	379.67	219.05	0.847 9	1.748 8
−25.00	106.86	0.72892	177.937	167.04	382.79	215.75	0.874 0	1.743 4
−20.00	133.18	0.737 12	144.450	173.52	385.89	212.37	0.899 7	1.738 7
−15.00	164.36	0.7457 2	118.481	180.04	388.97	208.93	0.925 3	1.734 6
−10.00	201.00	0.754 63	97.832	186.63	392.01	205.38	0.950 4	1.730 9
−5.00	243.71	0.763 88	81.304	193.29	395.01	201.72	0.975 3	1.727 6
0.00	293.14	0.773 65	68.164	200.00	397.98	197.98	1.000 0	1.724 8
5.00	349.96	0.783 84	57.470	206.78	400.90	194.12	1.024 4	1.722 3
10.00	414.88	0.794 53	48.721	213.63	403.76	190.13	1.048 6	1.720 1
15.00	488.60	0.805 77	41.532	220.55	406.57	186.02	1.072 7	1.718 2
20.00	571.88	0.817 62	35.576	227.55	409.30	181.75	1.096 5	1.716 5
25.00	665.49	0.830 17	30.603	234.63	411.96	177.33	1.120 2	1.714 9
30.00	770.21	0.843 47	26.424	241.80	414.52	172.72	1.143 7	1.713 5
35.00	886.87	0.857 68	22.899	249.07	416.99	167.92	1.167 2	1.712 1
40.00	1016.32	0.872 84	19.893	256.44	419.34	162.90	1.190 6	1.710 8
45.00	1159.45	0.889 19	17.320	263.94	421.55	157.61	1.213 9	1.709 3
50.00	1317.19	0.906 94	15.112	271.57	423.62	152.05	1.237 3	1.707 8
55.00	1490.52	0.926 34	13.203	279.36	425.51	146.15	1.260 7	1.706 1

续表

温度 t /℃	饱和压力 p_s /kPa	比体积（比容）		比焓		汽化潜热 r /(kJ/kg)	比熵	
		饱和水	饱和蒸汽	饱和水	饱和蒸汽		饱和水	饱和蒸汽
		v' /(m³ /kg×10⁻³)	v'' /(m³ /kg×10⁻³)	h' /(kJ/kg)	h'' /(kJ/kg)		s' /(kJ/(kg·K))	s'' /(kJ/(kg·K))
60.00	1680.47	0.947 75	11.538	287.33	427.18	139.85	1.284 2	1.704 1
65.00	1888.17	0.971 75	10.080	295.51	428.61	133.10	1.308 0	1.701 6
70.00	2114.81	0.999 02	8.788	303.94	429.70	125.76	1.332 1	1.698 6
75.00	2361.75	1.030 73	7.638	312.71	430.38	117.67	1.356 8	1.694 8
80.00	2630.48	1.068 69	6.601	321.92	430.53	108.61	1.382 2	1.689 8
85.00	2922.80	1.116 21	5.647	331.74	429.86	98.12	1.408 9	1.682 9
90.00	3240.89	1.180 24	4.751	342.54	427.99	85.45	1.437 9	1.673 2
95.00	3587.80	1.279 26	3.851	355.23	423.70	68.47	1.471 4	1.657 4
100.00	3969.25	1.534 10	2.779	375.04	412.19	37.15	1.523 4	1.623 0
101.00	4051.31	1.968 10	2.382	392.88	404.50	11.62	1.570 7	1.601 8
101.15	4064.00	1.968 50	1.969	393.07	393.07	0	1.571 2	1.571 2

附表 5　R134a(CF₃CH₂F)饱和液与饱和蒸汽热力性质表（按压力排列）

饱和压力 p_s/kPa	温度 t/℃	比体积（比容）		比焓		汽化潜热 r/(kJ/kg)	比熵	
		饱和液体	饱和蒸汽	饱和液体	饱和蒸汽		饱和液体	饱和蒸汽
		v' /(m³ /kg×10⁻³)	v'' /(m³ /kg×10⁻³)	h' /(kJ/kg)	h'' /(kJ/kg)		s' /(kJ/ (kg·K))	s'' /(kJ/ (kg·K))
10.00	−67.32	0.670 44	1676.284	114.63	356.24	241.61	0.642 8	1.816 6
20.00	−56.74	0.683 529	868.908	127.30	362.86	235.56	0.703 0	1.791 5
30.00	−49.94	0.692 47	591.338	135.62	367.14	231.52	0.740 8	1.778 0
40.00	−44.81	0.699 42	450.539	141.95	370.37	228.42	0.768 8	1.769 2
50.00	−40.64	0.705 27	364.782	147.16	373.00	225.84	0.791 4	1.762 7
60.00	−37.08	0.710 41	306.836	151.64	375.24	223.60	0.810 5	1.757 7
80.00	−31.25	0.719 13	234.033	159.04	378.90	219.86	0.841 4	1.750 3
100.00	−26.45	0.726 67	189.737	165.15	381.89	216.74	0.866 5	1.745 1
120.00	−22.37	0.733 19	159.324	170.43	384.42	213.99	0.887 5	1.740 9
140.00	−18.82	0.739 20	137.972	175.04	386.63	211.59	0.905 9	1.737 8
160.00	−15.64	0.744 61	121.490	179.20	388.58	209.38	0.922 0	1.735 1
180.00	−12.79	0.749 55	108.637	182.95	390.31	207.36	0.936 4	1.732 8

续表

饱和压力 p_s/kPa	温度 t/℃	比体积(比容)		比 焓		汽化潜热 r/(kJ/kg)	比 熵	
		饱和液体 v'/(m³/kg×10⁻³)	饱和蒸汽 v''/(m³/kg×10⁻³)	饱和液体 h'/(kJ/kg)	饱和蒸汽 h''/(kJ/kg)		饱和液体 s'/(kJ/(kg·K))	饱和蒸汽 s''/(kJ/(kg·K))
200.00	−10.14	0.754 38	98.326	186.45	391.93	205.48	0.949 7	1.731 0
250.00	−4.35	0.765 17	79.485	194.16	395.41	201.25	0.949 7	1.727 3
300.00	0.63	0.77492	66.694	200.85	398.36	197.51	0.978 6	1.724 5
350.00	5.00	0.783 83	57.477	206.77	400.90	194.13	1.003 1	1.722 3
400.00	8.93	0.792 20	50.444	212.16	403.16	191.00	1.043 5	1.720 6
450.00	12.44	0.799 92	45.016	217.00	405.14	188.14	1.060 4	1.719 1
500.00	15.72	0.807 44	40.612	221.55	406.96	185.41	1.076 1	1.718 0
550.00	18.75	0.814 61	36.955	225.79	408.62	182.83	1.090 6	1.716 9
600.00	21.55	0.821 29	33.870	229.74	410.11	180.37	1.103 8	1.715 8
650.00	24.21	0.828 13	31.327	233.50	411.54	178.04	1.116 4	1.715 2
700.00	26.72	0.834 65	29.081	237.09	412.85	175.76	1.128 3	1.714 4
800.00	31.32	0.847 14	25.428	243.71	415.18	171.47	1.150 0	1.713 1
900.00	35.50	0.859 11	22.569	249.80	417.22	167.42	1.169 5	1.712 0
1000.00	39.39	0.870 91	20.228	255.53	419.05	163.52	1.187 7	1.710 9
1200.00	46.31	0.893 71	16.708	265.93	422.11	156.18	1.220 1	1.708 9
1400.00	52.48	0.916 33	14.130	275.42	424.58	149.16	1.248 9	1.706 9
1600.00	57.94	0.938 64	12.198	284.01	426.52	142.51	1.274 5	1.704 9
1800.00	62.92	0.961 40	10.664	292.07	428.04	135.97	1.298 1	1.702 7
2000.00	67.56	0.985 26	9.398	299.80	429.21	129.41	1.320 3	1.700 2
2200.00	71.74	1.009 48	8.375	306.95	429.99	123.04	1.340 6	1.697 4
2400.00	75.72	1.035 76	7.482	314.01	430.45	116.44	1.360 4	1.694 1
2600.00	79.42	1.063 91	6.714	320.83	430.54	109.71	1.379 2	1.690 4
2800.00	82.93	1.095 10	6.036	327.59	430.28	102.69	1.397 7	1.686 1
3000.00	86.25	1.130 32	5.421	334.34	429.55	95.21	1.415 9	1.680 9
3200.00	89.39	1.171 07	4.860	341.14	428.32	87.18	1.434 2	1.674 6
3400.00	92.33	1.21992	4.340	348.12	426.45	78.33	1.452 7	1.667 0
4064.00	101.15	1.96850	1.969	393.07	393.07	0	1.571 2	1.571 2

附表 6　R134a(CF_3CH_2F)过热蒸汽热力性质表

$t/℃$	\多\ $p=0.05$ MPa($t_s=-40.64℃$)			$p=0.10$ MPa($t_s=-26.45℃$)		
	$v/(m^3/kg)$	$h/(kJ/kg)$	$s/(kJ/(kg \cdot K))$	$v/(m^3/kg)$	$h/(kJ/kg)$	$s/(kJ/(kg \cdot K))$
-20.0	0.404 77	388.69	1.828 2	0.193 79	383.10	1.751 0
-10.0	0.421 95	396.49	1.858 4	0.207 42	395.08	1.797 5
0.0	0.438 98	404.43	1.888 0	0.216 33	403.20	1.828 2
10.0	0.455 86	412.53	1.917 1	0.225 08	411.44	1.857 8
20.0	0.472 73	420.79	1.945 8	0.233 79	419.81	1.886 8
30.0	0.489 45	429.21	1.974 0	0.242 42	428.32	1.915 4
40.0	0.506 17	437.79	2.001 9	0.250 94	436.98	1.943 5
50.0	0.522 81	446.53	2.029 4	0.259 45	445.79	1.971 2
60.0	0.539 45	455.43	2.056 5	0.267 93	454.76	1.998 5
70.0	0.556 02	464.50	2.083 3	0.276 37	463.88	2.025 5
80.0	0.572 58	473.73	2.109 8	0.284 77	473.15	2.052 1
90.0	0.589 06	483.12	2.136 0	0.293 13	482.58	2.078 4
$t/℃$	$p=0.15$ MPa($t_s=-17.20℃$)			$p=0.20$ MPa($t_s=-10.14℃$)		
	$v/(m^3/kg)$	$h/(kJ/kg)$	$s/(kJ/(kg \cdot K))$	$v/(m^3/kg)$	$h/(kJ/kg)$	$s/(kJ/(kg \cdot K))$
-10.0	0.135 84	393.63	1.760 7	0.099 98	392.14	1.732 9
0.0	0.142 03	401.93	1.791 6	0.104 86	400.63	1.764 6
10.0	0.148 13	410.32	1.821 8	0.109 61	409.17	1.795 3
20.0	0.154 10	418.81	1.851 2	0.114 26	417.79	1.825 2
30.0	0.160 02	427.42	1.880 1	0.118 81	426.51	1.854 5
40.0	0.165 86	436.17	1.908 5	0.123 32	435.34	1.883 1
50.0	0.171 68	445.05	1.936 5	0.127 75	444.30	1.911 3
60.0	0.177 42	454.08	1.964 0	0.132 15	453.39	1.939 0
70.0	0.183 13	463.25	1.991 1	0.136 52	462.62	1.966 3
80.0	0.188 83	472.57	2.017 9	0.140 86	471.98	1.993 2
90.0	0.194 49	482.04	2.044 3	0.145 16	481.50	2.019 7
100.0	0.200 16	491.66	2.070 4	0.149 45	491.15	2.046 0
$t/℃$	$p=0.25$ MPa($t_s=-4.35℃$)			$p=0.30$ MPa($t_s=0.63℃$)		
	$v/(m^3/kg)$	$h/(kJ/kg)$	$s/(kJ/(kg \cdot K))$	$v/(m^3/kg)$	$h/(kJ/kg)$	$s/(kJ/(kg \cdot K))$
0.0	0.082 53	399.30	1.7427			
10.0	0.086 47	408.00	1.774 0	0.071 03	406.81	1.756 0
20.0	0.090 31	416.76	1.804 4	0.074 34	415.70	1.786 8

	$p=0.25$ MPa$(t_s=-4.35℃)$			$p=0.30$ MPa$(t_s=0.63℃)$		
$t/℃$	$v/(m^3/kg)$	$h/(kJ/kg)$	$s/(kJ/(kg·K))$	$v/(m^3/kg)$	$h/(kJ/kg)$	$s/(kJ/(kg·K))$
30.0	0.094 06	425.58	1.834 0	0.077 56	424.64	1.816 8
40.0	0.097 77	434.51	1.863 0	0.080 72	433.66	1.846 1
50.0	0.101 41	443.54	1.891 4	0.083 81	442.77	1.874 7
60.0	0.104 98	452.69	1.919 2	0.086 88	451.99	1.902 8
70.0	0.108 54	461.98	1.946 7	0.089 89	461.33	1.930 5
80.0	0.112 07	471.39	1.973 8	0.092 88	470.80	1.957 6
90.0	0.115 57	480.95	2.000 4	0.095 83	480.40	1.984 4
100.0	0.119 04	490.64	2.026 8	0.098 75	490.13	2.010 9
110.0	0.122 50	500.48	2.052 8	0.101 68	500.00	2.037 0

	$p=0.40$ MPa$(t_s=8.93℃)$			$p=0.50$ MPa$(t_s=15.72℃)$		
$t/℃$	$v/(m^3/kg)$	$h/(kJ/kg)$	$s/(kJ/(kg·K))$	$v/(m^3/kg)$	$h/(kJ/kg)$	$s/(kJ/(kg·K))$
20.0	0.054 33	413.51	1.757 8	0.042 27	411.22	1.733 6
30.0	0.056 89	422.70	1.788 6	0.044 45	420.68	1.765 3
40.0	0.059 39	431.92	1.8185	0.046 56	430.12	1.796 0
50.0	0.061 83	441.20	1.847 7	0.048 60	439.58	1.825 7
60.0	0.064 20	450.56	1.876 2	0.050 59	449.09	1.854 7
70.0	0.066 55	460.02	1.904 2	0.052 53	458.68	1.883 0
80.0	0.068 86	469.59	1.931 6	0.054 44	468.36	1.910 8
90.0	0.071 14	479.28	1.958 7	0.056 32	478.14	1.938 2
100.0	0.073 41	489.09	1.985 4	0.058 17	488.04	1.965 1
110.0	0.075 64	499.03	2.011 7	0.060 00	498.05	1.991 5
120.0	0.077 86	509.11	2.037 6	0.061 83	508.19	2.017 7
130.0	0.080 06	519.31	2.063 2	0.063 63	518.46	2.043 5

	$p=0.60$ MPa$(t_s=21.55℃)$			$p=0.70$ MPa$(t_s=26.72℃)$		
$t/℃$	$v/(m^3/kg)$	$h/(kJ/kg)$	$s/(kJ/(kg·K))$	$v/(m^3/kg)$	$h/(kJ/kg)$	$s/(kJ/(kg·K))$
30.0	0.036 13	418.58	1.745 2	0.030 13	416.37	1.727 0
40.0	0.037 98	428.26	1.776 6	0.031 83	426.32	1.759 3
50.0	0.039 77	437.91	1.807 0	0.033 44	436.19	1.790 4
60.0	0.041 49	447.58	1.836 4	0.034 98	446.04	1.820 4
70.0	0.043 17	457.31	1.865 2	0.036 48	455.91	1.849 6
80.0	0.044 82	467.10	1.893 3	0.037 94	465.82	1.878 0
90.0	0.046 44	476.99	1.920 9	0.039 36	475.81	1.905 9

$p=0.60$ MPa($t_s=21.55$℃)			$p=0.70$ MPa($t_s=26.72$℃)		
$t/$℃	$v/(\text{m}^3/\text{kg})$	$h/(\text{kJ/kg})$	$s/(\text{kJ}/(\text{kg}\cdot\text{K}))$	$v/(\text{m}^3/\text{kg})$	$h/(\text{kJ/kg})$	$s/(\text{kJ}/(\text{kg}\cdot\text{K}))$
100.0	0.048 02	486.97	1.948 0	0.040 76	485.89	1.933 3
110.0	0.049 59	497.06	1.974 7	0.042 13	496.06	1.960 2
120.0	0.051 13	507.27	2.001 0	0.043 48	506.33	1.986 7
130.0	0.052 66	517.59	2.027 0	0.044 83	516.72	2.012 8
140.0	0.054 17	528.04	2.052 6	0.046 15	527.23	2.038 5

$p=0.80$ MPa($t_s=31.32$℃)			$p=0.90$ MPa($t_s=35.50$℃)		
$t/$℃	$v/(\text{m}^3/\text{kg})$	$h/(\text{kJ/kg})$	$s/(\text{kJ}/(\text{kg}\cdot\text{K}))$	$v/(\text{m}^3/\text{kg})$	$h/(\text{kJ/kg})$	$s/(\text{kJ}/(\text{kg}\cdot\text{K}))$
40.0	0.027 18	424.31	1.743 5	0.023 55	422.19	1.728 7
50.0	0.028 67	434.41	1.775 3	0.024 94	432.57	1.761 3
60.0	0.030 09	444.45	1.805 9	0.026 26	442.81	1.792 5
70.0	0.031 45	454.47	1.835 5	0.027 52	453.00	1.822 7
80.0	0.032 77	464.52	1.864 4	0.028 74	463.19	1.851 9
90.0	0.034 06	474.62	1.892 6	0.029 92	473.40	1.880 4
100.0	0.035 31	484.79	1.920 2	0.031 06	483.67	1.908 3
110.0	0.036 54	495.04	1.947 3	0.032 19	494.01	1.937 5
120.0	0.037 75	505.39	1.974 0	0.033 29	504.43	1.962 5
130.0	0.038 95	515.84	2.000 2	0.034 38	514.95	1.988 9
140.0	0.040 13	526.40	2.026 1	0.035 44	525.57	2.015 0

$p=1.0$ MPa($t_s=39.39$℃)			$p=1.1$ MPa($t_s=42.99$℃)		
$t/$℃	$v/(\text{m}^3/\text{kg})$	$h/(\text{kJ/kg})$	$s/(\text{kJ}/(\text{kg}\cdot\text{K}))$	$v/(\text{m}^3/\text{kg})$	$h/(\text{kJ/kg})$	$s/(\text{kJ}/(\text{kg}\cdot\text{K}))$
40.0	0.020 61	419.97	1.714 5			
50.0	0.021 94	430.64	1.748 1	0.019 47	428.64	1.735 5
60.0	0.023 19	441.12	1.780 0	0.020 66	439.37	1.768 2
70.0	0.024 37	451.49	1.810 7	0.021 78	449.93	1.799 4
80.0	0.025 51	461.82	1.840 4	0.022 85	460.42	1.829 6
90.0	0.026 60	472.16	1.869 2	0.023 88	470.89	1.858 8
100.0	0.027 66	482.53	1.897 4	0.024 88	481.37	1.887 3
110.0	0.028 70	492.96	1.925 0	0.025 84	491.89	1.915 1
120.0	0.029 71	503.46	1.952 0	0.026 79	502.48	1.942 4
130.0	0.030 71	514.05	1.978 7	0.027 71	513.14	1.969 2
140.0	0.031 69	524.73	2.004 8	0.028 62	523.88	1.995 5
150.0	0.032 65	535.52	2.030 6	0.029 51	534.72	2.021 4

续表三

$p=1.2$ MPa($t_s=46.31℃$)			$p=1.3$ MPa($t_s=49.44℃$)		
$t/℃$	$v/(m^3/kg)$	$h/(kJ/kg)$	$s/(kJ/(kg \cdot K))$	$v/(m^3/kg)$	$h/(kJ/kg)$	$s/(kJ/(kg \cdot K))$
50.0	0.017 39	426.53	1.723 3	0.015 59	424.30	1.711 3
60.0	0.018 54	437.55	1.756 9	0.016 73	435.65	1.745 9
70.0	0.019 62	448.33	1.788 8	0.017 78	446.68	1.778 5
80.0	0.020 64	458.99	1.819 4	0.018 75	457.52	1.809 6
90.0	0.021 61	469.60	1.849 0	0.019 68	468.28	1.839 7
100.0	0.022 55	480.19	1.877 8	0.020 57	478.99	1.868 8
110.0	0.023 46	490.81	1.905 9	0.021 44	489.72	1.897 2
120.0	0.024 34	501.48	1.933 4	0.022 27	500.47	1.924 9
130.0	0.025 21	512.21	1.960 3	0.023 09	511.28	1.952 0
140.0	0.026 06	523.02	1.986 8	0.023 88	522.16	1.978 7
150.0	0.026 89	533.92	2.012 9	0.024 67	533.12	2.004 9

$p=1.4$ MPa($t_s=52.48℃$)			$p=1.5$ MPa($t_s=55.23℃$)		
$t/℃$	$v/(m^3/kg)$	$h/(kJ/kg)$	$s/(kJ/(kg \cdot K))$	$v/(m^3/kg)$	$h/(kJ/kg)$	$s/(kJ/(kg \cdot K))$
60.0	0.015 16	433.66	1.735 1	0.013 79	431.57	1.724 5
70.0	0.016 18	444.96	1.768 5	0.014 79	443.17	1.758 8
80.0	0.017 13	456.01	1.800 3	0.015 72	454.45	1.791 2
90.0	0.018 02	466.92	1.830 8	0.016 58	465.54	1.822 2
100.0	0.018 88	477.77	1.860 2	0.017 41	476.52	1.852 0
110.0	0.019 70	488.60	1.888 9	0.018 19	487.47	1.881 0
120.0	0.020 50	499.45	1.916 8	0.018 95	498.41	1.909 2
130.0	0.021 27	510.34	1.944 2	0.019 69	509.38	1.936 7
140.0	0.022 02	521.28	1.971 0	0.020 41	520.40	1.963 7
150.0	0.022 76	532.30	1.997 3	0.021 11	531.48	1.990 2

$p=1.6$ MPa($t_s=57.94℃$)			$p=1.7$ MPa($t_s=60.45℃$)		
$t/℃$	$v/(m^3/kg)$	$h/(kJ/kg)$	$s/(kJ/(kg \cdot K))$	$v/(m^3/kg)$	$h/(kJ/kg)$	$s/(kJ/(kg \cdot K))$
60.0	0.01 256	429.36	1.713 9			
70.0	0.013 56	441.32	1.749 3	0.012 47	439.37	1.739 8
80.0	0.014 47	452.84	1.782 4	0.013 36	451.17	1.773 8
90.0	0.015 32	464.11	1.813 9	0.014 191	462.65	1.805 8
100.0	0.016 11	475.25	1.844 1	0.014 97	473.94	1.836 5
110.0	0.016 87	486.31	1.873 4	0.015 70	485.14	1.866 1
120.0	0.017 60	497.36	1.901 8	0.016 41	496.29	1.894 8

续表四

$p=1.6$ MPa($t_s=57.94$℃)			$p=1.7$ MPa($t_s=60.45$℃)		
$t/$℃	$v/(\text{m}^3/\text{kg})$	$h/(\text{kJ/kg})$	$s/(\text{kJ}/(\text{kg}\cdot\text{K}))$	$v/(\text{m}^3/\text{kg})$	$h/(\text{kJ/kg})$	$s/(\text{kJ}/(\text{kg}\cdot\text{K}))$
130.0	0.018 31	508.41	1.929 6	0.017 09	507.43	1.922 8
140.0	0.019 00	519.50	1.956 8	0.017 75	518.60	1.950 2
150.0	0.019 66	530.65	1.983 4	0.018 39	529.81	1.977 0

$p=2.0$ MPa($t_s=67.57$℃)			$p=3.0$ MPa($t_s=86.26$℃)		
$t/$℃	$v/(\text{m}^3/\text{kg})$	$h/(\text{kJ/kg})$	$s/(\text{kJ}/(\text{kg}\cdot\text{K}))$	$v/(\text{m}^3/\text{kg})$	$h/(\text{kJ/kg})$	$s/(\text{kJ}/(\text{kg}\cdot\text{K}))$
70.0	0.009 75	432.85	1.711 2			
80.0	0.010 65	445.76	1.748 3			
90.0	0.011 46	457.99	1.782 4	0.005 85	436.84	1.701 1
100.0	0.012 19	469.84	1.814 6	0.006 69	452.92	1.744 8
110.0	0.012 88	481.47	1.845 4	0.007 37	467.11	1.782 4
120.0	0.013 52	492.97	1.875 0	0.007 96	480.41	1.816 6
130.0	0.014 15	504.40	1.903 7	0.008 50	493.22	1.848 8
140.0	0.014 74	515.82	1.931 7	0.008 99	505.72	1.879 4
150.0	0.015 32	527.24	1.959 0	0.009 46	518.04	1.908 9

$p=4.0$ MPa($t_s=100.35$℃)			$p=5.0$ MPa		
$t/$℃	$v/(\text{m}^3/\text{kg})$	$h/(\text{kJ/kg})$	$s/(\text{kJ}/(\text{kg}\cdot\text{K}))$	$v/(\text{m}^3/\text{kg})$	$h/(\text{kJ/kg})$	$s/(\text{kJ}/(\text{kg}\cdot\text{K}))$
60.0				0.000 92	285.68	1.270 0
70.0				0.000 96	301.31	1.316 3
80.0				0.001 00	317.85	1.363 8
90.0				0.001 08	335.94	1.414 3
100.0				0.001 22	357.51	1.472 8
110.0	0.004 24	445.56	1.711 2	0.001 71	394.74	1.571 1
120.0	0.004 98	463.93	1.758 6	0.002 89	437.91	1.682 5
130.0	0.005 54	479.52	1.797 7	0.003 63	461.41	1.741 6
140.0	0.006 03	493.90	1.833 0	0.004 17	479.51	1.785 9
150.0	0.006 47	507.59	1.865 7	0.004 62	495.48	1.824 1
160.0	0.006 87	520.87	1.896 7	0.005 02	510.34	1.858 8
170.0	0.007 25	533.88	1.926 4	0.005 37	524.53	1.891 2

附录3 附 图

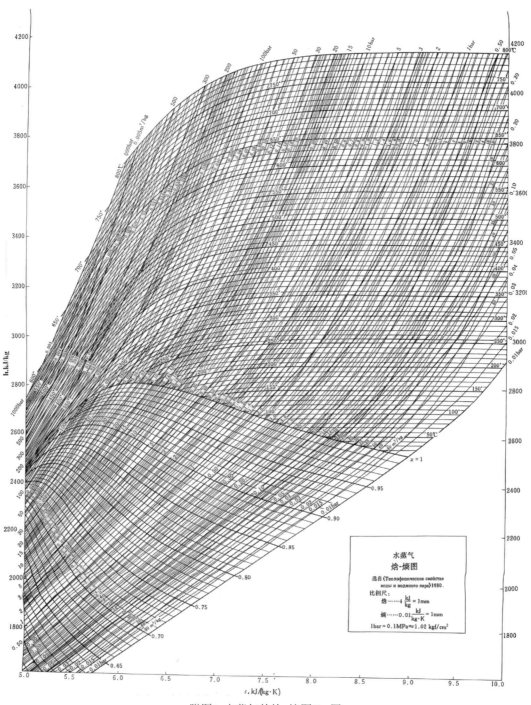

附图1 水蒸气的焓-熵图(h-s图)

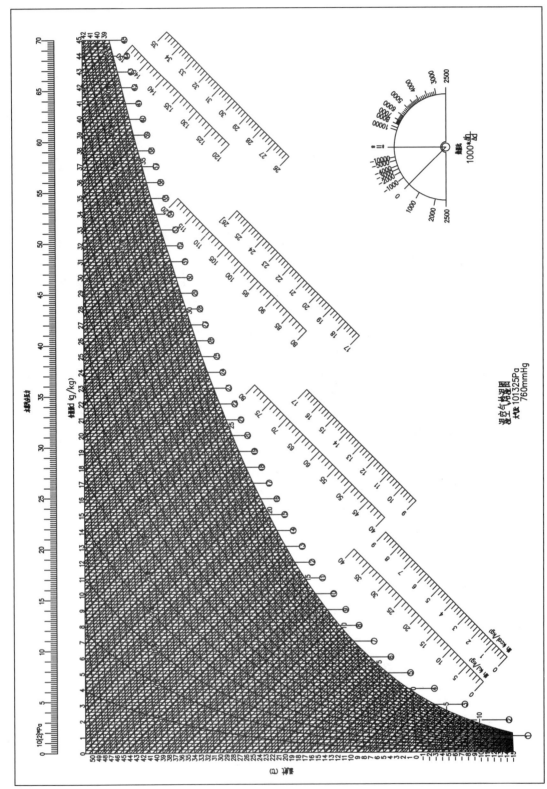

附图2　湿空气的焓湿图(h-d图)

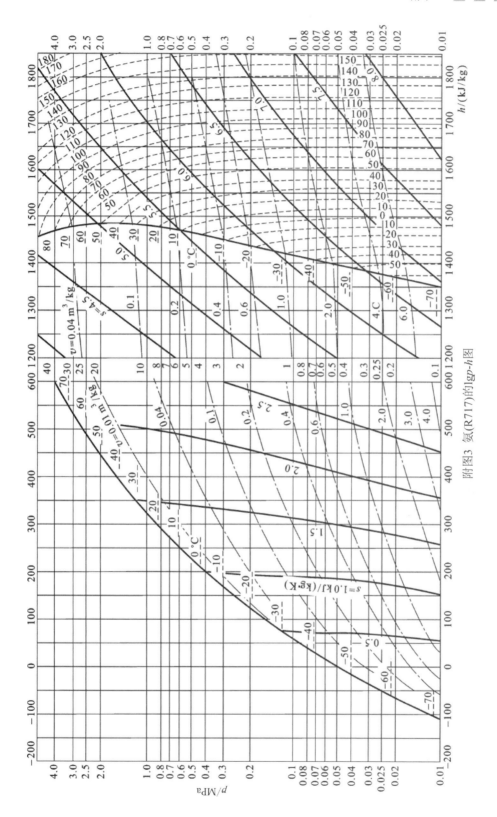

附图3 氨(R717)的lg p-h图

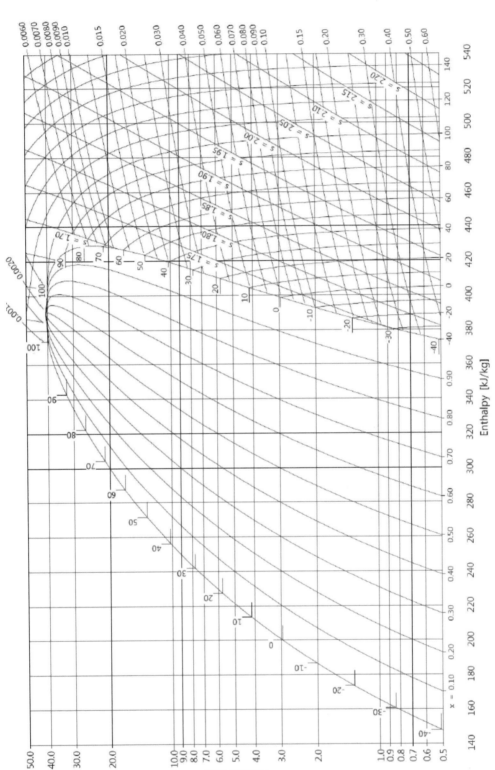

附图4 氟利昂R134a的 lg p-h图

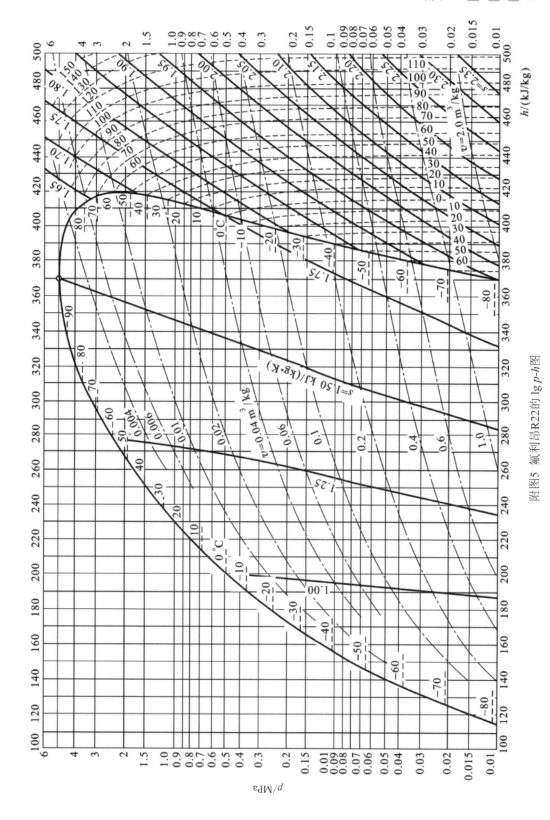

附图5 氟利昂R22的 lg p-h 图

参 考 文 献

[1] 廉乐明，谭羽非，吴家正，等. 工程热力学[M]. 6 版. 北京：中国建筑工业出版社，2016.

[2] 朱明善，刘颖，林兆庄，等. 工程热力学[M]. 2 版. 北京：清华大学出版社，2011.

[3] 何伯述. 工程热力学知识点与典型例题[M]. 北京：北京交通大学出版社，2023.

[4] 何雅玲. 工程热力学精要分析及典型题精解[M]. 西安：西安交通大学出版社，2008.

[5] 严家騄，王永青. 工程热力学[M]. 2 版. 北京：中国电力出版社，2014.

[6] 陆亚俊，马最良，邹平华. 暖通空调[M]. 3 版. 北京：中国建筑工业出版社，2015.

[7] 石文星，田长青，王宝龙. 空气调节用制冷技术[M]. 5 版. 北京：中国建筑工业出版社，2020.

[8] 朱明善，等. 绿色环保制冷剂 HFC-134a 热物理性质[M]. 北京：科学出版社，1995.

[9] 童钧耕，王丽伟. 高等工程热力学[M]. 北京：高等教育出版社，2020.

[10] 严家騄，徐晓福. 水和水蒸气热力性质图表[M]. 2 版. 北京：高等教育出版社，2004.

[11] R. K. Rajput. Patiala. Engineering Thermodynamics. Third Edition. Laxmi Publications，2007.